中国起源作物保护与利用研究系列丛书

中国寒地野生大豆资源研究与利用

主　编　毕影东　来永才　陆静梅

哈尔滨工程大学出版社
Harbin Engineering University Press

内容简介

本书在对分布于黑龙江省的寒地野生大豆资源进行大规模考察,在野生大豆资源调查、收集及评价和利用研究等方面做了大量开创性工作的基础上,全面系统地介绍了中国寒地野生大豆资源分布、收集保护、遗传多样性研究和种质创新及利用情况。本书的出版将为推动大豆起源进化及分子生物学研究起到重要作用。

本书可供广大农业和生物科技工作者及大专院校有关专业师生阅读参考。

图书在版编目(CIP)数据

中国寒地野生大豆资源研究与利用/毕影东,来永才,陆静梅主编.—哈尔滨:哈尔滨工程大学出版社,2022.5
 ISBN 978-7-5661-3527-8

Ⅰ.①中… Ⅱ.①毕… ②来… ③陆… Ⅲ.①寒冷地区-野生植物-大豆-种质资源-研究-中国 Ⅳ.①S565.102.4

中国版本图书馆 CIP 数据核字(2022)第 086125 号

中国寒地野生大豆资源研究与利用
ZHONGGUO HANDI YESHENG DADOU ZIYUAN YANJIU YU LIYONG

选题策划　薛　力　张志雯
责任编辑　张志雯
封面设计　李海波

出版发行　哈尔滨工程大学出版社
社　　址　哈尔滨市南岗区南通大街 145 号
邮政编码　150001
发行电话　0451-82519328
传　　真　0451-82519699
经　　销　新华书店
印　　刷　哈尔滨午阳印刷有限公司
开　　本　787 mm×1 092 mm　1/16
印　　张　13.5
字　　数　296 千字
版　　次　2022 年 5 月第 1 版
印　　次　2022 年 5 月第 1 次印刷
定　　价　98.00 元
http://www.hrbeupress.com
E-mail:heupress@ hrbeu.edu.cn

编 委 会

顾　问	陈受宜	董英山	喻德跃		
主　编	毕影东	来永才	陆静梅		
副主编	刘　淼	孔凡江	樊　超	刘建新	邸树峰

编　委	贺超英	张劲松	李　炜	王　玲	梁文卫
	杨　光	孙中华	李　锋	刘　凯	孙连军
	张恒友	高　媛	武　琦	韩德志	刘鑫磊
	王金星	唐晓飞	李灿东	韩冬伟	马延华
	郑　伟	袁　明	王燕平	宋豫红	王秀君
	贾鸿昌	来艳华	张小明	侯国强	李　岑
	任　洋	姜　辉	刘　琦	刘昊飞	刘媛媛
	李佳锐	王晓梅	吕世翔	陈　磊	赵　璞
	汪　博	唐晓东	李一丹	李国泰	王连霞
	张静华	王明洁	刘　明	王江旭	

主　审	龚振平			
副主审	景玉良	鹿文成	栾晓燕	毕洪文

前 言

野生植物具有优良的遗传基因，在新种质创制方面蕴藏着巨大潜力。利用野生植物抗旱、抗盐、抗病、高产等基因进行种质创新，已成为国际上科技发展的新方向和新领域。中国是大豆的起源地，我国大豆资源总数居世界首位，其中一年生野生大豆占全世界野生大豆的90%，是人类宝贵的财富。野生大豆基因组研究发现，野生大豆特有及驯化性状建成相关的基因/遗传变异千余个，说明野生大豆在新种质创制上有巨大的潜力，是大豆遗传改良的种质源泉。如何利用野生大豆是未来大豆改良能否取得突破的关键，对一年生野生大豆资源的地理分布及生物学特征进行归纳整理是利用野生大豆资源的前提。我国野生大豆分布广泛，类型丰富，北起黑龙江省的漠河市，南到海南省南端的三亚市，西南到西藏自治区的吉隆县，西北到新疆维吾尔自治区的伊犁河谷地带。其中地处我国北方高寒地区的黑龙江省野生大豆资源丰富，具有寒地野生大豆的特性。

本书对中国寒地野生大豆资源的分布、收集保护、遗传多样性研究进行了系统总结和归纳，介绍了野生大豆的产量、品质和耐逆性状优异资源挖掘及种质创新利用最新进展和研究成果。本书具有两大特点：一是理论与实践结合紧密。在归纳野生大豆遗传多样性的同时，还总结了多年来利用野生大豆进行种质创新的研究进展，可使读者既了解寒地野生大豆多样性分布，又掌握利用野生大豆进行种质创新的相关理论和技术。二是重点突出。本书紧紧围绕寒地野生大豆优异资源的挖掘与利用进行介绍，使读者能够系统了解野生大豆的特异种质资源，既为大豆遗传改良提供了优异种质资源，又为大豆优异基因挖掘等基础研究提供了重要的遗传材料。本书全面总结了黑龙江省农业科学院在野生大豆资源收集、评价和利用研究方面所取得的成果，可使广大从事大豆研究的科研工作者能够系统、深入地了解北方寒地一年生野生大豆的地理分布和表型特征，从而提高利用野生大豆进行种质创新和研究的针对性，希望广大中青年科技工作者继承老一辈科学家的优良传统，脚踏实地、刻苦专研，不断提高我国大豆科研水平，为发展我国大豆生产、保障国家粮食安全做出更大贡献。

本书在编写过程中得到了中国科学院遗传发育研究所、广州大学、中国科学院植物研究所、中国科学院东北地理与生态研究所等单位的大力支持,由诸位编委执笔精心撰写,由国内外多名从事大豆资源与种质创新的专家数次修改完善,最终定稿。

本书得到了黑龙江省杰出青年基金"大豆抗腐霉根腐病基因功能解析及育种应用研究"(JQ2019C003)、黑龙江省省属科研院所科研业务费专项计划"基于合理轮作的大豆产量、品质提升关键技术研究与应用"(CZKYF2020C004)、黑龙江省"揭榜挂帅"科技攻关项目"第五积温区大豆极早熟高产品种重茬障碍消减增技术研究与示范"(2021ZXJ05B011)、国家重点研发计划政府间国际科技创新合作重点专项"牧草和豆类作物育种以提高欧盟和中国蛋白质自给"(2017YFE0111000)和中欧国际合作地平线2020项目"Breeding forage and grain legumes to increase EU's and China's protein self-sufficiency"(727312-EUCLEG)的资助,在此一并致谢!

目 录

第一章 野生大豆起源与进化 ··· 1
- 第一节 野生大豆资源的分布与起源 ··· 1
- 第二节 野生大豆与栽培大豆的进化关系 ··· 8
- 第三节 野生大豆资源研究概况 ··· 22
- 参考文献 ··· 25

第二章 寒地野生大豆资源收集与保护 ··· 31
- 第一节 寒地野生大豆的分布与特征 ··· 31
- 第二节 寒地野生大豆资源保存与繁育 ··· 37
- 第三节 寒地野生大豆资源的保护 ··· 39
- 第四节 寒地野生大豆资源的繁殖与更新 ··· 53
- 参考文献 ··· 60

第三章 寒地野生大豆资源的鉴定与评价 ··· 62
- 第一节 寒地野生大豆资源产量相关性状的评价 ··· 62
- 第二节 寒地野生大豆资源品质相关性状的评价 ··· 65
- 第三节 寒地野生大豆资源抗逆相关性状的评价 ··· 74
- 第四节 寒地野生大豆优异资源挖掘 ··· 92
- 参考文献 ··· 114

第四章 寒地野生大豆资源的遗传多样性 ··· 123
- 第一节 寒地野生大豆表型性状的遗传多样性 ··· 124
- 第二节 寒地野生大豆品质性状的遗传多样性 ··· 132
- 第三节 寒地野生大豆耐逆性状的遗传多样性 ··· 135
- 第四节 寒地野生大豆抗病虫性状的遗传多样性 ··· 137
- 第五节 寒地野生大豆遗传多样性与遗传解析 ··· 140
- 参考文献 ··· 145

第五章　遗传群体构建及基因挖掘 ………………………………………………… 147
第一节　大豆构建遗传群体方法 ………………………………………… 147
第二节　野生大豆构建遗传群体研究进展 ……………………………… 153
第三节　寒地野生大豆遗传群体构建 …………………………………… 156
第四节　寒地野生大豆优异基因挖掘 …………………………………… 160
参考文献 …………………………………………………………………… 164

第六章　寒地野生大豆的种质创新与育种应用 ………………………………… 172
第一节　种质创新的意义与方法 ………………………………………… 172
第二节　野生大豆研究与育种利用价值 ………………………………… 182
第三节　寒地野生大豆利用与种质创新 ………………………………… 186
第四节　寒地野生大豆育种应用与品种创新 …………………………… 193
参考文献 …………………………………………………………………… 201

第一章 野生大豆起源与进化

第一节 野生大豆资源的分布与起源

一年生野生大豆(G. soja)又称为小落豆、小落豆秧、落豆秧、山黄豆、野黄豆或乌豆等,为一年生草本植物,株高一般在1.0~1.5 m,最高的可达2 m以上;基部多分枝,茎缠绕,细弱,蔓生,主蔓和分枝分化多不明显;羽状复叶,具有三小叶,小叶呈现卵圆形、椭圆形、披针形或线形,两面被有线毛;短或长总状花序,腋生;花较小,淡紫红色,稀有白色;荚果狭长呈现圆形或为近镰形,两侧略扁,通常具三粒种子;种子略扁,一般为黑色,也常出现黄、青、褐及双色种皮,百粒重一般为0.5~8.0 g;种皮常有泥膜,但有些大粒类型种皮不具泥膜,有的种皮还具有光泽。野生大豆类型很多,以野生大豆和栽培大豆为两个进化极端,存在一系列连续进化形态。目前,国内学者通常提及的野生大豆包括两个类型,一类为百粒重3.0~8.0 g,通常被称为半野生大豆,另一类百粒重在3.0 g以下,被称作野生大豆(庄炳昌,1999)。

一、野生大豆在我国的分布

野生大豆是栽培大豆的近缘祖先种,是人类驯化栽培大豆的物质基础。野生大豆主要分布在中国、朝鲜、韩国、日本、俄罗斯的远东地区及印度等地(徐豹等,1989)。某种植物在一定区域内的分布情况需要系统地大规模考察与搜集,尽管世界上公认野生大豆起源于我国,但在20世纪70年代以前仅有部分学者进行了小范围的零星搜集和观察(孙醒东,1952;王金陵,1973),同时代日本和美国都已进行过系统的野生大豆资源研究(福井重郎,1977;Nelson et al.,1979)。随着农业生产活动的日益扩大,野生大豆资源的原生境不断遭到破坏,资源数量不断减少,这也引起了各级政府和农业科研单位的重视。1978年,吉林省农业科学院在吉林省开展了野生大豆资源考察,搜集野生大豆种质1 066份,发现了白花、线形叶、长花序等此前未被报道过的野生大豆新类型,引起了国内外大豆界的关注。此后,国家有关部门开始了全国范围的大规模的、有计划的野生大豆资源考察和搜集工作,对于野生大豆生长的地理位置、地形、生态环境、土壤条件、自然条件、生长周期、生育周期、生物学和生态特征、种群数量和面积、危害因素及状况等做了翔实的记录。20世纪80年代,中国农业科学院品种资源研究所、中国农业科学院油料作物研究所和吉林省农业科学院及各省、自治区、直辖市农科院组成考察组,在各省自然生态区进行考察和搜集,重点考察了黄河流域各省、大巴山区及海南岛。考察结果表明,在我国南部的广西桂林地区、广东韶关地区和福建龙岩地区都发现了野生大豆。但是在广东、广西、福建和海南处于热带的沿海地区,没有发现一年生野生大豆。我国北部黑龙江沿岸大部分地区有野生大豆分布,但到漠河一带未发现有野生大豆生存。我国西北部,兰州以下沿黄河流域经山西、宁夏、内蒙古、山西、河北、山东均有野生大豆分布。西南地区,从川东大巴山南麓经贵州至舟山群岛有野生大豆,据有关资料记载,台湾地区也有野生大豆的分布记录。垂直分布的考察结果显示,东北地区野生大豆分布的海拔上限是 1 300 m 左右,黄河及长江流域在海拔 1 500~1 700 m,野生大豆分布的最高点在云南宁蒗县,海拔 2 650 m。本次考察是我国历史上首次有计划、大规模的野生大豆资源考察和搜集工作,总结了野生大豆的五大生物学特性:①喜光性。一般生长在向阳处,野生大豆匍匐地面时枝叶向外伸展,以使各部分叶片都能接受到阳光。当其缠绕在伴生植物上时则与伴生植物竞相生长,以争夺阳光。在光线不足的乔木林、密集的灌木丛及竹林内找不到野生大豆。②喜水耐湿性。野生大豆多生长在水分供应充足的地方,多与中性或湿性植物如芦苇、水蓼、野塘蒿、莎草、香蒲、水柳等伴生。在各地还发现野生大豆根部浸泡在水中还能正常生长,结实良好。③耐寒性。我国东北地区冬季气温可降至 -40 ℃ 以下,但野生大豆种子在自然条件下可安全越冬,世代繁衍。考察中发现,因气温低、无霜期短等原因,无法种植栽培大豆的部分地区也有野生大豆的零星分布,说明其耐寒性高于栽培大豆。④对土壤的适应性。野生大豆对土壤要求不严格,适应性强,几乎在各类土壤上均可以正常生长。从土壤 pH = 4.5 的酸化土地到 pH = 9.2 的盐碱地均能够发现野生大豆。⑤抗病性。在自然条件下,野生大豆生长健壮,很少受到病虫的危害。考察中发现的病害有霜霉病、灰斑病、细菌性斑点病、花叶病毒病、孢囊线虫病以及菟丝子寄生病,大多是零星发病。在考察中还有一些特殊类型的野生大豆具有栽培大豆的一些表型性状,可能是野生大豆向栽培大豆驯化的中间类型,也有可能是野生大豆中相对古老的资源,极大丰富了我国的大豆基因库,为大豆属植物起源、演化、分类及遗传研究提供了极其珍贵的材料。发现的野生大豆类型主要有:①白花野生大豆,植株及籽粒性状与一般野生大豆相同,唯有花色为白色,成居群分布;②长花序野生大豆,野生大豆一般是短总状花序,花轴长 1~2 cm,长花序类型的花轴长 10 cm 以上,各地均有发现;③线叶野生大豆,叶片狭长,上下部宽度相差不大,尤以中间小叶为典型;④黄种皮野生大豆,种皮黄色,无泥膜,籽粒略变大,主茎、分枝较明显;⑤绿种皮野生大豆,种皮绿色或黄绿色,无泥膜,既有百粒重 3 g 以下的小粒豆,也有 3 g 以上的较大粒型;⑥双色种皮野生大豆,种皮底色为黄色或者黄绿色,上有黑色花纹;⑦黑种皮无泥膜野生大豆,分有光泽和无光泽两种,种皮上无泥膜。

在前期考察工作的基础上,中国农业科学院品种资源研究所牵头各省、自治区、直辖市农科院从 2002 年到 2010 年,历时 9 年,考察了我国 19 个省、自治区、直辖市,其中在 17 个省搜集了野生大豆种质。这些考察地区包括我国南北野生大豆分布区,生态条件和土壤条件差异极大,是对我国野生大豆种质资源库的一次有力补充。此次考察是在前期调研的基础上以核查迄今已发现记录的野生大豆资源原生境为主,通过查询以前的考察记录以及咨询当地曾经参加过野生大豆考察的专家,制订详细的野生大豆考察搜集计划和路线行程。2002—2004 年,考察组重点在黑龙江、吉林、辽宁、山西、安徽、北京、湖北、重庆、广东等 10 省(市)的 221 个县(市),考察范围从北纬 24°42′24″到 50°16′28″,东经 108°01′23″到 131°08′45″,海拔从 -31 m 到 1 372 m,收集不同生态类型的野生大豆资源 814 份。通过对 10 省(市)部分地区野生大豆的考察发现,野生大豆的分布面积很小,已经很难发现大的群体,尤其在人口多、耕地面积少的地区,野生大豆居群数量和面积与第一次全国考察相比下降十分严重,只有黑龙江部分禁止放牧的保护区中还有大的居群存在,说明 20 年间我国的野生植物资源遭到了农业生产活动和城市化建设的严重破坏,这对于野生大豆种质资源多样性及其起源、进化的研究十分不利,部分野生大豆特殊类型以及野生大豆向栽培大豆进化的中间类型可能已经消失,对大豆起源和进化的研究也造成了困难。但此次考察发现我国野生大豆分布范围向北和向西有所扩大,将北界扩展到漠河县北极村邻近江岸一带(北纬 53°30′),西界扩展到西藏察隅县上察隅镇以西地带(东经 96°46′)。在辽宁省东港市椅圈镇宛家村首次发现了 40 m² 的大荚大粒型野生大豆群体,百粒重超过 3 g。此外还搜集到一些半野生类型的单株,黑龙江省黑河马场乡、哈尔滨市道外区的野生大豆群体中,发现百粒重 3 g、种皮为褐色的较进化的单株,山西省定襄县发现 3 个大荚大粒、黄种皮的半野生类型,北京市门头沟区新发现 3 个黄种皮的大荚大粒类型,湖北省十堰市武当山发现花序长达 15 cm 的野生大豆。某些半野生型大豆中还发现白花、无泥膜、各种皮色类型(褐、绿、黄、黑、双色)。半野生型大豆见于东内蒙古(鄂伦春自治旗、兴安盟)、黑龙江、河北、北京、山东、重庆,发现了 3 种形态:①阔披针叶(叶片尖端和基部几乎同宽,是披针叶的变形);②粗根系(见于湖南红沙壤质土,粗主根部分直径达 1 cm、长 50 cm,渐细,叶片极小,分枝多,荚极小而多);③匍匐型(主茎、分枝无区别,基部浓密分枝,匍匐地面生长,无或极弱缠绕性)。某些野生大豆天然居群长期生长在特定的胁迫生境下,形成了适应特定环境的群体。在北京、天津搜集耐旱资源 8 份,在渤海湾(天津、唐海)干旱和盐碱地上搜集资源 11 份。之后,部分省、直辖市和自治区的省级农科院还进行了对省级行政区划范围内的野生大豆考察工作,也取得了一些重要的成果。2005 年黑龙江省农业科学院经过重点走访和多点调查,在漠河县北极村发现了野生大豆的零星分布,使我国野生大豆的分布边界线向北推进了半个纬度;在黑龙江和乌苏里江汇合处的抚远市通江乡东辉村发现了野生大豆,改写了我国东部野生大豆的分布线。2008 年到 2009 年,吉林省农业科学院和云南省环保站对云南省滇西北地区进行的野生大豆考察中发现,在宁蒗县 2 738 m 海拔处有天然居群的存在,使我国野生大豆的垂直分布高度提高了 88 m。

通过 40 多年来的多次考察,初步确定了我国野生大豆的分布范围:北界为黑龙江的漠河县北极村(北纬 53°29′58″),南界在广西的象州(北纬 24°)和广东的英德(北纬24°10′),东起黑龙江抚远市通江乡东辉村(东经134°32′54″),东南到舟山群岛并延至台湾地区,西北到甘肃景泰县(东经约104°),西南到西藏的察隅县的上察隅区(东经97°);垂直分布的结果为东北地区分布上限在海拔1 300 m左右,黄河及长江流域为海拔1 500~1 700 m,野生大豆的最高生长地点在云南的宁蒗县,海拔为2 650 m,在我国除青海、新疆及海南三省没有发现野生大豆外,其他省份均有分布。影响野生大豆分布及类型的环境因素比较复杂,从小生境来看,野生大豆适宜生长在沟边、路旁、苇塘和河流两岸等低湿环境中,而光照长短可影响野生大豆的成熟期。李福山(1993)根据野生大豆的地理分布,分析了野生大豆的生境,发现野生大豆在整个生长周期中,月平均气温20 ℃的月数应在1~6个月,少于1个月和多于6个月的地区均没有野生大豆,年降水量不足300 mL的地区也没有野生大豆分布。

二、野生大豆的起源

野生大豆是栽培大豆的近缘祖先种,其起源与进化是大豆基础生物学的重要内容。作物起源是一个综合命题,包括作物起源于何物种、起源地、起源时间、驯化次数以及驯化经过等若干问题。要解决这一系列复杂问题,需要形态学、生物化学以及遗传学等实验生物学研究,同时也要分析作物的生理分布,参照考古学研究,并进行综合分析。栽培大豆是野生大豆经过人工栽培驯化和选择演化而来,这是研究者普遍认同的,但起源地以及驯化次数却是人们争论的焦点。关于大豆的起源地以及起源模式存在大量的假说,相应地也有大量的论点和论据。要了解野生大豆的起源,必须对整个大豆属植物的演化有深入的研究。大豆属(*Glycine* Willd.)具有两个亚属,分别为 *Soja* 亚属和 *Glycine* 亚属。*Soja* 亚属包含两个一年生种——栽培大豆(*G. max* (L.) Merr.)和一年生野生大豆(*G. soja* Seib. & Zucc.),到目前为止,我国国家种质资源库中现存栽培大豆20 000多份,野生大豆9 000多份。尽管 *Soja* 亚属被分离为两个种,但两者共用一个基因池,种间相互杂交不存在生殖隔离,仅少数会出现臂内倒位和相互异位的现象。*Glycine* 亚属包含了26个多年生野生种(Chung et al.,2008),它们起源于澳大利亚,并在澳大利亚分布有除 *G. dolichocarpa* (Tateishi,1992)以外的剩余25个种。*Glycine* 除了在澳大利亚有分布以外,还广泛分布于巴布亚新几内亚、印度尼西亚、菲律宾等国家、地区及其周边岛屿,在我国的台湾地区也有分布;据目前《中国植物志》记载,中国大陆主要分布有两个野生大豆种——*G. tabacina* (Labill.) Benth 和 *G. tomentella* Hayata,分别俗称"烟豆"和"短绒野生大豆",其主要分布于我国福建和广东沿海陆地及岛屿上。有报道称,*Glycine* 亚属新增第27个种 *Glycine remota*,同样分布于澳大利亚,与 *Glycine* 亚属其他26个种最大的区别在于该物种表型上为具一小叶,不具有其他26个种三出复叶的性状(Barrett et al.,2015)。

19世纪俄国学者 Skortzow 曾将半野生大豆定义为一个独立的种,而 Hermann(1962)则将其归入栽培种,王连铮等主张将半野生大豆定为栽培种的一个变种,虽然其形态上不能与栽培种截然分开,但其还是有一定的形态特征。如脂肪酸的含量更加接近栽培大豆。

惠东威等(1996)使用随机引物扩增多态性DNA(RAPD)分子标记和比较rRNA的ITS1序列的方法,发现所研究的3个种间不存在明显差异。吴晓雷等(2001)对大豆属中11个种的进化关系进行了研究,结果表明,*Glycine*亚属和*Soja*亚属在分子水平上差异较大,并确立了半野生种*G. gracilis*的分类地位。Lackey(1980)推测目前大豆属物种是由东南亚热带祖先物种先从染色体基数$x = 11$进化到$x = 10$,再进化到单个基因组$n = 20$的物种。$N = 20$的物种发生分化,一条路径是进化为中亚和北亚的一年生野生大豆种($n = 20$),再进一步经人工选择驯化成为栽培大豆;另一条路径是进化成分布于澳大利亚及其他热带地区生长的多年生野生种($n = 19, 20, 39, 40$)。

关于野生大豆的起源及进化模式的直接研究较少,因此其起源地和进化来源不能确定。Newell等(1982)根据*Soja*亚属和*Glycine*亚属的物种之间的关联判断*Soja*的演化,根据栽培大豆与短绒野生大豆(*G. tomentella*)杂交成功,提出*Soja*可能由短绒野生大豆进化而来。Xu等(2000)对大豆叶绿体DNA中9个非编码区的序列变异进行分析发现,栽培大豆与小叶大豆(*G. microphylla*)距离较近,而与烟豆(*G. tabacina*)和短绒野生大豆距离较远。目前国际上推测,大豆属是由东南亚热带多年生祖先经过染色体基数的系列变化后,经印度向东、向北扩展到现在的东亚,被压分化而成的一年生野生大豆种。但迄今为止尚未发现从多年生野生大豆进化到一年生野生大豆的桥梁物种,有研究者认为,在中国的华南可能存在这种类型。我国境内仅存两种多年生野生大豆,即烟豆和短绒野生大豆,由于材料限制,关于这两种大豆属植物的直接研究很少,仅有染色体(高霞等,2002)和生物学性状的研究(曲嘉等,2008)。Li等(2010)在对303份栽培大豆和野生大豆遗传多样性的研究中选取了我国境内的短绒野生大豆的仅一份材料,聚类结果显示,短绒野生大豆可以明显地同一年生野生大豆和栽培大豆分开。

近年来,群体遗传学的研究揭示了遗传多样性在种群间以及种群内的分布对野生大豆遗传多样性中心的研究是较为有效推测其起源进化模式的间接方法。许东河等(1999)选用来自全国各地的一年生野生大豆200余份材料,从形态性状、等位酶标记和细胞器DNA、限制性内切酶片段长度多态性(RFLP)标记的遗传丰富度和遗传离散度两方面分析了中国野生大豆群体的遗传多样性,结果表明:中国野生大豆天然群体存在着遗传分化,各地生态群体间的遗传多样性水平不同,南方群体最高,黄淮海群体次之,东北群体最低。南方为一年生野生大豆的遗传多样性中心,也可能是起源中心。盖钧镒等(2000)发现南方野生大豆与栽培大豆的细胞器DNA-RFLP标记最为接近。董英山等(2000)用群体遗传学方法对中国种质库6 172份野生大豆进行综合变异系数和地理分布的统计分析,认为东北中南部、黄河中下游和秦岭山区、东南沿海地区的野生大豆遗传多样性丰富、综合变异系数高,因此提出了野生大豆的3个可能的起源中心:一是东北平原,是野生大豆的初生多样性中心;二是黄河中下游地区、华北平原及黄土高原,是野生大豆的次生多样性中心;三是东南沿海,为野生大豆再生多样性中心。同时,推测了野生大豆的3种起源模式:一种可能是从东北野生大豆初生多样性中心开始,向四周扩散时在环境选择压力下,形成了适应新环境的新类型,向北形成俄罗斯远东地区野生大豆分布区,向东形成日本和朝鲜野生大豆分布区,向南形成中国黄河流域野生大豆分布区,从黄河流域分布区进一步扩展到中国的其他地区,形成中国广泛的野生大豆分布区;第二种可能是野生大豆同时存在着遗传多样性不等的3个起源中心,由3个起源中心向四周扩散形成野生大豆的分布;第三种可能是野生大豆起源于多年生野生大豆,在我国东南沿海及海岛上有多年生野生大豆分布,在此形成一年生野生大豆,以东南沿海为中心,然后扩散到全国各地,通过东北向北扩展形成俄罗斯野生大豆分布区,向东形成日本和朝鲜野生大豆分布区。

燕雪飞(2014)以国家大豆种质资源库的表型资料为基础分析了野生大豆的表型及表型的进化特征,统计了不同叶形和籽粒性状材料的遗传多样性,结果表明披针形的野生大豆材料具有最大的平均遗传多样性。不明显的主茎类型、黑色种皮、紫色花和较低的百粒重等表型特征的比例在线形叶片材料中明显偏高,圆形叶片材料则以明显的主茎类型、黄色种皮、白色花以及较高的百粒重为特征。推断披针形叶片和线形叶片以及较小的籽粒是野生大豆中比较原始的类型,圆形叶片和较大的粒形是野生大豆较为进化的类型,即野生大豆在叶子大小方面存在着逐渐变大的进化趋势。同时,其他表型性状与叶型一样,呈现出一定的进化方向。据统计,在采集自东北地区特别是黑龙江省的野生大豆资源中,披针形、线形叶片和小籽粒所占比例高于国内其他地区的资源,这可能有两种原因:一是东北地区是野生大豆的初生多样性中心,野生大豆资源更加原始古老,同时由于处于高寒地区,古代人类活动较少,野生大豆资源经历的人工选择和驯化较少,保留了较多的野生大豆原始性状;二是东北地区可能并非大豆的初生多样性中心,而是向外国学者所推测的,地球北部温带地区的野生大豆祖先来自热带地区,逐渐向北扩展形成分布,但是为了适应北温带较为寒冷干旱的气候,经自然选择逐渐形成了披针形、线形叶和小籽粒为主的居群,而南方的野生大豆经历了自然选择和更高频率的人为驯化,出现了大量的圆叶白花大籽粒表型。

表型性状的遗传多样性反映的是外部形态的变异,外部形态的形成受到其所在的自然环境的长期影响,在进行起源和进化分析的时候往往会出现一定的偏差,为了排除外在因素的干扰,从遗传物质本身出发更能够揭示出植物起源和进化的真相。早期的遗传物质多样性分析是以同工酶多样性分析为基础的,特定的酶在植物体内受到基因表达的调控和环境的综合作用。同工酶是在当时的条件下能较为准确地分析野生大豆中遗传物质多态性的重要方法,是结构基因和调控基因共同作用下表达出的蛋白质表型,可以在一定程度上代表野生大豆的基因型。因此,同工酶的遗传多样性分析可以作为遗传物质多样性的衡量标准之一,进而作为分析不同野生大豆起源中心和分析不同地区在进化中所处地位的依据。野生大豆同工酶水平的遗传多样性研究兴盛于20世纪90年代。裴颜龙等(1996)采用水平淀粉凝胶电泳技术对分布于北京、山东和大连的四个野生大豆天然居群共计120个个体进行了等位酶水平遗传多样性分析。7个酶系统13个等位酶位点的检测表明,这些地区野生大豆天然居群遗传变异水平较高,多态性位点比率 $P = 69.20$,等位基

因平均数 $A=1.77$，平均期望杂合度 $He=0.133$，居群间有较明显的遗传分化，基因分化系数 $Gst=0.391$，即有的遗传变异存在于居群间，表明这些地区遗传固定指数 F 偏小，居群异交率较高。研究人员对萌发过程的野生大豆和栽培大豆进行了同工酶分析，结果表明野生大豆和栽培大豆的同工酶谱有显著差异。徐豹等（1993）对我国北纬 $25°\sim52°$ 地区不同进化类型（野生型、中间型、栽培型）的大豆种子进行了同工酶比较，结果发现 3 种类型的大豆种子超氧化物歧化酶（SOD）均有 7 条谱带，且 3 种类型大豆不同部位的酶活性表现出一致的变化趋势，即野生型大豆高于中间型，中间型又高于栽培型。许东河等（1999）分析了基于等位酶标记的野生大豆与栽培大豆遗传多样性变化与演化趋势，结果显示野生大豆在所分析的 15 个等位酶标记中均表现为多态性，15 个位点共出现了 39 种等位基因，平均每个位点等位基因数为 2.53 种，栽培大豆在 15 个位点上，有 12 个位点表现为多态性，15 个位点上共出现 34 种等位基因，平均每个位点等位基因数为 2.07 种。该结果说明栽培大豆的遗传丰富度低于野生大豆，通过比较遗传位点的群体遗传离散度值 Ht（野生大豆为 0.282 9，而栽培大豆为 0.251 9），也反映出野生大豆遗传多样性要高于栽培大豆。近年来同工酶水平上的研究较少，李桂兰等（2009）对冀东沿海地区不同地理位置的野生大豆过氧化物酶同工酶多样性进行了研究，结果表明，相近的地理位置和相似的环境下的野生大豆材料遗传距离也较为接近，而相近的地理位置环境不同的材料，其遗传距离不一定相近，即便同一地点在不同时间收集的材料也存在一定的遗传差异。

20 世纪 90 年代以来，分子标记技术和基因组测序技术快速发展，方法和手段不断成熟。研究者开始在野生大豆基因组水平上进行遗传多样性分析，利用遗传物质的变异来揭示遗传分化规律，为推断野生大豆遗传多样性中心及进化扩散模式提供更加可靠的证据。刘亚男（2008）使用 70 对 SSR 引物分析了 96 份大豆微核心样本，包含 62 份野生型、32 份半野生型（百粒重 3 g 以上）和 2 份人工杂交材料类型，将它们按地理产地划分为东北、北方、长江流域和南方区域。东北最多为 38 份，其次北方为 29 份，长江流域为 16 份，南方为 13 份。STURCTURE 分析结果表明，当 $K=2$ 时，96 份材料被截然地分成半野生型和野生型 2 个组（2 份人工杂交材料被划分到半野生型组），完全没有个体混合分组现象。说明我国野生大豆资源内的遗传分化主要是发生在野生型和半野生型之间，其他的遗传变异与分化都处于次要地位。将 96 份微核心样本按区域种群划分，区域之间的遗传距离显示，东北材料与北方、长江流域和南方材料遗传距离依次增加。聚类显示出从南到北有清晰的地理空间遗传结构分布，东北和北方材料最先聚类在一起，依次与长江流域和南方材料聚类，南方材料与东北有最大遗传差异。非加权组平均聚类分析（UPGMA）96 份微核心样本的结果似乎显示了我国地理区域野生大豆历史上发生过南北种群广泛的遗传交流，认为应该是属于野生大豆传播史上的"基因扩散"。野生大豆在 500 万年前从多年生大豆亚属中分化出来，在中国亚热带华南一带形成原始物种之后开始向北方及四周扩散。

在相对大尺度地理空间区域内野生大豆同样存在亚地理分组的遗传差异。有研究人员使用 43 对 SSR 引物分析了 205 份东北野生大豆材料，这些材料以北纬 $41°\sim49°$ 每个纬度带为一个地理样本群,共计 9 个样本群体。UPGMA 结果显示,存在北纬 41°~45°和北纬 46°~49°两个大的地理分化组,纬度差异越大遗传距离也越大。而在经度群体上没有看到这个现象。Sun 等(2013)使用 41 对 SSR 引物和 18 个 SRAP 引物分析了 141 份野生大豆材料,这些材料被划分为湖南、福建、广西和北方材料 4 个组。UPGMA 结果表明,地理距离与遗传距离有相关性。分子生物学方差分析(AMOVA)显示各省野生大豆组间存在显著遗传分化,福建的基因丰富度最高,也具有最多稀有基因,认为福建是南方野生大豆的多样性中心。

众多文献分析了我国不同省内野生大豆的地理遗传变异与结构。各研究的数据处理多是采用不分组个体聚类,研究结果显示,不同省内基本都是地区内遗传变异高于地区间,出现个别材料来源地与聚类组地理上不一致的现象。这些结果暗示除了在相当近的时间内野生大豆发生过远距离迁移外,还存在物种传播史上的"基因扩散"。上述的研究结果还表明,大尺度地理空间的遗传变异主要存在于地理分组内,并且地理分组间遗传变异程度非常明显地小于分组内。如 Wang 等(2007)、Wen 等(2009)、Li 等(2009)和 Sun 等(2013)对大地理空间野生大豆遗传变异的研究结果都表明地理区域内的遗传变异大于区域间。即使一个省内也是地区内遗传变异高于地区间。朱申龙等(1998)研究了来自中国 4 个不同的大豆生态区的 61 份栽培和野生大豆的遗传多样性,聚类分析结果表明,栽培大豆明显区别于野生大豆,同时也表明我国黄淮海地区的大豆可能较其他地区的大豆具有较高水平的遗传多样性,DNA 水平上我国大豆种质遗传变异有明显的地理分布特点,并且揭示了大豆具有明显的地理生态适应性。

第二节　野生大豆与栽培大豆的进化关系

一、栽培大豆的分类地位

大豆属是在豆科(Leguminosae)、蝶形花亚科(Papiliomatae)、菜豆族下的属,分 *Glycine* 和 *Soja* 两个亚属。前者有 26 个多年生野生种,主要分布在澳大利亚及南太平洋岛屿,我国台湾及福建、广东沿海岛屿有 *G. tabacina* Benth.(烟豆)和 *G. tomentella* Hayata(短绒野生大豆)两个种分布。后者有两个一年生种,即野生大豆(*G. soja* Sieb. & Zucc.)和栽培大豆(*G. max* Merr.),野生大豆遍布东亚的中国、朝鲜、日本及俄罗斯远东地区。在典型的野生和栽培大豆之间,还存在着一些处于二者之间的类型,即所谓的半野生或半栽培大豆。俄国学者 Skvortzow 曾将此类大豆列为一个单独的种,并命名为 *Glycine gracilis*,但由于这种半野生大豆的变异类型较多,在遗传关系上无法与野生大豆和栽培大豆截然分开,因而一些研究者认为不宜确定为一个种,而应看作为一种类型(Singh et al.,1985;Hymowitz et al.,1998)。

大豆属物种二倍体的基因组 $2n=40$。单倍体基因组分析、RFLP 标记分析表明大豆是一个古四倍体,其基因组经过长期进化而二倍化。根据杂交结实性、细胞遗传学、生物化学和分子生物学研究,大豆属18个物种的基因组被分为9组18类,其中A组包括AA、A_1A_1、A_2A_2、A_3A_3类,B组包括BB、B_1B_1、B_2B_2类,C组包括CC、C_1C_1类,H组包括HH、H_1H_1、H_2H_2类,I组包括II、I_1I_1类。A和B组内各物种间杂交结实正常,不同组间物种杂交存在障碍。*G. tomentella* 与 *G. tabacina* 是复合种,前者是包括 $2n=38,40,78,80$ 并涉及A、D、E基因组的复合种;后者则为 $2n=40,80$(A、B基因组)的复合种,*G. hirticaulis* 也存在 $2n=80$ 的四倍体。对种间进一步的rDNA、叶绿体DNA的ITS序列分析和核DNA的RFLP、RAPD分子标记等研究也支持 *Glycine* 属目前的分类格局。有人根据栽培大豆与 *G. tomentella* 杂交成功提出 *Soja* 可能由 *G. tomentella* 进化而来,叶绿体DNA 9个非编码区域序列变异分析却发现 *G. soja* 与小叶大豆(*G. microphylla* Tind)距离较近,而与 *G. tomentella* 和 *G. tabacina* 距离较远(Menancio et al.,1990)。栽培大豆显然来源于一年生野生大豆,因为两者的染色体数均为 $2n=40$,它们之间不但容易杂交,结实性良好,并且杂交后代的遗传方式与栽培大豆品种间杂交后代性状的遗传方式相似。

二、栽培大豆的驯化历史

我国《诗经》中,便记载有"蓺之荏菽,荏菽旆旆"。由此推断我国大豆种植历史在5 000年上下。世界其他国家的大豆,都是直接或间接从我国传播去的。公元前6世纪大豆由我国传入日本,公元前3世纪传至朝鲜。约在300年前,大豆传入菲律宾、印度尼西亚。欧美认识大豆则在18世纪以后。

在中国的先秦文献中,有不少文献涉及栽培大豆的起源问题。传说后稷是尧舜时代的农官,在距今4 000多年以前的原始社会末期,他便在关中地区指导农业生产,由于他在发展农业生产上做出了重要贡献,所以被推举为尧舜部落的"农师",也称"樱官"。《诗经·大雅·生民》是周人歌颂其始祖后稷的诗篇,而"蓺之荏菽,荏菽旆旆"就是后稷在农业上的重要贡献之一。这里所说的"蓺之荏菽"就是栽培大豆,而"荏菽旆旆"就是形容大豆生长得很茂盛。《诗经·鲁颂·閟宫》中有"是生后稷,降之百福。黍稷重穋,稙稚菽麦"的诗句。《毛传》中的"后熟曰重,先熟曰穋","先种曰稙,后种曰稚"也是歌颂后稷在发展农业上做出重要贡献的诗篇。这里不仅说后稷种植了黍、稷、菽、麦等多种作物,而且说当时已经有了不同播种期和不同熟期的品种。

中国最早的一部词典《尔雅》大约成书于秦汉之间,是当时的学者解释六经训诂的汇集,具有很高的权威性。《尔雅·释草》部分,在解释"戎菽"时说:"戎菽谓之荏菽。"《毛传》也说:"荏菽,戎菽也。"《郑玄笺》中说"戎菽,大豆也。"《管子》中有齐桓公"北伐山戎,出冬葱及戎菽,布之天下"的记载。说明春秋战国时期的人们仍然认为"天下"各地栽培的大豆,来自山戎地区。当时的"戎菽"是作为齐桓公的战利品,而传布各地的。

唐朝的孔颖达在为《诗经·大雅·生民》作疏时说:"后稷种谷,不应舍中国之种而种戎国之豆。即如郭言齐桓之伐山戎始布其豆种,则后稷之所种者,何时绝其种乎,而齐桓复布之。"孔颖达认为,后稷所种之豆应该是起源于关中地区或黄河流域的,而不是从山戎地区引种的。按照孔颖达的说法,虽然在一定程度上解决了先秦文献中有关大豆起源时间和地点的矛盾,但是却又产生了新的矛盾。这就是说,如果黄河流域早在春秋时代就开始栽培大豆,那么《管子》中就没有必要郑重其事地再记载齐桓公北伐山戎时"出冬葱及戎菽,布之天下"之事了,因为《管子》中记载此事,是以齐桓公北伐山戎之前黄河流域地区还没有"戎菽"为前提的。

根据吴文婉等(2013a,b)的研究,发现目前最早的大豆属遗存来自裴李岗时代的贾湖、班村、八里岗和八十垱四个遗址。仰韶时代有来自大河村和北吁遗址的遗存。这两个时期的大豆属遗存无一例外都是野生大豆,尺寸比较小,经15%补偿测得平均长3.75 mm,宽2.67 mm,厚2.27 mm,较现代的野生大豆小,也没有出现明显变化,数量也较多,推测可能与当时人类对该种植物资源的开发利用有关。龙山时代大豆属遗存不仅在空间分布和总的数量上有大幅增长,而且种子形态和尺寸都呈多样性,有些接近前期出土的野生大豆。如瓦店遗址出土的大豆属遗存,经过15%补偿后仍比现代野生大豆小,但部分大豆属种子的尺寸已经明显地增大了,粒厚变化区间较大,补偿后平均长、宽、厚超过现代野生大豆,但仍比现代大豆小很多,王城岗和王家嘴遗址就出土了一部分这类大豆属遗存。有人认为龙山时代是大豆从野生到驯化的过渡阶段。

夏商时期大豆属遗存特点鲜明,中原地区如南洼遗址二里头时期野生大豆种子稍小于现代野生大豆,而位于山东半岛东端的照格庄遗址出土的岳石文化时期野生大豆种子与龙山时代野生大豆相近,甚至整体上小于贾湖遗址的野生大豆种子。这两个时期野生大豆的数量明显减少。结合同时期其他数据来看,这一阶段大豆属植物种子的尺寸处于野生与驯化的中间位置,明显较野生大豆大,但明显小于后期驯化性状明显的大豆。

周代诸遗址出土的大豆数量都较少。陈庄遗址出土的大豆属种子可以明显分为大小两群,大的一群平均长5.48 mm,宽3.79 mm,补偿后长6.30 mm,宽4.36 mm。除吴营遗址外,其他遗址的大豆属种子平均长超过5 mm,宽接近3.5 mm。周代大豆种子比夏商时期明显进一步增大。

汉代及以后的数据较少。老山汉墓大豆的粒长6~7 mm,宽3.0~4.5 mm,厚2.58~3.50 mm,与南洼遗址B类较接近。南洼遗址的大豆经15%补偿后均长6.65 mm,宽4.24 mm,厚3.32 mm,仍与现代大豆有一定距离,并且个体间还表现出较大的差异。这种差异似乎在周代就已经开始显现,但我们不排除是由样品量造成的差异,特别是汉代大豆有效数据来自南洼一个遗址,因此这种个体差异也可能是单个遗址的现象。至唐宋时期梁庄遗址的大豆在整体上较汉代更大,特别是粒宽和粒厚的增大更为突出,经15%补偿后平均尺寸与现代大豆样品中最小的籽粒非常接近(吴文婉等,2014)。

元代《王祯农书》中有:"大豆有白、黑、黄三种。其大豆之黑者,食而充饥,可备凶年,丰年可供牛料食。黄豆可做豆腐,可做酱料。白豆、粥饭,皆可拌食。三豆色异而用别,皆济世之谷也。"王祯对三色大豆的用途做了准确的描述。

明代李时珍所著《本草纲目》中说:"大豆有黑、白、黄、褐、青、斑数色。黑者名乌豆,可入药及充食、作豉;黄者,可作腐、榨油、造酱。余但可作腐及炒食而已。"到了明代,大豆已由元代的白、黑、黄三色,变为黑、白、黄、褐、青、斑六色。并且其用途又增加了入药、榨油、炒食等项内容。

明代宋应星所著《天工开物》中说:"凡菽,种类之多,与稻黍相等,播种收获之期,四季相承,果腹之功,在人日用,盖与饮食相终始。一种大豆,有黑黄两色,下种不出清明前后,黄者有五月黄、六月爆、冬黄三种。五月黄收粒少,而冬黄必倍之。黑者刻期八月收……江南有高脚黄,六月刈早稻,方再种,九十月收获。"到了明代,大豆种类之多,已经和水稻、黍子相等了,说明大豆种类已经相当众多;从播种和收获时期上看,已经达到了"四季相承"的境界。这就是说,从生态类型上看,明代已有春夏秋冬季播种和收获的大豆类型,并且已经有了适于稻豆轮作复种的"高脚黄"品种。

清代的张宗法所著《三农纪》中提到"豆种有早中晚,形有大小圆扁,色有黄白青黑斑"。这就是说,清代的大豆,在熟期上有早、中、晚之分,在形状上有大小、圆扁之别,在色泽上有黄、白、青、黑、斑等多种色泽,说明此期大豆的类型和品种已经相当丰富多彩。

三、栽培大豆起源学说

尽管古典文献和古代遗迹中都曾大量地出现栽培大豆起源的相关证据,但是部分内容的自相矛盾和文献、考古资料在时间和空间上的割裂,使得栽培大豆起源的假说和推测呈现出不同的结果。近年来,随着科学技术的不断进步,新方法和新手段开始逐渐影响着栽培大豆起源的研究,分子生物学、遗传学、细胞生物学等新兴学科为栽培大豆的寻根溯源开拓了新的领域,研究者也根据目前已掌握的试验结果进行了合理推测,提出多种栽培大豆起源的假说,其中影响比较大的有四大假说。四大假说及支持的论据见表1-1。

表1-1 栽培大豆起源四大假说及支持的论据

假说名称	假说内容及其证据
东北起源假说	假说提出:Fukuda认为中国东北广泛分布有野生大豆、野生与栽培大豆的中间类型,以及许多明显原始性状的品种和高度进化的栽培品种(实际上其他地区也有丰富的变异)。李福山提出大豆起源于河北东部至东北(东)南部。生物学研究手段:大豆幼根荧光分析、SOD同工酶谱分析、80个材料的RAPD分析等
黄河流域起源假说	假说提出:瓦维洛夫在作物八大起源中心学说中认为大豆为温带物种,起源于中国中西部山地及毗邻低地。Hymowitz根据文献记载及分类方面的依据,也认为大豆起源于中国华北东半部,并以亚洲15个国家和地区大豆Ti和Spl等位基因频率分布,讨论了大豆由中国起源向世界传播的途径。之后多位学者均论述认为栽培大豆起源于中国华北地区

表 1-1(续)

假说名称	假说内容及其证据
长江流域起源假说	假说提出:王金陵根据南方遍布野生大豆和种植原始性较强的泥豆、马料豆以及南方大豆强短日性的原始性状,提出大豆起源于华南或印度附近。刘德金据秋大豆短日特性推论闽西北也可能是栽培大豆的起源地。盖钧镒提出了中国栽培大豆起源于南方古老野生群体及其向北、向早熟方向发生地理分化和季节分化的假说。生物学研究手段:等位酶、细胞质(cp 和 mt)DNA - RFLP、核 DNA - RAPD 结合形态、农艺分析等
多起源中心假说	假说提出:王金陵在述及大豆起源于南方时,提出"栽培大豆也有可能不止一个起源中心"。吕世霖通过农艺性状生态分析,提出了大豆的多中心起源学说。考古发现、古文献记载,我国各地均发现了古代的大豆遗存物,我国南北中各处都有文化发展较早的地区,古人在山、水相隔,交通不便的情况下,极有可能直接驯化本地野生大豆。生物学研究手段:形态、农艺性状、等位酶、细胞质(叶绿体和线粒体)DNA - RFLP 及 SSR 标记等

(一)东北起源假说

日本学者 Fukuda(1933)根据中国东北地区广泛分布野生大豆和野生大豆与栽培大豆的中间型为依据,认为栽培大豆起源于中国东北地区。李福山(1994)也认为,中国的东北地区有考古发掘的最早的大豆遗存,还有最早的大豆文字记载。同时东北也是我国野生大豆种质资源多样性最丰富的地区。实际上其他地区也有丰富的大豆类型变异,河南舞阳贾湖遗址发现了约 6 000 年前的野生大豆种子,表明当时人类已在利用大豆,推翻了东北地区发掘最早大豆遗存的论断。徐豹等(1995)根据野生大豆籽粒性状的变异中心,提出大豆起源于我国北方,除了黄河流域以外,东北的东南部很可能是另一起源地。Li(2002)根据中国 4 个分布区的 80 份材料进行 RAPD 分析,结果发现黑龙江的野生大豆与栽培大豆材料的遗传距离要小于其他地区野生大豆材料,从而推断东北地区可能是栽培大豆的一个遗传中心。

(二)黄河流域起源假说

Vavilov 所确立的主要栽培植物的 8 个独立世界发源地中,第一个最大的栽培植物起源地是中国的中部和西部山区及其毗邻的低地。他明确指出,大豆属温带物种,起源于中国中西部山地及其毗邻低地,这就是黄河中游地区。很多学者也倾向于栽培大豆起源于黄河流域的论点,并提出相应论据。从全国野生大豆资源考察来看(常汝镇,1989),陕西泾河、渭河与黄河交汇处,山西的汾河沿岸,山东黄河入海口处均有大面积的野生大豆群落,即野生大豆在该区域分布广泛。同时,野生大豆在黄河中下游地区类型最丰富,有多种进化程度的野生、半野生大豆存在,甚至在同一地区发现了不同生育期的野生大豆同时存在。中华古文明发源于黄河流域,与之相对应的是旱作农业。重要的文化遗址如仰韶文化、龙山文化等多出现在黄河中下游地区。旱田农业遗址已有黍、稷、麻等遗存出土。

中国的另一个文明中心——长江流域主要是水田农业,长江流域的文化遗存如河姆渡文化曾有稻谷等出土。但是长江流域的水田农业和华北旱田农业相比,开始时在生产力上处于劣势,到公元1世纪时,生产才逐渐发展,公元3世纪之后才达到与华北旱田农业相当的地位。唐朝"安史之乱"以后,中国的文明中心才由北方的黄河流域转移到江南地区。学者们认为在公元前3世纪,长江以南就有大豆,但被列为"已货之户",作为"下物",可见当时的长江地区居民对大豆并不重视,也就不太可能大面积种植。而在北方,大豆是人们不可缺少的食粮,更有古籍记载"菽粟不足,未生不禁,民必有饥饿之色"(《管子·重令》),可见大豆在北方的农业生产上占有重要的地位。王振堂(1980)根据我国现已发现的文字和典籍判断大豆的起源时期,大豆在《诗经》中称为荏菽,而根据后世研究,"荏"有内秉柔软细弱、辗转旋绕之意;又根据《诗经·大雅·生民》的记载,推断周族祖先开始种植的是细茎而蔓生的大豆,并由典籍推算驯化野生大豆的时间即为周族祖先栽培野生大豆的时间,大致起始于3 500多年前;栽培大豆的最早时间确定后,又通过《诗经》和《史记》中的记载推断其起源地为泾渭两河流域。河南舞阳贾湖遗址出土的野生大豆遗存是迄今为止发现的最早的大豆遗存,距今大约6 000年,为栽培大豆起源于黄河流域的最有利考古证据(俞伟超等,2001)。徐豹等(1986)从生态学、品质化学和种子蛋白电泳分析等方面进行研究,从这3个方面得出了大豆主要起源于我国以北纬35°为中心的黄河流域的同一结论,论证了大豆起源于长江以北—黄河流域即华北地区的可能性。许占友等(1999)利用SSR标记与农艺性状间的对比,推测山西省是中国的大豆起源地之一,支持大豆起源于黄河流域这一论点。Li等(2010)用99个SSR标记位点和554个SNP标记分析了303份栽培大豆和野生大豆,显示两种标记方法稍有不同,但都可以通过聚类将两个物种分开。物种内,栽培大豆可以分成4个群体,野生大豆可以分成6个群体,并作出了栽培大豆在进化上起源于黄河流域的论断。

(三)长江流域起源假说

王金陵(1947)最早提出大豆起源于长江流域,主要依据是长江流域及其以南地区有野生大豆分布,而且该地区种植有比较原始的泥豆与山黄豆,加上南方大豆短光性强于北方大豆,因此认为大豆起源于长江流域及其以南地区,这种观点后来得到了很多分子生物学证据的支持。庄炳昌等(1994)对中国不同纬度不同进化类型大豆的RAPD分析表明,南方的野生大豆和栽培大豆的指纹图谱的相似性似乎要高于北方,尤其是原产于北纬25°的野生大豆与栽培大豆的图谱在8个引物中就有6个引物的带型相似,因此,他们提出南方地区,尤其是北纬25°地区,在大豆起源研究中值得注意。盖钧镒等(2000)对不同地理、季节生态类型的栽培大豆和不同生态地理类型的野生大豆材料进行形态、等位酶和细胞器DNA的RFLP分析,结果表明中国栽培大豆在季节上表现出由晚熟型向早熟型进化的趋势,东北、黄淮地区的栽培大豆各种生态型与本地区野生大豆群体的遗传距离大于与南方野生大豆群体的遗传距离,因而推测栽培大豆起源于中国南方地区。

(四) 多起源中心假说

栽培大豆的起源中心不能排除有多个的可能性,不同地域的人们可能利用当地的野生大豆培育出不同的栽培品种。王金陵(1973)在述及大豆起源于南方时,曾经提出"栽培大豆也有可能不止一个起源中心"。吕世霖(1978)也认为,栽培大豆可能分别在黄淮、东北、南方等地由野生大豆演化为栽培大豆。此后关于多起源中心的论据不断增加,周新安等(1998)对中国国家种质库保存的22 595份栽培大豆品种资源的9个形态性状的遗传多样性进行分析,认为中国栽培大豆起源中心为由西南向东偏北方向延伸的带状区域。包括河北(含北京)、山东、山西、河南、陕西、四川等省(市),北方春大豆起源中心可能在我国黄河中下游地区,以后向东北和西北扩散。董英山等(2000)在关于中国野生大豆遗传多样性中心的讨论中曾试图阐述野生大豆多样性中心与栽培大豆起源的关系,认为野生大豆丰富的遗传多样性为栽培大豆起源打下了基础,人类的文明活动为栽培大豆起源提供了条件,并结合考古学及生态学的分析,提出了栽培大豆的3个可能的起源中心,即东北地区、黄河中下游地区和南方沿海地区。Xu等(2002)对326份来自亚洲的栽培大豆和野生大豆进行了叶绿体SSR分析,结果表明野生大豆叶绿体DNA有较高的遗传多样性,且大部分栽培型大豆的单倍型都与各自当地的野生种重合,该结果证明了栽培大豆叶绿体的基因分别独立起源于不同地区的野生种。Xu等(2003)对21份野生大豆种质和27份栽培大豆种质进行了RAPD分析,结果显示一个地理区域的不同季节型的栽培大豆与不同地区同季节型的栽培大豆相比有更近的遗传关系,从而表明地理变异在野生大豆和栽培大豆中都起重要作用,推测不同季节型栽培大豆均起源于当地种质;南方地区春大豆和夏大豆的起源地可能在四川,以后向南、东南方向传播。郭文韬(1996)提出春大豆生态类型起源于黄河中下游地区及东北地区,起源于3 000~4 000年以前;夏大豆(麦豆二年三熟区)生态类型起源于黄淮地区,起源于2 000年前;夏大豆(稻豆两熟区)生态类型起源于长江流域,起源于2 000年前。多起源中心地还包括中国以外的地区,Hirata等(1999)通过对日本781份材料的同工酶和种子蛋白位点的变异性分析,阐述了日本大豆种群的遗传结构,发现与中国大豆种群遗传结构相比,日本大豆种群有很多特异性位点,由此提出日本大豆种群可能是独立进化的。Shimamoto(2001)通过对中国、日本的栽培大豆和野生大豆材料的叶绿体、线粒体RFLP分析,发现试验所用的栽培大豆细胞质基因组有3种独特类型,表明中国长江流域、中国北方地区、日本南方及北方地区的栽培大豆类型均起源于各自地区的野生种质,显示出栽培大豆的多起源中心。Wang等(2007)用SSR标记对来自资源库的中国和日本野生大豆进行比较评价,结果显示两个地理区域内的野生大豆基因库有较高的遗传分化,并推测两个区域的野生大豆在演化史上是分别单独进化的。

四、大豆进化研究

(一) 大豆进化的形态学及生态学研究

对野生大豆和栽培大豆形态及生理对比研究的有很多,如庄炳昌等(1997)对野生、半野生、半栽培、栽培大豆花粉进行了光学显微镜和扫描电镜的观察,发现不同进化类型大豆花粉的沟、内孔及纹饰存在明显的差异,可以作为大豆分类、进化研究的重要依据。田清震(2000)对不同进化类型群体520余份材料的农艺性状进行了综合鉴定,野生大豆和栽培大豆中,都表现长江流域及中南地区显性性状比例较高,遗传变异相对较为丰富。野生大豆的生育期组随纬度降低由早变晚,呈现明显的地理分布,栽培大豆的生育期组分布除与地理分布有一定关系外,与季节生态类型也有密切关系。形态农艺性状所揭示的群体遗传多样性、地理分化和季节分化程度与分子标记分析得到的结果相一致,证实大豆的进化趋势是从光温反应敏感向不敏感发展,从晚熟生态型向早熟生态型进化。此外,从野生大豆与栽培大豆短日光性方面比较分析,长江流域及其以南地区的一些栽培大豆在短光性方面比北方地区的野生大豆还强,因此栽培大豆应起源于长江流域及其以南地区(王金陵,1973)。董英山等(2000)对中国保存的6 172份野生大豆资源形态性状进行遗传多样性分析,推测中国野生大豆的起源有3种可能的模式,从而提出栽培大豆在中国可能有东北地区、黄河中下游广大地区及沿海地区3个起源中心。

徐豹等(1987,1988)对来自不同纬度的野生大豆和栽培大豆进行光照及温度试验,结果表明生长于北纬35°的野生大豆和栽培大豆的开花日数在几种温光条件下均表现差异最小,向南野生大豆开花日数长于栽培大豆,向北野生大豆开花日数则短于栽培大豆,野生、栽培大豆在短光照下的开花期相同,在夜低温下,北纬35°~40°的材料还表现对温度反应的临界性。对来自不同纬度的1 695份野生大豆和1 635份栽培大豆蛋白含量测定表明,北纬35°~40°地带野生大豆与栽培大豆蛋白含量最为接近,向北野生大豆蛋白含量上升,栽培大豆下降,向南则野生大豆蛋白含量上升多,栽培大豆上升少,这一现象也被认为是大豆起源于北纬35°~40°地带的生物学证据。对不同纬度的5 147份野生、半野生大豆脂肪含量进行分析,发现野生大豆与半野生大豆脂肪含量相近地区也在黄河流域,这也可能与大豆起源有关,但由于野生大豆和栽培大豆的蛋白及油分变异范围都很大,并不同程度受到各地气候条件和播种类型的影响,以上现象与大豆起源不一定有关系。刘德金等(1995)推论闽西北也可能是栽培大豆的起源地。大豆生态类型是长期适应各地光温生态条件的结果,由于我国幅员辽阔,气候复杂多样,以及我国大豆种植制度的多样性,因此仅从光温生态方面很难得出具有说服力的结论。

(二)大豆进化的细胞学和分子生物学研究

Singh等(1985)分析了栽培大豆及野生大豆染色体长度、常染色质和异染色质在细胞核中的分布,并且对照二者F_1杂交种粗线期的分析结果,建立了核型图,按照染色体形态由大到小将染色体编号为1~20,最大的染色体大约是最小的染色体的4倍,核仁组织区(NOR)包含在第13号染色体上。其中5,7,10,18,19,20号染色体有最短的短臂,而且这些短臂都是异质的。大豆基因组有35.8%的染色体部分是异质的。赵丽梅等(1999)利用不同地理来源的411份大豆与已知的具有正常染色体的栽培大豆杂交,通过对F_1育性观察,间接判断大豆染色体结构变异情况。研究结果表明,中国野生大豆、半野生大豆染色体易位频率为73.3%,染色体倒位频率为7.4%,染色体正常的野生大豆占19.3%。栽培大豆包括"半栽培大豆",栽培大豆中染色体易位频率为4.7%,全部为"半栽培大豆"的染色体倒位频率为1.7%,染色体正常的频率为93.6%。说明不同进化程度的大豆染色体结构变异频率有所不同。随着进化程度的提高,染色体易位频率随之下降,栽培大豆仅存在极少的染色体倒位。我国各省份的野生大豆染色体易位频率普遍比较高,以河南、河北二省为最高,内蒙古、吉林二省次之,而沿海地区染色体易位的频率相对较低,染色体倒位频率则以辽宁、黑龙江、浙江、江苏、湖南为高。李贵全等(1999)对山西北部3种不同生态类型大豆(小黑豆、大黑豆、黄豆)进行了核型分析,结果表明3种大豆体细胞染色体数均为$2n=40$,主要由中部和亚中部着丝点染色体组成。3种大豆只有一对位于最长染色体上的随体,而且随体染色体形态相近,3种大豆的核型公式分别为小黑豆$2n=2x=40=28m+12sm(2SAT)$,大黑豆$n=2x=40=M+18m+12sm+4st(2SAT)$,黄豆$2n=2x=40=2M+30m+8sm(2SAT)$。从核型分析中可以看出3个品种的染色体比较对称。说明大豆的核型进化是由不对称向对称方向演化,也充分证明大豆是一种多型性的植物。Ahmsd等(1984)研究栽培大豆和野生大豆染色体组型发现,栽培大豆驯化过程中的DNA含量减少的原因可能是与染色体重复和缺失有关。王建波等(1986)和寿惠霞等(1997)还指出,随着进化程度的提高,中部着丝点染色体略有递减,而亚中部着丝点略有递增,基本符合关于不对称核型是由对称核型进化而来的理论。在野生大豆中还曾发现有较原始的具四随体类型的材料(郑惠玉等,1984)。

(三)大豆进化的蛋白质水平研究

许东河等(1999)采用水平切片淀粉凝胶法对9种酶共15个位点上的遗传变异进行分析,发现有14个位点的等位基因在野生大豆和栽培大豆间的分布达显著或极显著差异。其中差异较大的有Idh1、Aph、Idh2和Dia等。Idh1在野生大豆中b型占96.3%,而在栽培大豆中却只有38.3%。Aph在野生大豆中c型占46.7%,在栽培大豆群体中却很少出现,而以b型占绝对优势。Idh2在野生大豆中以a型为主,而在栽培大豆中却以b型为主。Dia在野生大豆中以b型为主,而在栽培大豆中却以a型为主。在Lap、Mpi、Pgm^1和Pgm^2等位点上Idh2、Dia也有一定的差异。这些位点可用于区分不同进化类型的大豆群体。徐豹等(1990)还分析了野生大豆和栽培大豆的SOD谱型,发现由野生大豆到栽培大豆,Ⅰ型消失,Ⅱ型得到加强,Ⅲ型似乎可作为G. soja亚属进化的生化指标。一年生野生大豆与多年生野生大豆中G. tabacina($2n=80$)、G. tometella($2n=78$)的SOD谱型比较接近。不同纬度来源的野生大豆、半野生大豆、栽培大豆脂酶酶谱比较发现,除A、B、D三区存在共有谱带外,不同进化类型间A、D两区谱带有明显差异。此外,不同进化类型在PSD、ATPase、ME、CAT酶带上也存在差异。有研究人员在研究大豆皂苷时发现,Soja亚属胚轴上乙酰化皂苷可分为Aa与Ab两种,二者呈共显性遗传,野生种中Aa含量大,Ab含量小,而栽培大豆正相反,这种逆转可能是从野生向栽培进化的转折点,通过探讨大豆次生代谢物在不同进化类型中的分布,也能获得关于大豆起源与进化的信息。能够同时对多个位点进行分析的等位酶技术也被应用到大豆进化研究中。Abe 等（1992）分析了栽培大豆和野生大豆多个位点上的同工酶差异，对日本和韩国的野生和栽培大豆群体结构做了研究。Hymowitz 等（1981）曾经根据亚洲大豆 Ti 和 Spl 各等位基因频率分布讨论了大豆由中国起源向世界传播的途径。徐豹等（1993）通过研究野生大豆和栽培大豆频率分布，论证了大豆起源于长江流域以北的可能性，还指出各个纬度野生大豆和栽培大豆种胚 SOD 的活性差别，以北纬 35°最小，由此向南向北均加大，这可能也与大豆起源有关。通过对野生大豆和栽培大豆 SOD 同工酶谱分析，还指出栽培大豆有可能从频率高的北方进化而来。

（四）大豆进化的分子标记水平研究

Brown 等（2002）运用 Satt002、Satt006、Satt080 三对引物，结合 RAPD 标记，研究北美大豆 18 个细胞质供体祖先和 87 个引进大豆品种之间的关系，发现有几种引进品种与北美祖先遗传型不同。许占友等（1999）用 SSR 分子标记分析了我国栽培大豆部分种质的遗传多样性，认为山西是我国大豆发源地之一。有研究人员采用 SSR 分子标记技术对我国不同纬度的野生大豆和栽培大豆各 22 份进行了多样性分析，通过对所合成的 40 对引物的筛选，发现引物扩增结果表现出良好的多态性。引物 BAC-sat39 在野生大豆和栽培大豆之间有特异谱带，表明这个 SSR 标记是与栽培大豆和野生大豆有关的一个等位基因位点。对试验结果量化后进行数据分析，得出野生大豆和栽培大豆的平均遗传距离分别为 0.176 和 0.150，表明野生大豆的多态性比栽培大豆更为丰富；在遗传距离 0.30 处，野生大豆和栽培大豆被明显分为两类，与以往大豆属品 Soja 亚属的形态学分类结果一致，为野生大豆和栽培大豆分为两个种提供了分子水平上的证据。庄炳昌等（1994）利用标记对不同纬度的野生大豆及栽培大豆进行了比较研究，发现南方野生大豆和栽培大豆的指纹图谱相似性要高于北方，指出南方北纬 25°地区在大豆起源研究中应引起重视。

大豆进化的细胞器基因组遗传变异研究方法趋向于使用功能片段 RFLP 分析及非编码区碱基序列 SNP 分析，如 atp6、cox2 等基因的 RFLP 分析（Kato 等，1998；Nickrent 等，1998），叶绿体基因组非编码区的 SNP 分析等，另外还有一些基因间重复序列（cpSSR）被开发用于研究。Powell 等（1996）结合细胞器和细胞核中的微卫星序列最先揭示出野生大豆与栽培大豆的核质基因组变异的差异。Xu 等（2002）对来自东亚、南亚的野生、栽培大豆叶绿体 DNA 进行 CPSSRC 研究，还发现叶绿体 DNA-RFLP 类型与 SSR 类型组合共有52 种类型，在野生大豆中均存在，而栽培大豆中只有 8 种，且 75%的材料均为第 49 号类型，推断这种类型可能起源于中国与日本南部野生大豆的同种类型，栽培大豆中其他 7 种类型则按区域分布，其中栽培大豆 4 种主要叶绿体类型分布的区域内也发现具有同种类型的野生大豆，因此推测栽培大豆可能是多起源的。

曹凯鸣等（1996）、张二荃等（1998）对 Soja 亚属基因全序列进行分析比较，认为 Soja 亚属内 rdcS 基因间有高度的同源性。与 cpDNA 相比，来自核基因组的 18S、5.8S、26S 内容 DNA 以及位于 18S 和 26S 之间的转录间隔区 ITS 减少了由于单亲遗传可能带来的错误解释,被引入到大豆进化研究中。顾京等(1994)从大豆中克隆了第一转录间隔区 ITS - 1,序列分析发现,*G. max*、*G. gracilis* 和 *G. soja* 的同源性为100%,*G. tabacina* 与 *G. tomentella* 的同源性为91%。Nickrent 等(1998)对大豆的 rDNA 基因间隔区(IGSs)克隆测序,进一步证实野生大豆与栽培大豆的遗传相似关系,还发现栽培大豆遗传变异性较低。序列分析对于亲缘关系较近的物种类型来说,尤其 *Soja* 亚属内的两个种,差异很小,而且不适合进行大批材料处理,因而使其应用受到限制。细胞器 DNA 存在分子质量小、多态性标记较少的不足。

(五)大豆进化的基因组学研究

近些年来,对大豆基因组中一些重要基因家族的研究不断深入,对其进化过程的机制、同源基因表达谱的差异、基因在物种中特有基因的进化机制、功能及人工驯化过程中的作用等方面也都出现了大量的研究,这些对于特定基因进化模式的研究作为大豆进化研究中的重要组成部分,从基因组水平上解析大豆的进化,这种解析不仅是对大豆属作物进化关系的阐释,更是在植物学整体框架中进行的大豆遗传地位的解读,由于大豆属作物内部存在着大量的野生大豆、半野生大豆和栽培大豆,历经较为清晰的驯化线路,因此系统的基因家族进化研究对于植物分子进化的宏观研究具有重要的支撑作用。基因复制使植物基因组产生了大量的复制基因,为植物的进化提供了最原始、最丰富的基因材料。虽然大部分的复制基因在进化过程中因丢失了功能而被清除,然而当复制基因通过各种机制被保留后,会通过相应基因表达及功能上的进化对植物产生深远的影响,如花结构相关基因、抗病性诱导及胁迫逆境适应相关基因等。大豆作为古四倍体,经历了数次全基因组复制及大量的串联重复复制、区段复制及转座,其产生的大量复制基因会随机发生各种突变,当受到的选择压力不同时,不同的突变得到积累,进而使复制基因产生表达及功能上的分化,因此与基因的原始功能相比,复制基因会变得无功能化、亚功能化及新功能化,也就会对大豆的生长发育产生不同的影响,如大豆种子各元素的含量、大豆对胁迫的反应及开花时间等,为大豆的进化提供了重要动力。因此,研究基因的复制机制及影响,能够为改良大豆的农艺性状提供重要的思路和参考。

2010年1月由美国农业部、美国能源部联合基因组研究所和普渡大学等多家科研机构一起完成了大豆基因组的测序工作,并在 *Nature* 杂志上发表了大豆完整基因组序列草图,他们利用全基因组鸟枪法对栽培大豆 *G. max var* Williams 82 基因组 1.1 GB 的序列进行了测序,结合物理图谱和高密度遗传图谱,获得了大豆基因组 950 MB 的序列草图。利用已知的 cDNA 序列、表达序列标签(EST)序列,采用同源比对和从头预测两种方法相结合注释了 46 430 个高度可信的编码蛋白基因。其中约78%的基因位于染色体末端。基于结构分析和同源比对,找到了 38 581 个重复元件,约占整个基因组的59%。推测大豆基因组经历了蔷薇分支出现前的全基因组三倍化(约13亿~24亿年前)、豆科的全基因组复制(约5.9亿年前)及大豆特有的全基因组复制(约1.3亿年前),同时还存在大量的串联重复复制和转座,这使得大豆基因组中存在大量的复制基因(Schmutz et al.,2010),这些基因中存在 17 547 个基因对,8 910 个为严格的复制基因(只有两个拷贝),伴随全基因组复制而来的是基因的多样化、复制基因的丢失以及大量的染色体重排。在 130 万年前,大豆全基因组复制的同源片段中,43.4% 的基因在相应区域都含有匹配序列,同时基因丢失速率为每百万年丢失 4.36%,而在更早的豆科全基因组复制中,这一匹配比例只有 25.9%,基因的丢失速率为 1.28%。与此同时,大量的复制基因模块得到了保留,以至于两条以上的染色体具有相同的共线性模块,这也成为大豆基因组的一个显著特征。平均来讲,大豆基因组中,61.4% 的同源基因模块存在于两条染色体上,只有 5.63% 的模块跨越了三条染色体,而 21.53% 的模块跨越了四条染色体(Schmutz et al.,2010)。同年 11 月,香港中文大学联合华大基因组研究院等多家单位运用新一代测序技术测序平台 Illumina Genome Analyzer Ⅱ 对来自我国的 17 株野生大豆和 14 株栽培大豆进行了全基因组重测序,总共产生了 180 GB 数据,平均测序深度为 5×,覆盖度 >90%,通过将原始读序比对到大豆参考基因组上,他们共发现 630 多万个单核苷酸多态性(SNP)位点,鉴定了 205 614 个标签 SNP 位点,这些工作将有利于数量性状位点作图(QTL mapping)及全基因组关联分析(GWAS)工作的开展。通过比较基因组学分析,他们鉴定出大约 18 万个两种大豆中获得和缺失的变异(PAV)位点,定位了栽培大豆中获得以及丢失的基因。通过对 SNP 分布位点特征分析,他们发现大豆基因组具有两个显著的不同于其他作物的特点:一是大豆基因组中存在较高的基因连锁不平衡,并给出了大豆基因组中基因连锁不平衡位点及其分布;二是 SNP 位点的非同义替换/同义替换比例较高。而通过栽培大豆与野生大豆种内比较,一方面发现相对于栽培大豆,野生大豆具有更高水平的遗传多态性,表明在大豆的进化过程中人类活动扮演着重要角色,人工选择对栽培大豆的遗传资源构成产生了重要影响,这些发现为大豆的遗传学研究以及分子育种提供了许多重要标记。另一方面随着人类驯化选择的渗透,野生大豆生存环境范围缩小,其有效群体也在减小,这使得野生大豆种质资源的搜集和保存变得更加重要和紧迫(Lam et al.,2010)。韩国 Kim 实验室运用 Illumina - GA 和 Roche Genome Sequencer FLX 两种测序平台对来自韩国的野生大豆 IT182932 进行了深度测序,这是第一次深度测序野生大豆全基因组。共产生 48.8 GB 的数据,平均深度为 43×,覆盖度为 97.65%,通过与参考基因组 *G. max* 比较,发现相较于野生大豆缺失的只在栽培大豆存在的 32.4 MB 的特有序列,其中包括 712 个基因,这些基因可能是在大豆驯化过程中发生了复制或是在栽培过程中产生的新的基因。同时,在野生大豆中找到了 8.3 MB 的特有序列,这些有可能是野生大豆中所特有的遗传资源或者是栽培大豆在驯化过程中丢失了的片段。另外找到了 250 多万个 SNP 位点和 40 多万个插入/缺失(InDel)位点,统计野生大豆与栽培大豆的差异比例在 0.31% 左右。由此他们提出了大豆驯化的可能模型,并推测 *G. soja*/*G. max* 之间的分化时间大概在 27 万年前,比之前的推断(6 000~9 000 年)早很多(Kim et al.,2010)。

2012 年,李泽锋利用新一代测序技术,对来自中国江南的一个野生大豆基因组(兰溪 1 号,Lanxi 1)进行了深度测序(>50×)和拼接注释,并与其他大豆基因组进行了比较分析,通过从头预测,共注释了92 163个编码蛋白的基因,其中分别有77 426(84%)和74 292(80.6%)个基因能比对到参考基因集和转录组拼接序列上。与参考基因组(Williams82)进行比较,找到了大约420万个SNP位点和72.7万处InDel位点。与其他野生大豆基因组进行比较,找到了10 MB以上兰溪1号基因组特有序列或基因组中发生删除的序列,进一步与其他栽培大豆基因组进行比较,最终确定了22.4 kB"兰溪1号"基因组特有序列或基因组中发生删除的序列。同样,在Lam等(2010)的结果基础之上,将"兰溪1号"及其他基因组与参考基因组进行比较,确定了3.1 MB栽培大豆Williams82基因组特有序列或其他基因组中发生删除的序列,为了进一步调查这些特有序列在栽培大豆中是否受到人工选择的影响,对这些区段进行了Tajima'sD中性检验,最终发现67个区间(包括20个基因)有正向选择信号。同时在以上这些特有或删除序列中发现了一些编码基因。最后,通过将所有重测序基因组与参考基因组比对找出SNP位点,然后通过比较SNP位点密度和构建系统进化树,发现"兰溪1号"相对其他北方野生大豆来说,与栽培大豆亲缘关系更远,这有可能暗示大豆是从中国北方开始驯化的。该研究为大豆遗传育种提供了理论基础,为大豆进化研究提供了分子水平的相关证据。

2016年Zhou等利用来自国内东北、华北、华东、华中、华南、中原等6个地区的286份大豆材料构建自然群体,其中包括野生大豆资源14份、大豆农家种153份和大豆栽培品种119份。采用radseq基因分型技术,从286份种质资源中鉴定出106 013个SNP位点。χ^2检验表明,在$p \leq 4.72 \times 10^{-7}$时,198个单核苷酸多态性显著。U-test确定198个SNP中的72个在野生类和栽培类之间存在显著差异。固定指数(FST)分析显示,72个SNP位点中有48个的FST值大于0.45。这48个位点中,12号染色体上有4个与花期有关,11号染色体和15号染色体上有2个与种子大小有关。在5个花期相关基因和3个种子大小相关基因中,Glyma11g18720、Glyma11g15480和Glyma15g35080与拟南芥基因同源,另有5个基因首次发现与这2个性状相关。Glyma11g18720和Glyma05g28130与5个拟南芥开花时间基因同源基因共表达,Glyma11g15480与24个拟南芥种子发育基因同源基因共表达。这些差异基因与重要驯化性状如种子大小、开花期等具有较高的相关性,从基因组水平上揭示了人为选择在遗传变异产生过程中的保留作用。Song等(2013)利用美国农业部大豆种子收集库(USDA Soybean Germplasm Collection)中来自84个国家的19 648份种质(1 168份野生大豆和18 480份栽培大豆)构建大规模群体,利用52 041个SNP的芯片SoySNP50K Illumina Infinium II进行基因分型,获得高通量SNP检测数据。结果表明,不同地理来源的大豆具有不同的遗传背景,可作为大豆遗传改良的独特资源。基于连锁不平衡和单倍型结构分析,研究者发现野生、地方和北美品种群体的遗传多样性正在大幅减少,并确定了与北美育种驯化和选择相关的候选区域。北美以外地区资源分析中,806份来自中国、韩国、日本和俄罗斯的野生大豆种质资源以及5 396份来自中国、韩国和日本的栽培大豆种质资源在聚类分析中都以国别相互聚类,来自不同国家的野生大豆和栽培大豆可以明显得到分离,这也说明了在东亚及俄罗斯远东地区大豆属的基因组呈现出地域性差异,推测各国的栽培大豆品种来自不同的人工驯化过程;并构建了第一个大豆单倍型块形图,观察到大多数重组事件发生在单倍型块之间的区域,这些单倍型图谱对重要经济性状相关基因的关联分析至关重要;通过对于种子质量这一性状的基因组关联分析,发现大豆基因组中有 7 条染色体可能携带控制性状驯化的潜在基因组区域。

  2016 年 Wang 等利用 394 份大豆种质资源(包括 122 份野生大豆和 272 份栽培大豆)开发了高通量 NJAU 355K 芯片,该芯片具有 355 595 个 SNP 位点,是当时世界上规模最大的大豆基因新品,剔除 27 份亲缘关系过近的资源后,对剩余的 367 份大豆资源(包括 105 份野生大豆和 262 份栽培大豆)组成的自然群体进行了研究,共获得 292 053 个 SNP 标记用于进一步的遗传分析。研究者根据大豆的气候地理条件、种植时间和种植制度,将大豆的生境分为北部区域、黄淮区域和南部区域。根据种群结构和系统发育分析结果,将该种质资源划分为 5 个类群,经过地理分布和系统类群之间的比对,类群Ⅰ主要分布在北部地区,类群Ⅱ主要分布在北部和黄淮区域,类群Ⅲ在全国都有分布,类群Ⅳ和Ⅴ主要分布在南方区域。这一结果也说明了栽培大豆可能起源于中国的北部和中部地区,并从那里传播到其他地区。此外,为寻找人为选择存在的依据,研究者还进行了种子质量性状的群基因组关联分析,发现作为驯化过程重要相关农艺性状的包括种子质量相关基因受到了强烈的人为选择。Han 等(2019)从国家大豆种质资源库 2 000 份核心种质中筛选出 470 份大豆种质资源,这些种质资源的遗传多样性和地理多样性能够代表我国目前保存的超过 3 万份的野生大豆、半野生大豆和栽培大豆,此外还从美国、加拿大、日本和欧洲等国家和地区选取了 42 份资源作为国外代表资源。国内资源和国外资源共 512 份,其中栽培大豆资源 404 份、半野生大豆资源 36 份、野生大豆资源 72 份。研究者利用特异性位点扩增片段测序(SLAF - seq)技术,对构建好的自然群体中不同类型的大豆种质资源进行了测序,同时调查和统计了群体中每份材料的 10 个数量性状并进行评价,包括株高、开花时间、种子蛋白和油脂含量、百粒重、单株种子重、主茎节数、结荚数和分枝数,这些性状都是野生大豆向栽培大豆驯化过程中受到选择压力较大的主要农艺和产量性状。测序和基因组关联分析结果表明,群体中共获得次等位基因频率(MAF)>0.05 的 SNP 位点 64 141 个;半野生大豆具有一定数量的特异性的 SNP 位点,其与野生大豆之间共享的 SNP 位点数量大于其特异的 SNP 位点数,并少于野生大豆特有的 SNP 位点数,说明基因流向是从野生大豆到半野生大豆。此外,半野生大豆和栽培大豆之间相同的 SNP 位点数量大于它们各自特异性 SNP 位点的数量,且栽培大豆和野生大豆之间相同的 SNP 位点数低于半野生大豆和野生大豆之间相同的 SNP 位点数,这些都说明了半野生大豆不是野生大豆和栽培大豆杂交产生的,而是一种大豆驯化进化过程中的过渡类群,半野生大豆比栽培大豆更古老,在栽培大豆驯化过程中有相当一部分遗传结构来自半野生大豆。根据对多个驯化相关性状的全基因组关联分析,研究者总结出了两个观点:第一,半野生大豆(*G. gracilis*)是栽培大豆(*G. max*)驯化过程中的过渡性物种,没有发现从栽培大豆向野生大豆(*G. soja*)或半野生大豆发生的基因流,但是可以明显发现从野生大豆向半野生大豆和栽培大豆发生的基因流,这一发现从基因组水平上支持了野生大豆是半野生大豆和栽培大豆的祖先种的说法;第二,黄淮地区位于中国中部,在黄河和淮河之间,是大豆最可能的驯化地。通过对栽培大豆种质资源的基因组分析,黄淮地区栽培大豆中野生大豆遗传渐渗率高于其他地区,贝叶斯迁移分析结果也表明基因流从黄淮流域向中国东北和南方流动,这些结果与之前利用其他生物学手段提出的假说一致,即向驯化大豆的转变是一个渐进的过程。

第三节　野生大豆资源研究概况

近几十年来,我国科技工作者对中国野生大豆在资源的搜集与保护、染色体与基因组的解析、优异资源挖掘与利用方面进行了全面系统的研究并取得了丰硕的成果。

一、野生大豆的考察与保护

发现自然居群最直观和有效的办法就是资源考察,为此我国也组织了多次的大规模野生大豆资源考察活动。第1阶段(1978—1982年):"全国野生大豆考察专项"搜集并保存在国家长期种质库的资源为5 939份(百粒重15 g以下)。在所考察的全国1 245个县(市)中,有野生大豆分布的为823个县(市)(66.1%),除新疆、青海、海南以外各地都有分布。第2阶段(1996—2000年):"九五"期间在重点地区和特殊地区补充搜集,在内蒙古中部、山东、江苏、湖北、河南、河北补充搜集了野生大豆资源600份(居群),并保存在国家长期种质库486份、临时库114份。第3阶段(2001—2010年):在国家公益项目支持下,持续在全国各地补充和新搜集野生大豆资源。中国农业科学院作物科学研究所负责的国家野生大豆种质资源库制定了一系列的天然居群采集和考察规则,资源搜集必须考虑搜集地区的空间范围、生态环境、技术成本,尽量减少遗传背景过于接近的样本,取单点的距离设置,应根据野生大豆居群密度的实际情况和搜集居群的划定原则确定;即使在相同的地理空间范围或附近地段上有时也会出现不同生境的居群,一般也有明显的形态差异,可以作为不同种质搜集,濒危状态的居群应及时抢救搜集。在全国野生大豆资源考察搜集的基础上,我国有25个省(直辖市、自治区)相继对本地区的野生大豆进行搜集、整理、鉴定分析,繁种后加入国家种质资源保存库,记录生育期、毛色、花色、叶形、主茎、粒色、脐色、泥膜、百粒重、蛋白质和脂肪含量等基本信息后,按照标准,冠以ZYD作为全国统一编号标志。1990年对收入国家种质资源保存库的5 281份不同进化类型的野生大豆进行编目,其中包括未曾报道过的白花、线形叶、黄种皮、绿种皮、黑种皮绿子叶、蛋白质含量高达54%以上的新类型,中国农业科学院作物品种资源研究所相继出版了《中国野生大豆资源目录》和《中国野生大豆资源目(续编)》。截至2010年底,国家种质库(长期库和临时库)已累计保存野生大豆8 518份。通过种间杂交创造出的具有野生大豆血缘的新类型和优异杂交后代材料250份;蛋白质含量在50%以上的种质386份,占野生大豆入库总数的6.25%;北方蛋白质含量最高的大豆是来自吉林省珲春市的一份野生大豆(55.40%),南方蛋白质含量最高的大豆是来自安徽省五河县的一份野生大豆(55.70%),所搜集到的野生大豆资源累计为全国20个教学和科研单位提供了研究及育种亲本材料14 000余份次(王克晶等,2012),现在这些资源已经被许多科研单位在大豆新品种选育及理论研究方面广泛应用。

二、野生大豆遗传多样性研究

野生大豆可以分为多年生野生大豆和一年生野生大豆,早期的研究中利用石蜡切片对一年生野生大豆的染色体数目和大小进行了分析,发现与栽培大豆和半野生大豆相同,一年生野生大豆体细胞也具有40条染色体,而性细胞具有20条染色体。在后续的研究中,研究者还在1份野生大豆材料中发现了4个随体,随着技术的不断进步,一年生野生大豆的叶片和根尖细胞的核型也被确定,由野生大豆向栽培大豆呈现出核型较对称向不对称变化。在多年生野生大豆 *G. tomentella*(短绒野生大豆、多毛豆)和 *G. tabacina*(烟豆)中,染色体数量为 $2n=80$,染色体均较小,着丝粒很难分辨,染色体间的形态差异不显著,无明显变异,与我国一年生野生大豆 *G. soja* 的染色体数($2n=40$)相比,二者呈整倍关系。

周晓馥等(2002)利用RAPD技术和SSR技术对野生大豆居群内的遗传分化进行了研究,结果表明在野生大豆居群的植株间存在遗传变异。有研究人员利用SSR引物对67份半野生大豆种质资源进行了群落遗传多样性分析,发现资源采集范围内的材料之间存在一定的遗传多样性。而Abe等(2003)利用数量更多的SSR标记搜集自中国的栽培大豆和野生大豆,对其遗传多样性、群体驯化过程进行了系统研究,并对重要农艺性状进行了初步的全基因组关联分析。与来自日本的野生大豆数据进行了对比,发现日本和中国的大豆种质有较明显的分化,可以推测日本的大豆群体与中国的大豆群体应属于不同的基因池,韩国的大豆种质在这两个池中均有分布。该研究还对东南亚、中亚国家的种质进行了相似的分析,证明了这两个区域的种质均来源于中国大豆的基因池。王果等(2008)对山西544份野生大豆材料进行分子检测,结果表明太原野生大豆材料的变异类型丰富,多样性程度较高。利用SSR分子标记技术分析了我国不同纬度的野生大豆和栽培大豆,发现野生大豆的遗传多样性大于栽培大豆的遗传多样性,野生大豆与栽培大豆被明显地分成了两类。朱维岳等(2006)筛选了17对SSR引物,对山东垦利黄河口自然保护区野生大豆(*G. soja* Sieb. et Zucc.)居群892份材料的遗传多样性及其随样本量变化而变化的规律进行了分析,同时以SSR的多态性为参照对该居群内的小尺度空间遗传结构进行了研究,发现该种群平均每位点的等位基因数(A)为288,预期杂合度(He)为0.431,Shannon多样性指数为0.699,多态位点比率(P)为100%。计算各样本的多样性指数与样本量变化的回归关系,发现27~52个样本即可达到居群总体多样性水平的95%,通过空间自相关分析,得出该居群遗传结构的斑块大小约为18 m,该研究为野生大豆居群的合理取样提供了科学依据。刘洋等(2010)以 858 份野生、半野生和栽培大豆材料为研究对象,使用了 20 对 SSR 引物,分别对 Soja 亚属内种子大小的遗传差异及半野生类型分类归属、Soja 亚属内种子大小和种皮颜色的遗传差异,及不同生态区域的野生、半野生大豆遗传多样性进行了研究,结果显示从小粒野生大豆到大粒半野生大豆各类型的遗传分化与它们的百粒重大小有密切关联。半野生大豆属于野生种内的变异而非栽培种内的变异。百粒重可以作为评价野生大豆物种内的遗传分化或进化程度的主要指标之一。比较 Soja 亚属中野生、半野生和栽培大豆的遗传多样性可发现,栽培大豆在驯化过程中多样性降低,发生了等位基因的丢失。通过对稀有等位基因的统计发现,虽然百粒重相同,但种皮颜色不同,它们之间出现的特异等位基因位点不同,意味着不同种皮颜色有一定遗传差异。对中国四大生态区域的野生大豆(含半野生大豆)的遗传多样性进行了比较,研究结果表明野生大豆天然种群组成结构与地理分布存在一定的相关性。东北区域的野生大豆遗传多样性指数最高,变异较大;长江流域次之;黄河流域和黄淮海流域较小。丁艳来等(2008)对不同地理区域的野生大豆的植物学性状表型特点进行研究,结果表明 196 份野生大豆、52 对 SSR 引物所获得的等位基因平均丰富度(NA)和平均 Simpson 多样性指数(H)分别为 16.1 和 0.852,高于栽培大豆($NA = 11.4$,$H = 0.773$),野生群体的遗传多样性明显高于栽培群体。3 个地理生态群体中,南方群体多样性最高($NA = 12.9$,$H = 0.842$),黄淮海群体最低($NA = 11.4$,$H = 0.805$),东北群体居中($NA = 12.5$,$H = 0.834$)。群体间存在遗传分化,不同群体具有不同的特异等位基因,位点 AW132402(A2 连锁群)、Satt522(F)、Satt150(M)、Sat_332(D1a)、Sum046(K)、Sct_190(K)等的一些等位基因只在特定群体中出现,表现出群体分化后的生态特异性:中国野生大豆植物学性状的群体变异丰富,平均 Simpson 多样性指数为 0.710,地理群体间存在分化,最明显的是生育期性状的分化,反映了地理、光照和温度等生态因子的选择作用,其中南方地理群体多样性最高($H = 0.671$)。SSR 分子标记和植物学性状所获结果相对一致,表明中国野生大豆地理群体间性状分化有其遗传分化的基础。

近年来高速发展的表观遗传学研究发现,基因突变并不是表型变异的唯一机制,植物可以通过表观遗传机制调控基因表达、对基因进行修饰、建立新的等位基因、调控基因组重排和转座子活性及改变基因组 DNA 序列的进化速率来适应环境压力。燕雪飞(2014)利用甲基化敏感扩增多态性(MSAP)技术对黄淮地区 4 个野生大豆种群的表观遗传多样性进行了研究,结果表明种群间存在显著的变异($P < 0.01$),但 4 个种群的表观遗传分化程度($\varPhi_{st} = 0.124$)要小于遗传分化程度($\varPhi_{st} = 0.291$),基于 MSAP 数据的 Structure 分析没有得出最佳种群数量,即表观分化没有反映种群真实的地理起源,这可能是因为生活在相似的环境条件下的 4 个野生大豆种群体现了对环境的趋同适应,而表观变异对环境的反应更为迅速。遗传距离、表观遗传距离与地理距离的相关分析表明,随着地理距离增加,遗传距离和表观遗传距离均有持续上升趋势。遗传变异和表观遗传变异在所研究的 4 个种群中都表现为显著相关,说明表观变异并不是独立于遗传变异而存在的。选择已

研究的黄淮地区的 3 个野生种群与当地的栽培种群进行遗传与表观遗传特征分析,结果表明 2 个栽培大豆种群共 30 份材料,比野生大豆(94 份材料)有更高的遗传多样性(栽培大豆,$Ne = 1.381, l = 0.371, He = 0.236$;野生大豆,$Ne = 1.278, l = 0.270, He = 0.171$);而且两者的表观遗传多样性也有相同的对比关系(栽培大豆,$Ne = 1.384, 1 = 0.365, He = 0.235$;野生大豆,$Ne = 1.331, l = 0.335, He = 0.211$)。可见,栽培种含有比当地野生资源更多的遗传信息,由此也可表明,黄淮地区栽培种并非完全是当地野生资源驯化而来的;对比扩增片受长度多态性(AFLP)和 MSAP 的结果还可以发现,3 个野生大豆种群的表观遗传多样性显著高于遗传多样性($F - test, P < 0.001$),而栽培大豆种群的表观遗传多样性和遗传多样性差别不显著($F - test, P = 0.181 \sim 0.531$),这可能与 DNA 甲基化模式在野生环境下更易受环境诱导产生变异有关。综上所述,近 30 年野生大豆遗传多样性的研究成果表明,野生大豆遗传多样性的研究为我国野生大豆的种质保护与保存提供了理论基础,同时也为其作为栽培大豆的遗传资源提供了利用依据。目前,随着基因测序技术的推广,野生大豆的基因组也逐渐揭开神秘的面纱。野生大豆遗传多样性的研究也将进一步深入,相信未来大豆种质资源保护和分子育种会迎来科学上的新纪元。

参考文献

常汝镇,1989. 国内外大豆遗传资源的搜集、研究和利用[J]. 大豆科学,8(10):87-96.

曹凯鸣,袁卫明,1996. 野生大豆 rbcS 基因的克隆及结构分析[J]. 植物学报,38(09):753-756.

丁艳来,赵团结,盖钧镒,2008. 中国野生大豆的遗传多样性和生态特异性分析[J]. 生物多样性,16(2):133-142.

董英山,庄炳昌,赵丽梅,等,2000. 中国野生大豆遗传多样性中心[J]. 作物学报,26(05):521-527.

福井重郎,1977. 野生大豆收集、保存及大豆育种的意义[J]. 育种学杂志(2):167-173.

盖钧镒,许东河,高忠,等,2000. 中国栽培大豆和野生大豆不同生态类型群体间遗传演化关系的研究[J]. 作物学报,26(5):513-520.

高霞,钱吉,马玉虹,等,2002. 我国 2 种多年生野生大豆的染色体研究[J]. 复旦学报(自然科学版),41(6):717-719.

顾京,庄炳昌,1994. 野生大豆与栽培大豆 rDNA ITS1 区的研究[J]. 植物学报,36(10):759-764.

郭文韬,1996. 试论中国栽培大豆起源问题[J]. 自然科学史研究,15(4):326-334.

惠东威,庄炳昌,陈受宜,1996. RAPD 重建的大豆属植物的亲缘关系[J]. 遗传学报,23

(6): 460-469.

李福山, 1993. 中国野生大豆资源的地理分布及生态分化研究[J]. 中国农业科学(02): 47-55.

李福山, 1994. 川西北三县大豆资源考察简报[J]. 中国种业 (3): 25.

李桂兰, 张悦, 乔亚科, 等, 2009. 冀东沿海地区野生大豆过氧化物酶同工酶多样性研究[J]. 中国油料作物学报, 31(3): 386-390.

李贵全, 杜维俊, 孔照胜, 等, 1999. 山西晋北三种类型大豆的核型分析[J]. 大豆科学, 18(4): 294-299.

刘德金, 徐树传, 1995. 福建省野生大豆生态分布及其分类[J]. 福建农业学报, 10(2): 18-24.

刘亚男, 2008. 野生大豆(*G. soja*)微核心种质的遗传多样性分析[D]. 北京: 中国农业科学院.

刘洋, 李向华, 肖鑫辉, 等, 2010. 大豆 *Soja* 亚属内种子大小的遗传差异及半野生类型分类归属[J]. 分子植物育种, 8(2): 231-239.

吕世霖, 1978. 关于我国栽培大豆原产地问题的探讨[J]. 中国农业科学(4): 90-94.

裴颜龙, 王岚, 葛颂, 等, 1996. 野生大豆遗传多样性研究 14 个天然居群等位酶水平的分析[J]. 大豆科学, 15(4): 302-309.

曲嘉, 刘章雄, 李开盛, 等, 2008. 多年生野生大豆的生物学性状及叶片中大豆苷元和染料木素含量分析[J]. 大豆科学, 27(6): 949-954.

寿惠霞, 王志安, 沈晓霞, 1997. 野生大豆和栽培大豆的根尖细胞核型与进化[J]. 浙江农业大学学报, 23(4): 91-94.

孙醒东, 1952. 大豆品种的分类[J]. 植物分类学报(1): 1-19.

田清震, 2000. 中国野生大豆与栽培大豆 AFLP 指纹分析及生态群体遗传关系研究[D]. 南京: 南京农业大学.

王果, 胡正, 张保缺, 等, 2008. 山西省野生大豆资源遗传多样性分析[J]. 中国农业科学(7): 2182-2190.

王建波, 利容千, 曾于申, 1986. 我国大豆属三个种的核型研究[J]. 中国油料作物学报, 7(4): 29-32, 89.

王金陵, 1947. 大豆性状之演化[J]. 农报(5): 6-11.

王金陵, 1973. 中国南北地区野生大豆光照生态类型的分析[J]. 遗传学通讯(3): 1-8.

王克晶, 李向华, 2012. 中国野生大豆遗传资源搜集基本策略与方法[J]. 植物遗传资源学报, 13(3): 325-334.

王振堂, 1980. 试论大豆的起源[J]. 东北师大学报(自然科学版), 12(3): 76-84.

吴文婉, 靳桂云, 王海玉, 等, 2013a. 古代中国大豆属(*Glycine*)植物的利用与驯化[J]. 农业考古(6): 1-10.

吴文婉，靳桂云，王海玉，等，2013b. 黄河中下游几处遗址大豆属（*Glycine*）遗存的初步研究[J]. 中国农史，32（2）：3-8.

吴文婉，张继华，靳桂云，2014. 河南登封南洼遗址二里头到汉代聚落农业的植物考古证据[J]. 中原文物（1）：109-117.

吴晓雷，贺超英，王永军，等，2001. 大豆遗传图谱的构建和分析[J]. 遗传学报，28（11）：1051-1062.

徐豹，郑惠玉，路琴华，等，1986. 大豆起源地的三个新论据[J]. 大豆科学，5（2）：123-130.

徐豹，路琴华，庄炳昌，1987. 中国野生大豆（*G. soja*）生态类型的研究[J]. 中国农业科学（5）：29-35.

徐豹，路琴华，1988. 大豆生态研究Ⅲ 野生大豆（*G. soja*）与栽培大豆（*G. max*）光周期效应的比较研究[J]. 大豆科学，7（4）：269-275.

徐豹，陆琴华，庄炳昌，1989. 世界野生大豆的生态型及其地理分布的研究[J]. 植物生态学与地植物学学报，13（2）：114-120.

徐豹，庄炳昌，路琴华，1990. 中国野生大豆和栽培大豆种胚超氧物歧化酶的酶谱型及其地理分布[J]. 植物学报，32（7）：538-543.

徐豹，庄炳昌，路琴华，等，1993. 中国野生大豆（*G. soja*）脂肪及其脂肪酸组成的研究[J]. 吉林农业科学（2）：1-6.

徐豹，徐航，庄炳昌，等，1995. 中国野生大豆（*G. soja*）籽粒性状的遗传多样性及其地理分布[J]. 作物学报，21（6）：733-739.

许东河，高忠，盖钧镒，等，1999. 中国野生大豆与栽培大豆等位酶、RFLP和RAPD标记的遗传多样性与演化趋势分析[J]. 中国农业科学，32（6）：16-22.

许占友，邱丽娟，常汝镇，等，1999. 利用SSR标记鉴定大豆种质[J]. 中国农业科学，32（S1）：40-48.

燕雪飞，2014. 中国野生大豆遗传多样性及其分化研究[D]. 沈阳：沈阳农业大学.

俞伟超，张居中，王昌燧，2001. 以原始农业为基础的中华文明传统的出现[J]. 农业考古（3）：15-22.

张二荃，王喜萍，曹凯鸣，等，1998. 细茎大豆（*G. gracilis*）rbcS基因结构与分子进化分析[J]. 复旦学报（自然科学版），37（2）：151-156.

赵丽梅，孙寰，马春森，等，1999. 大豆昆虫传粉研究初探[J]. 大豆科学，18（1）：74-77.

郑惠玉，陈瑞阳，1984. 带有四个随体的二倍体野生大豆（*Glycine soja*）[J]. 大豆科学，3（1）：81-82.

周晓馥，庄炳昌，王玉民，等，2002. 利用RAPD与SSR技术进行野生大豆种群内分化的研究[J]. 中国生态农业学报，10（4）：10-13.

周新安, 彭玉华, 王国勋, 等, 1998. 中国栽培大豆遗传多样性和起源中心初探[J]. 中国农业科学(3): 37-43.

朱申龙, MORTI M L, RAO R, 1998. 应用 AFLP 方法研究中国大豆的遗传多样性[J]. 浙江农业学报, 10(6): 302-309.

朱维岳, 周桃英, 钟明, 等, 2006. 基于遗传多样性和空间遗传结构的野生大豆居群采样策略[J]. 复旦学报(自然科学版), 45(3): 321-327.

庄炳昌, 惠东威, 王玉民, 等, 1994. 中国不同纬度不同进化类型大豆的 RAPD 分析[J]. 科学通报, 39(23): 2178-2180.

庄炳昌, 王玉民, 徐豹, 等, 1997. 大豆属 Soja 亚属植物花粉形态的比较观察[J]. 作物学报, 23(1): 111-113, 131.

庄炳昌, 1999. 中国野生大豆研究二十年[J]. 吉林农业科学(5): 3-10.

ABE J, OHARA M, SHIMAMOTO Y, 1992. New electrophoretic mobility variants observed in wild soybean (*Glycine soja*) distributed in Japan and Korea [J]. Soybean Genetics Newsletter, 19: 63-72.

ABE J, XU D H, SUZUKI Y, et al., 2003. Soybean germplasm pools in Asia revealed by nuclear SSRs [J]. Theoretical and Applied Genetics, 106(3): 445-453.

AHMSD Q N, BRITTEN E J, BYTH D E, 1984. The karyotype of *Glycine soja* and its relationship to that of the soybean *Glycine max* [J]. Cytologia, 49(3): 645-658.

BROWN A H D, DOYLE J L, GRACE J P, et al., 2002. Molecular phylogenetic relationships within and among diploid races of *Glycine tomentella* (Leguminosae) [J]. Australian Systematic Botany, 15(1): 37-47.

CHUNG G, SINGH R J, 2008. Broadening the genetic base of soybean: a multidisciplinary approach[J]. Critical Reviews in Plant Sciences, 27(5): 295-341.

FUKUDA Y, 1933. Cyto-genetical studies on the wild and cultivated Manchurian soy beans (*Glycine L.*) [J]. Japanese Journal of Botany, 6(4): 489-506.

HAN J N, HAN D Z, GUO Y, et al., 2019. QTL mapping pod dehiscence resistance in soybean (*Glycine max* L. Merr.) using specific-locus amplified fragment sequencing [J]. Theoretical and Applied Genetics, 132(8): 2253-2272.

HERMANN F J, 1962. A revision of the genus *Glycine* and its immediate allies [M]. Washington D. C. USDA Tech Bull.

HIRATA T, ABE J, SHIMAMOTO Y, 1999. Genetic structure of the Japanese soybean population [J]. Genetic Resources and Crop Evolution, 46(5): 441-453.

HYMOWITZ T, NEWELL C A, 1981. Taxonomy of genus *Glycine*, domestication and uses of soybeans [J]. Economic Botany, 35(3): 272-288.

HYMOWITZ T, SINGH R J, KOLLIPARA K P, 1998. The genomes of the *Glycine* [J]. Plant

Breeding Reviews, 16: 289 – 317.

KATO S, KANAZAWA A, MIKAMI T, et al. , 1998. Evolutionary changes in the structures of the cox2 and atp6 loci in the mitochondrial genome of soybean involving recombination across small interspersed sequences [J]. Current Genetics, 34(4): 303 – 312.

KIM M Y, LEE S, VAN K, 2010. Whole-genome sequencing and intensive analysis of the undomesticated soybean (*Glycine soja* Sieb. and Zucc.) genome [J]. Proceedings of the National Academy of Sciences, 107(51): 22032 – 22037.

LACKEY J A, 1980. Chromosome numbers in the Phaseoleae (Fabaceae: Faboideae) and their relation to taxonomy [J]. American Journal of Botany, 67:595 – 602.

LAM H M, XU X, LIU X, et al. , 2010. Resequencing of 31 wild and cultivated soybean genomes identifies patterns of genetic diversity and selection [J]. Nature Genetics, 42(12): 1053 – 1059.

LI X H, WANG K J, JIA J Z, 2009. Genetic diversity and differentiation of Chinese wild soybean germplasm (*G. soja* Sieb. & Zucc.) in geographical scale revealed by SSR markers [J]. Plant Breeding, 128(6): 658 – 664.

LI Y H, LI W, ZHANG C, et al. , 2010. Genetic diversity in domesticated soybean (*Glycine max*) and its wild progenitor (*Glycine soja*) for simple sequence repeat and single-nucleotide polymorphism loci [J]. New Phytologist, 188(1): 242 – 253.

LI Z L, 2002. RAPD marker diversity among cultivated and wild soybean accessions from four Chinese provinces [J]. Crop Science, 42(9): 1737 – 1742.

MENANCIO D I, HEPBUM A G, HYMOWITZ T, 1990. Restriction fragment length polymorphism (RFLP) of wild perennial relatives of soybean [J]. Theor Appl Genet, 79(2): 235 – 240.

NELSON R L, BERNARD R L, 1979. USDA soybean germplasm report [J]. Soybean Genetics Newsletter, 6(1): 259 – 266.

NEWELL C A, HYMOWITZ T, 1982. Successful wide hybridization between the soybean and a wild perennial relative, *G. tomentella* Hayata [J]. Crop Science, 22(5): 1062 – 1065.

NICKRENT D L, PATRICK J A, 1998. The nuclear ribosomal DNA intergenic spacers of wild and cultivated soybean have low variation and cryptic subrepeats [J]. Genome, 41(2): 183 – 192.

POWELL W M, MORGANTE M, DOYLE J J, et al. , 1996. Genepool variation in genus *Glycine subgenus soja* revealed by polymorphic nuclear and chloroplast microsatellites [J]. Genetics, 144(2): 793 – 803.

SCHMUTZ J, CANNON S B, SCHLUETER J, et al. , 2010. Genome sequence of the palaeopolyploid soybean [J]. Nature, 463(7294): 178 – 183.

SHIMAMOTO Y, 2001. Polymorphism and phylogeny of soybean based on chloroplast and mitochondrial DNA analysis [J]. Japan Agricultural Research Quarterly, 35(2): 79-84.

SINGH R J, HYMOWITZ T, 1985. The genomic relationships among six wild perennial species of the genus *Glycine* subgenus *Glycine* Wild [J]. Theoretical & Applied Genetics, 71(2): 221-230.

SONG Q J, HYTEN D L, JIA G F, et al., 2013. Development and evaluation of SoySNP50K, a high-density genotyping array for soybean [J]. PLoS One, 8(1): e54985.

SUN B R, FU C Y, YANG C Y, et al., 2013. Genetic diversity of wild soybeans from some regions of southern China based on SSR and SRAP markers [J]. American Journal of Plant Sciences, 4(2): 257-268.

TATEISHI Y, 1992. Taxonomic studies on *Glycine* of Taiwan [J]. Journal of Japanese Botany, 67: 127-147.

WANG J, CHU S S, ZHANG H R, et al., 2016. Development and application of a novel genome-wide SNP array reveals domestication history in soybean [J]. Scientific Reports, 2016, 6(1): 20728.

WANG K J, TAKAHATA Y, 2007. Preliminary comparative evaluation of genetic diversity between Chinese and Japanese Wild Soybean (*Glycine soja*) germplasm pools using SSR markers [J]. Genetic Resources & Crop Evolution, 54(1): 157-165.

WEN Z X, DING Y L, ZHAO T J, et al., 2009. Genetic diversity and peculiarity of annual wild soybean (*G. soja* Sieb. et Zucc.) from various eco-regions in China [J]. Theoretical & Applied Genetics, 119(2): 371-381.

XU D H, ABE J, SAKAI M, et al., 2000. Sequence variation of non-coding regions of chloroplast DNA of soybean and related wild species and its implications for the evolution of different chloroplast haplotypes [J]. Theoretical & Applied Genetics, 101(5-6): 724-732.

XU D H, GAI J Y, 2003. Genetic diversity of wild and cultivated soybeans growing in China revealed by RAPD analysis [J]. Plant Breeding, 122(6): 503-506.

XU D, ABE J, GAI J Y, et al., 2002. Diversity of chloroplast DNA SSRs in wild and cultivated soybeans: evidence for multiple origins of cultivated soybean [J]. Theoretical & Applied Genetics, 105(5): 645-653.

ZHOU Z K, JIANG Y, WANG Z, et al., 2016. Erratum: resequencing 302 wild and cultivated accessions identifies genes related to domestication and improvement in soybean [J]. Nature Biotechnology, 34(4): 441.

第二章　寒地野生大豆资源收集与保护

　　寒地野生大豆是指生长在高寒地区的野生大豆,这一范围包含寒温带和中温带较寒冷的区域,包括黑龙江省、吉林省北部地区和内蒙古自治区东北部。黑龙江省地处祖国最北部,地跨10个纬度(北纬43~53°),境内分布有黑龙江、松花江、乌苏里江等河流和大小兴安岭、张广才岭等山脉,地形地貌复杂,寒地野生大豆资源十分丰富,是中国乃至世界最重要的寒地野生大豆分布区,拥有大量的寒地野生大豆天然居群。但是,作为中国粮食生产的压舱石,黑龙江省年均粮食产量占全国总量的十分之一,伴随而来的就是经济建设的快速发展以及生态环境的不断改变,寒地野生资源赖以生存的自然环境正面临着巨大的威胁。研究表明寒地野生大豆在黑龙江省的居群数量和面积正不断萎缩,类型和遗传多态性也发生了不可逆转的减少,特别是某些特异生态环境下分布的特殊生态型正在逐渐消失。因此,对寒地野生大豆资源生境特征、分布情况进行考察与研究,记录其形态学特征、地理信息、病虫害情况等原生境信息,并采用适当的策略和方法进行收集、繁育和入库保存,不仅可以保护与保存寒地野生大豆资源的形态和遗传多样性,而且对大豆基础科学研究、新品种选育、农业可持续发展及自然植物资源保护也具有重要意义。

第一节　寒地野生大豆的分布与特征

　　黑龙江省位于太平洋西岸的欧亚大陆东部板块,中国东北部。它西起东经121°11′,东至东经135°05′,南起北纬43°25′,北至北纬53°33′,南北跨10个纬度,2个热量带;东西跨14个经度,3个湿润区,气候为温带大陆性季风气候。黑龙江省境内主要有大兴安岭、小兴安岭、完达山、张广才岭、老爷岭等五大山脉及松嫩和三江两大平原;黑龙江、松花江、乌苏里江和绥芬河四大水系;兴凯湖、镜泊湖、连环湖和五大连池四处较大湖泊及星罗棋布的泡沼,构成了比较复杂的地形地势,为植物种群的多样性提供了有利的自然进化优势条件。正是由于黑龙江省南北和东西跨度大,南部地区和北部地区、东部地区和西部地区、平原和山区均在温度、降水、日照时数、海拔高度等环境条件方面存在显著差异,加之黑龙江省土壤类型十分丰富,因而形成了多样的物候特征,以致不同地区的生态环境差异较大,影响野生大豆的分布、形态特征的变异及其变化。

一、寒地野生大豆的分布

　　黑龙江省农业科学院来永才、毕影东研究团队在1979—2019年间对黑龙江省寒地野生大豆资源进行7次全面系统考察(刘明等,2016;来永才等,2021)。考察发现寒地野生大豆在黑龙江省分布广泛,多生长在水源附近、低洼地、林地周边,也有生长在田边路旁及荒地上的,其适应能力强,有些栽培大豆无法生存的地方,野生大豆也能生存。在各种土壤类型(草甸土、暗棕壤、白浆土、黑土、黑钙土、沼泽土、盐土以及火山灰土)中均有野生大豆分布,草甸土、暗棕壤、黑土分布最多,盐土以及火山灰土分布较少。考察范围包括黑龙江省下辖哈尔滨市、齐齐哈尔市和大兴安岭等13个地级市行政辖区,横跨6个积温带(第一至第六积温带)。北部漠河、塔河等寒冷地区,气温低、降水少、无霜期短,这里生长的野生大豆植株相对矮小,叶、荚、种子也相对较小,百粒重多在1 g左右。黑龙江省南部松花江流域,野生大豆生存条件大为改善,植株变大,株高变高,可达2 m以上。西部干旱及盐碱地区,野生大豆呈零星分布,大多植株矮小,结实量相对较少,但耐逆性相对较强。此次考察确定漠河县北极村(53°29′N,122°19′E)为分布北界,佳木斯市抚远市黑瞎子岛(48°18′N,134°41′E)为分布东界。截至目前,黑龙江省寒地野生大豆资源的分布范围是北纬44°43′~53°29′,东经122°19′~134°41′,海拔46.6~550.6 m。

寒地野生大豆多为零星分布,也有连片呈居群分布的。在黑龙江省伊春市、巴彦县、阿城区、延寿县、海伦市发现野生大豆群落,多在500 m²以上,最大达3 000 m²以上,野生大豆常与喜温性植物缠绕伴生,没有伴生植物的地方,野生大豆匍匐地面生长,主茎不明显。黑龙江省野生大豆具体资源分布情况见表2-1。

表2-1 黑龙江省不同生态地区野生大豆资源情况

生态区	分布情况	叶型	其他性状
东部低洼区	分布广、类型多,野生大豆分布东界在东经134°32′	以椭圆叶、卵圆叶为主,也有披针叶、线形叶	植株繁茂,茎长1.2~2.8 m,最多分枝30~40个,百粒重1 g,有半野生大豆
西部风沙干旱盐碱土区	矮小、稀少,有少量大片群落	以小椭圆叶为主	茎长0.4~1.5 m,分枝2~4个,叶小粒少,百粒重0.7~0.8 g
北部高寒区	零星分布,野生大豆分布北界在北纬53°29′	以披针叶为主,也有线形叶、椭圆叶	茎长0.6~1.0 m,百粒重1.2 g,叶片肥厚,生育期短
中部黑土丘陵区	资源丰富,有大片群落	以卵圆叶、披针叶为主	植株较繁茂,平均茎长1.5 m,百粒重0.8~1.5 g
南部平原丘陵区	点片分布	以长卵圆叶为主,有各种叶形分布	类型多,较繁茂,百粒重1.2~2.0 g,茎长1.0 m以上,有半野生大豆

二、寒地野生大豆的积温环境与特征

黑龙江省地处寒温带和中温带交界处,同时境内还存在多种不同的地理和物候特征,造成了省内不同农业生产区的光热资源差异较大,因此黑龙江省被人为地划分为6个积温带。2019年底黑龙江省在1996年划定的基础上对6个积温带所包含的区域进行了调整,从空间分布来看,积温带北移、东扩、南伸,松嫩平原东部、牡丹江市和鸡西市农区、三江平原北部、大兴安岭地区的呼玛县及黑河市东半部积温增加了100 ℃以上,积温增加最高地区达190 ℃。增加幅度较大地区主要集中在第二、三、四、五积温带,第一、六积温带增加不明显,在50 ℃以下。从客观规律上看,积温带虽然是人为划分的,但是对于不同生态区的野生植物资源的研究也具有重要作用,特别是在寒地野生大豆的表型和遗传多态性研究中,能够作为重要的采集地划分标准,起到关键的分类指导作用。本书中考察、收集和保存的寒地野生大豆资源按照积温带进行划分后能够很好地对某些性状进行准确分类,便于后期的整理和鉴定保存。我国野生大豆在自然条件下一般分布在一年最暖月平均温度≥20 ℃和月平均温度≥20 ℃的月份在6个月以内的地区。黑龙江省最南部地区(第一积温带)年平均温度为10 ~ 11 ℃,最北部地区和部分山区(第六积温带)年平均温度为 -5 ~ -6 ℃,年平均温度的差异在15 ℃左右,尽管北部地区冬季寒冷干燥,但是由于黑龙江省与西太平洋最近距离仅数百千米,属温带季风气候,夏季海洋暖湿气流带来温暖和比较集中的降雨,使得黑龙江省虽然是寒温带和中温带的交界,温光水等气候条件却可以满足野生大豆的生长,6个积温带均有野生大豆分布,且由于地形地貌、气候特点、光照条件和温度变化的巨大差异,不同积温带上分布的野生大豆在表型性状上具有明显的差异,这也说明不同积温带之间的天然居群在遗传物质的多样性上也具有很高的多态性,产生更多特异性状的潜力也随之增加。

为了适应寒地的复杂生境,黑龙江省野生大豆长期以来进化出各种类型,遗传性状变异广泛。近年来,对于黑龙江省野生大豆表型性状的研究也逐渐深入。刘明等(2016)对黑龙江省野生大豆籽粒性状进行了研究,发现黑龙江省野生大豆百粒重为0.54 ~ 13.00 g,其中百粒重为1.10 ~ 2.00 g 的居多,种子质量之间的差异达到了70.88%,百粒重大的野生大豆叶片宽大、颜色较深,茎长较短,单株荚数、分枝数和节数也较少,侧根减少且直径加粗,根量增加,主根逐渐明显。这些表型上的变化在一定程度上可以通过对不同积温带寒地野生大豆的对比分析得到。我们对240份黑龙江省野生大豆资源进行农艺和品质性状的遗传多样性进行分析,结果表明黑龙江省野生大豆资源中在花色、泥膜、叶片性状、分枝能力等多方面具有多态性,且采集自不同区域的野生大豆之间随着采集地距离的增加差异性状的大小和数量都有所增加。我们对不同积温带野生大豆的表型性状进行了系统分析,旨在探索野生大豆形态特征多样性与活动积温的相关性,为不同地区寒地野生大豆资源在栽培大豆品种改良中的应用提供理论依据和资源储备。

2010—2014年,在黑龙江省6个积温带、13个行政区(北纬44°43′ ~ 53°29′,东经

122°19′~134°41′,海拔 46.6~550.6 m),其中每个行政区选择有代表性的县(市)共 77 个,每个县(市)中在有野生大豆的地点每隔 10~20 km 设置 3 个采样区域,每个采样区域中再根据不同的生境条件每隔 500~1 000 m 设置 3 个采样居群,每个居群随机取样,株距 10~20 m 采集成熟单株的籽粒,每个居群最少采集 10 株,并记录每个居群生境条件,拍照后对采集地的地理坐标进行信息记录。

此次野生大豆考察所采集的野生大豆中,第二积温带的野生大豆资源最丰富,多以群落形式分布,采集量约占总数的 25.27%。在第一、三、四积温带的野生大豆分布广泛,呈点片分布,采集量分别占总数的 22.42%、19.57% 和 18.86%。第五、六积温带采集的野生大豆资源稀少,且呈零散分布,采集量最少,分别占总数的 9.96% 和 3.91%;而且这两个积温带为北部高寒区,海拔较高,气温低,所采集的野生大豆生育期相对较短。

各积温带野生大豆叶片形状及叶片颜色呈多样性变化,叶长的变异系数为 4.06%~6.34%,叶宽的变异系数为 4.97%~9.48%,叶形指数的变异系数为 2.52%~9.17%,叶柄长的变异系数为 4.81%~12.61%,叶色值的变异系数为 3.74%~5.73%;不同积温带间叶片表型性状的多样性存在差异,其中叶面积和叶柄长度的变异系数最大,多样性丰富,差异较明显。

在第一积温带采集的野生大豆叶形指数变异系数最大,说明在此积温带采集的野生大豆叶片形状的多样性最丰富。在第三积温带采集的野生大豆叶长、叶宽、叶形指数和叶柄长的变异系数最大,说明在此积温带采集的野生大豆在叶片大小各性状上的多样性较丰富。在第五积温带采集的野生大豆叶色值的变异系数最大,说明在此积温带采集的野生大豆叶片叶绿素含量的多样性最丰富。

通过对不同积温带采集的野生大豆叶片形态特征均值的差异比较可知,第一、二和三积温带野生大豆的叶宽与叶柄长均高于其他 3 个积温带,而叶形指数和叶色值均低于其他 3 个积温带,叶片多以宽大的卵圆形和椭圆形叶片为主,叶片颜色为浅绿色。在第五积温带采集的野生大豆叶长、叶宽、叶柄长均最小,该区域的野生大豆叶片较小,叶片颜色较浅。第四和六积温带采集的野生大豆叶长、叶色值和叶形指数均高于其他积温带,叶片多以披针形的长窄形叶为主,叶色浓绿。

不同积温带的野生大豆根系相关性状比较表明,各积温带间根系性状呈多样性变化,根干重、鲜重的变异系数分别为 8.58%~19.00 和 7.00%~19.56%,根长度、根直径的变异系数分别为 3.18%~10.16% 和 2.68%~4.89%,根表面积、根体积的变异系数分别为 7.42%~18.28% 和 7.10%~18.54%。不同积温带间根系表型性状的多样性存在差异,其中根干重的变异系数最大,多样性丰富;根直径的变异系数最小,多样性较单一。第一积温带的根干重、根鲜重、根表面积、根体积与第二积温带根长度、根直径的变异系数均最小,多样性相对较为单一,可能是因为第一、二积温带活动积温较高,昼夜温差小,海拔较低,气候湿润,生境条件适合野生大豆生长。第六积温带采集的野生大豆根干重、根鲜重、根长度、根体积、根表面积的变异系数最大,多样性相对较为丰富,可能是由于第六积温带活动积温最低,属高寒地区,昼夜温差大,海拔较高,生境类型多样,野生大豆为了适应各种复杂的生境条件,根系进化出了各种类型,这也反映了野生大豆对环境的适应性。

在不同积温带采集的野生大豆根系各表型性状的均值存在差异,表现为活动积温越低,根干重、根鲜重、根长度、根表面积、根体积的均值越小,但根系直径却表现为随着活动积温的降低而增加。说明在活动积温较高的地点采集的野生大豆根量较多,并且直径较小,主根不明显,须根系较多;而在活动积温较低的地点采集的野生大豆根量较少,根系直径较粗,主根明显,须根系较少。

不同积温带的野生大豆农艺相关性状比较表明,各积温带野生大豆植株形态特征及结荚性状呈多样性变化,单株荚数、每节荚数、茎长的变异系数分别为 3.68% ~ 8.78%、2.74% ~ 3.96%、5.00% ~ 7.18%,基部分枝数、节数的变异系数分别为 5.37% ~ 12.58%、2.85% ~ 6.51%,百粒重的变异系数为 8.64% ~ 19.17%。其中百粒重的变异系数最大,各积温带间变异系数的变化幅度也最大,说明百粒重在各积温带群体中的变异极大,最大和最小籽粒的差异极其明显,多样性最丰富。

从不同积温带采集的野生大豆产量相关性状变异系数的差异来看,第一积温带的野生大豆基部分枝数的变异系数最小,多样性相对较为单一。第二积温带的野生大豆单株荚数、每节荚数、茎长和节数的变异系数最小。在籽粒大小上第三积温带的野生大豆百粒重的变异系数最大,多样性丰富,百粒重最大值为 10.25 g,百粒重最小值为 0.90 g。第五积温带采集的野生大豆百粒重的变异系数最小,多样性单一,百粒重最大值为 3.55 g,百粒重最小值为 0.96 g。第五积温带的野生大豆茎长的变异系数最大,多样性相对较为丰富。第六积温带的野生大豆单株荚数、每节荚数、基部分枝数和节数的变异系数最大,多样性最丰富。从不同积温带采集的野生大豆结荚特性及百粒重均值的差异来看,在活动积温较高地点采集的野生大豆单株荚数、每节荚数、基部分枝数较多;第五积温带的节数最多,其他各积温带的节数无明显差异;第二积温带的百粒重最大,第五积温带的百粒重最小。不同活动积温间茎长的差异不明显。

三、寒地野生大豆百粒重与植株形态特征

早在 1947 年,王金陵即提出种粒大小为大豆进化的首要指标。刘洋等(2010)也指出,百粒重大小可以作为评价野生大豆物种内的遗传分化或进化程度的主要指标之一。黑龙江省野生大豆资源丰富,具有寒地野生大豆的独特性,在全国占有重要位置。国内外对于野生大豆百粒重的研究较多,但是对于黑龙江省野生大豆百粒重类型的研究较少,而对于各类型植株形态特征及进化特点的研究更为鲜见,因此将黑龙江省不同百粒重类型的野生大豆作为本研究的主线,研究不同百粒重类型野生大豆的植株形态特征,以期为今后野生大豆资源保护以及栽培大豆品种改良提供理论依据。

研究结果表明,所采集的野生大豆中,百粒重范围为 0.54 ~ 13.00 g,不同居群野生大豆所占比例不同,其中百粒重在 1.10 ~ 2.00 g 的居多,达到了 74.46%;其次是百粒重≤

1.00 g 和 2.10～3.00 g 的野生大豆，所占比例分别为 8.40% 和 5.07%；而百粒重 > 3.00 g 的各居群野生大豆所占比例均在 3.00% 以下。不同百粒重野生大豆植株形态特征均呈多样性变化，叶片大小存在差异，叶片小的叶面积仅 1.34 cm^2，叶片大的接近栽培大豆的叶片。叶形指数在 1.14～4.17，包括披针叶、椭圆形叶、卵圆形叶和圆形叶。其中叶片形态中叶柄长、叶长和叶宽的变异系数的均值大于叶形指数和叶色值的变异系数的均值。茎最长的为 240 cm，节数最多的接近 80 个，分枝数和单株荚数最多分别达到 10 个以上和 180 个以上，茎长最短的以及节数、分枝数和单株荚数最少的均接近栽培大豆。其中，节数、分枝数的变异系数的均值大于荚数和茎长的变异系数的均值。因此，在同种百粒重类型的野生大豆中，叶柄长、叶长、叶宽、节数和分枝数的多样性较丰富，而叶形指数、叶色值、荚数和茎长的多样性相对较为单一。

从不同百粒重野生大豆植株形态特征变异系数的差异来看，百粒重为 2.10～3.00 g 的叶宽、叶形指数、荚数和茎长，百粒重为 3.10～4.00 g 的叶色值，百粒重为 4.10～5.00 g 的叶长、叶柄长、基部分枝数，以及百粒重为 6.10～7.00 g 的节数的变异系数最大，多样性相对较为丰富；而百粒重为 1.10～2.00 g 的野生大豆植株形态特征的变异系数均最小，多样性相对较为单一。

从不同百粒重叶片形态特征均值的差异可以看出，野生大豆百粒重越大，叶长、叶宽、叶柄长、叶面积及叶色值也越大，叶形指数略有降低，但降低幅度不明显。说明百粒重增加，叶片大小发生改变，表现为叶片变大、叶柄长度增加、叶片颜色变深，叶片形状也略有改变，叶片变宽，卵圆形或椭圆形叶片数量增加。不同百粒重类型野生大豆植株形态特征差异表明，百粒重越大，单株荚数、茎长、基部分枝数和节数越少或越低。说明百粒重增加植株形态特征发生变化，表现为单株荚数、节数、基部分枝数减少，茎长变短。百粒重越接近栽培大豆，其植株形态特征也越接近栽培大豆。

不同百粒重野生大豆根系形态特征存在差异，根干重为 0.2～3.9 g，根鲜重为 0.9～21.9 g，根表面积为 26.9～578.5 cm^2，根体积为 0.35～7.54 cm^3，最大值和最小值均相差 20 倍左右。根长度为 17～75 cm，根直径为 0.31～1.06 mm，最大值和最小值相差 3～4 倍。同样，不同百粒重粒型间野生大豆根系形态特征的变异系数存在差异，其中根干重、根鲜重、根表面积和根体积的变异系数的均值要大于根长度和根直径的变异系数的均值，说明在同种百粒重类型的野生大豆中，根干重、根鲜重、根表面积和根体积的多样性较丰富，而根长度和根直径的多样性较单一。

从不同百粒重野生大豆根系特性变异系数的差异来看，百粒重为 2.10～3.00 g 的野生大豆根系各形态特征的变异系数最大；而百粒重为 1.10～2.00 g 的野生大豆根系各项形态特征的变异系数最小。虽然百粒重为 1.10～2.00 g 的野生大豆在所有野生大豆中所占的比例最大，但根系形态特征的多样性较单一。百粒重越大，根干重、根鲜重、根长度、根表面积、根体积、根直径也越大。因此，在不同百粒重类型的野生大豆中，百粒重增加，根量增加，根体积增大，须根系减少且直径加粗，主根趋见明显，百粒重越大根系各性状越接近栽培大豆。

野生大豆的种子大小是最重要的植物学性状之一,与进化程度密切相关。曾有研究用百粒重来区分野生型和半野生型,但是国内外对于野生型和半野生型的划分一直不能确定。有的研究根据百粒重将野生大豆划分为野生型(≤2.50 g)、半野生Ⅰ型(2.51～5.00 g)和半野生Ⅱ型(>5.00 g)。早在20世纪80年代,全国考察发现大量中间型材料以来,通常把百粒重3 g左右作为野生型和半野生型的分界线。有的研究将百粒重≤3 g的归类为野生大豆,把百粒重>3 g的归类为半野生大豆。

本项目组研究的野生大豆涵盖了百粒重从0.54～13.00 g的各种类型,其中也包括前人研究所提出的野生大豆和栽培大豆之间的过渡类型,过渡类型的野生大豆植株形态特征多样性极为丰富。不同百粒重类型的野生大豆中,百粒重为1.10～2.00 g的野生大豆所占比例最大,达到了74.46%左右,但表型性状的多样性却较单一,植株形态特征接近;百粒重为2.10～3.00 g的野生大豆植株形态特征特别是在根系、茎长和叶宽等性状上变异系数最大,植株形态特征多样性最丰富。有研究表明,野生大豆叶面积小,其光合作用和蒸腾作用效率低,代表了其较原始的演化程度,野生大豆向栽培大豆的进化过程中,叶面积逐渐变大。本项目组研究发现,百粒重越大,叶长、叶宽、叶面积、叶柄长和叶色值也越大,但叶形指数却越小。说明野生大豆在向栽培大豆的过渡过程中,叶片形状、大小和颜色均发生变化,叶片变大、变宽、颜色加深。百粒重大的野生大豆,茎长变短,单株荚数、分枝数和节数减少,半野生型大豆的植株形态特征逐渐接近栽培大豆。

野生大豆的根量较少,根系较细,须根系较多,主根不明显,在不同百粒重类型的野生大豆中,百粒重大的野生大豆根干重、根鲜重、根体积、根表面积、根长度、根直径也越大,说明野生大豆在向栽培大豆的过渡过程中,根量增加,体积增大,直径加粗,主根逐渐明显。还有研究表明,野生大豆向栽培大豆的进化过程中,根直径加粗,表皮细胞栓质化且皮层厚度增加。本研究所涉及的不同百粒重野生大豆类型中,还蕴藏着高蛋白、多花荚、耐盐碱、抗除草剂、抗旱、抗病虫和适应性强等多种类型,遗传基础非常丰富,如果将这些优异性状导入栽培大豆,将对扩大大豆遗传基础和大豆种质创新具有重要的意义。

第二节　寒地野生大豆资源保存与繁育

寒地野生大豆种质资源是重要的大豆遗传资源,是大豆基因库的重要组成部分,具有很多半野生大豆和栽培大豆不具备的特异基因,因此也是大豆属作物的重要基因资源。寒地野生大豆资源作为重要的种质资源具有多重属性:①多样性,主要体现在物种多样性和遗传多样性两方面。物种多样性指野生大豆是栽培大豆的近缘野生种,与栽培大豆一起构成了大豆属作物的主要物种。遗传多样性是指寒地野生大豆包含了栽培大豆中某些缺少的遗传变异,它和栽培大豆一起构成了大豆属作物的遗传物质多样性。多样性是种质资源最主要的特征,是种质资源发掘利用的基础。②延续性,主要体现在维持物种的延续,生态环境的不断变化和人类的活动都会改变某些物种遗传信息的延续。③不可再生性,种质资源的形成需要长期的复杂的特异性的演变和进程,受到地理因素、气候条件、生态系统和人类活动的多重影响,一旦某一居群消失,随之消失的就是这一居群所携带的全部遗传信息,并且一旦消失永不再现。④可重复性,遗传信息本身就是可复制的,通过适当的扩繁和保存措施,可以将种质资源完整地保留和延续。⑤地域性,寒地野生大豆种质资源长期生存在高寒地区,历经不同气候、土壤、海拔、病虫害的自然选择,为我国东北北部地区所特有,在不同积温带和土壤条件下,具有很多特殊的变异性状甚至变种,显著的地域性特征也给其保护和长期保存增加了难度。⑥群体性,寒地野生大豆天然居群中的任何一个个体都无法完全代表天然居群的整体基因库,当居群中的个体数量低于一定数值的时候,便会存在某些遗传信息丧失的危险,因此保证天然居群在长期保存时的数量规模十分重要。

早在20世纪30年代美国科学家就提出了栽培植物多样性受到严重威胁的观点,20世纪50年代以后,植物遗传资源自然环境被高速增长的人类经济活动迅速破坏,这种情况被称为种质资源遗传侵蚀。随着世界工业化进程和农业用地面积的不断增加,种质资源遗传侵蚀现象愈加明显,持续恶性发展,已经对人类赖以生存的自然环境特别是野生植物资源造成了巨大的影响。我国在1978年启动了第一次野生大豆全国性考察,而后又有过两次考察活动,在2001年到2010年的第三阶段考察中发现,与二十年前的考察相比,我国的野生大豆资源出现了明显减少,具体体现在天然居群数量和面积上的大幅度降低,部分之前发现的中小居群随着人类农业活动的侵蚀已经完全消失,大型居群的面积和多样性也有所降低,气候变化、除草剂的大量使用还造成生态环境的巨大变化,野生大豆原本的生存环境中物种数也出现了不可逆的减少。这些现象都会对大豆产业乃至农业的可持续发展产生巨大的不利影响。因此,人们迫切需要进行野生大豆资源的繁殖与保存,其意义在于:①避免因环境恶化造成的重要野生资源消失。大规模开垦荒地,过度放牧,砍伐森林,农业用地对草地、林地、山地的侵蚀等,造成了野生大豆原生境面临面积减少、土壤重金属污染、土地荒漠化和盐渍化、水资源不足等巨大威胁。在黑龙江省自然环境面临着山地面积大幅减少、丘陵漫岗增幅较大、生态用水量逐年减少、荒地大量被开垦、耕地面积大幅增加、草原面积逐年递减等问题。这些因素造成了寒地野生大豆资源生存的生态环境恶化,种群数量日益减少,有的种群甚至有消失的危险。因此,需要及时调查、搜集各积温带和土壤条件下的野生大豆资源,保护珍贵的种群使其不受毁灭性的破坏。②避免城市、交通、水利等建设造成的资源消失。现代工业、交通运输及水利设施的蓬勃发展,带动了地方经济,扩大了城市、乡镇的规模,解决了河流湖泊的潜在危险,但是也破坏了建设用地周边的生态环境。野生大豆属于喜光喜湿的作物,在溪流湖泊、排水沟等水分充足的区域分布广泛,并且其种子可以随水流形成有效传播,但是随着基础设施的建设造成的生存环境减少严重影响了野生大豆的生存环境,因此对建设所涉及的区域进行野生植物资源调查,特别是野生大豆资源调查是相关单位的重要职责,必要时还要对濒临消失的资源进行抢救性搜集和保护。③避免因病虫害造成的资源消失。寒地野生大豆资源在东北高寒地区分布广泛,很多天然居群与大豆生产田相邻很近,大面积种植大豆,由于植物物种单一,易发生大豆特有的病虫害且发生程度显著高于自然环境,进而对周边的野生大豆居群造成较大危害。因此,对易受到病虫害威胁的大豆居群应进行积极的搜集和保护,防止其发生毁灭性的病虫害而使种群消失。

第三节　寒地野生大豆资源的保护

保存(preservation)狭义概念是指通过一定的技术措施,使种质资源繁殖体的生命力得到延长,遗传完整性得到维持的过程。保存的广义概念常称为保护(conservation),是指人类通过对种质资源的管理和利用,使其能给当代人带来最大的持久利益,同时保持它的潜力以满足后代人的需要和愿望,该理念由国际自然保护联盟-联合国环境规划署-世界野生生物基金会(IUCN – UNEP – WWF)联合于1980年提出,并一直沿用至今。野生生物资源保护中重要的一个方面就是种质资源保护,其工作范畴包括搜集、鉴定评价、整理编目、繁殖、入库(圃)保存,以及分发利用等。种质资源保存工作范畴则侧重于种质资源在保存设施(包括种质库、试管苗库、超低温库、种质圃)中,为延长其生命力和保证其遗传完整性或遗传稳定性而进行一系列处理的过程,重点涉及资源的接收登记、入库(圃)前处理、保存、监测、繁殖更新和供种分发等。目前收集的作物种质资源都是具有代表性基因型的栽培品种、遗传材料或野生材料,其载体是植株、种子、组织培养物等植物器官。确定各种作物采取或选择何种保存方式,与种质资源的繁殖特性、载体形式、人类活动等密切相关(卢新雄等,2019)。

作物种质资源保存方式包括非原生境(ex situ)和原生境(in situ)两种。人们很早就认识到,没有一个单一的保存技术或方法能够全方位地保存目标物种基因源的遗传多样性,在作物种质资源保存实践中,非原生境保存和原生境保存都是很重要的,且二者应该互补。在寒地野生大豆种质资源的保存中,也遵循着原生境保存和非原生境保存的两种方式共同进行的方法,在黑龙江省多处重要寒地野生大豆分布区设立原生境保护区的同时,将考察中采集的种子在繁育后入省级中期库中保存,在保证寒地野生大豆资源非原生境妥善保存的基础上,实现了原生境的动态保存,保证其在自然界中的持续发展(于燕波等,2013)。

一、非原生境保存

非原生境保存又称异地保存或异地保护,寒地野生大豆的异地保存是指不在其原来的生长环境中保存,而是将种质资源转移到一个相对适合的环境条件中集中繁殖和保存,即通过建设低温种质库、超低温种质库、异地繁殖基地等相关设施来进行种质资源的妥善保存。一般情况下,通过种子保存的方式来实现对寒地野生资源的保存。与原生境保存相比,寒地野生大豆的异地保存优势明显:①将大量的种质资源集中到小范围内保存,保证其保存环境的可控性;②对保存的寒地野生大豆的植物学、农艺性状及特征特性等信息是相对清楚的,由于多数种质材料已按照用途进行了编目分类和鉴定评价,使用者可以很容易地从种质库中鉴别并挑选出所需要的种质材料,且这些材料的获取也相对直接、简单;③该方法技术较为稳定成熟,低温库和超低温库可以实现中长期保存,并能维持保存种质的遗传多样性和遗传稳定性。因此,种质材料只要被保存到种质资源库设施中,并且在生活力或遗传完整性丧失之前及时进行繁殖更新,这些材料得而复失的可能性就相当低。但异地保存也有其缺点:①不可避免的迁移过程,特别是将这些材料从其自然生态环境中迁移到种质库中,从而中断了资源与环境中其他物种之间的联系和互相作用,而正是环境造就了其进化历程,使得不同积温带和土壤条件下的寒地野生大豆具有了某些独特的性状,并且能够适应原生境中的不断变化的自然环境;②存在异地保存的野生资源在低温种质库保存较长时间后是否还能适应当地的气候、土壤及生态环境等问题;③异地保存对于人力、物力和财力的需求较高,是一项非常费时、费力、费钱的工作,不仅需要种质库的建设和大量的维护、更新成本,还需要前期准确、翔实、系统的调查研究,一旦异地转移而来的种质资源不能够代表相应居群或种群的全部遗传多样性,异地保存的价值和未来应用可能就会被打折扣,甚至达不到预期的目标。尽管异地保存存在一些缺点,但其无论是现在还是未来都将是寒地野生资源主要的保存途径或方式。

异地保存一般有三种主要方式,第一是种子保存,适用对象是能够产生正常可繁育种子的作物,将成熟的种子作为资源保存的载体;二是植株保存,主要对象是无法或难以获得正常种子的作物,主要包括多年生野生植物、块茎、块根等;三是组织培养物或者休眠芽,通过组织培养或培养基快繁技术获得其可再生的离体组织用以保存;四是花粉或DNA保存,是前三种保存技术的补充,一般用作遗传物质的备份(张巧先,2009)。寒地野生大豆属于一年生有性繁殖植物,可以通过有性生殖过程产生雌雄配子体结合而形成的种子繁殖后代,其后代种子具有亲本资源的完整遗传信息,因此可采用种子保存的方法进行资源保存。野生大豆种子的安全保存受到种子贮藏习性、种子寿命、种子生活力等多个方面的影响。

种子贮藏习性即种子的生理特性,是对贮藏环境条件的需求及适应能力的综合表现,因此了解野生大豆的贮藏习性就是了解其贮藏期间保持种子生活力的前提,贮藏习性主要由物种本身的遗传物质所决定,具有很强的规律性(焦玉伟等,2018)。种子贮藏习性与两个因素密切相关,第一是在一定范围内,种子寿命与种子含水量呈负对数关系;第二是在种子含水量一定的情况下,种子寿命与种子贮藏温度(一定范围内)呈负相关关系。这两个特性说明种子寿命与种子贮藏的温度和种子含水量相关,因此通过改变种子贮藏条件,如贮藏温度、种子含水量等,可以调控种子的贮藏寿命,这就是种子中长期保存的理论基础。基于这个理论基础,研究者提出了野生大豆保存的中长期标准:中期贮藏温度为 0~10 ℃,种子含水量为 5%~8%;长期贮藏温度为 -18 ℃,种子含水量为 8%。

种子成熟后,外观上虽然处于静止状态,但是其内部有潜在生物学活动,使其具有生活力的表现,但是经过一段时间的贮藏后,生活力会逐渐丧失。一般情况下种子活力是指种子从完全成熟到生活力丧失 50% 或完全丧失生活力所经历的时间。野生大豆种子生活力的丧失受到内在因素和外在因素的影响,内在因素包括遗传因子、母株质量、种子结构、种子化学成分、种子硬实性、种子含水量和入库质量等;外在因素则包括贮藏温度、环境湿度、环境气体成分、干燥方法与条件、包装容器以及种子携带的病原微生物、昆虫或包裹种子的种衣剂及化学物质。

影响野生大豆种子寿命的因素有如下两方面。

(一)内在因素

1. 遗传因子

野生大豆种子的自然寿命主要由遗传因子决定。从目前主要植物种子的寿命长度进行分类,可以分为短命种子(3 年以内)、常命种子(3~15 年)和长命种子(15 年以上)。在常温条件下,野生大豆种子发芽率随着贮存年限的增加而降低,二者呈极显著负相关($R = -0.8849$),回归方程为 $y = 53.5 - 8.4x$。保存时间每增加一年,发芽率降低 9% 左右,也就是说,在常温下野生大豆种子的发芽率从 85% 降到 50% 大约需要 5 年,因此属于常命种子(刘强等,2003)。

2. 母株影响

在野生大豆发育过程中,尤其是在开花期、鼓粒期及收获期,气候、光照、降水、土壤营养物质都会影响母株中种子的形成、发育和成熟,直接或间接造成种子生理状况的变化,从而改变种子潜在的寿命。种子从萌发直到幼苗能够进行光合作用为止,完全依赖种子所贮藏的营养物质作为能源,因而若种子贮藏的营养物质在形成期间受到阻碍,则种子寿命必受影响。例如,从缺乏氮、磷、钾、钙较显著的植株上收获的种子寿命较短。土壤含盐量过高或病虫害等造成植株生理状况不良,也会使种子寿命缩短。因此,母株影响着种子潜在寿命,不同繁殖地点的生态条件不同,种子初始质量和种子寿命也将存在很大差异。不同繁种地点间的同一作物,其种子生活力下降程度存在差异,这可能与种子入库贮存前经历的不同环境条件有关,种子成熟和收获时期的不良天气条件,或收获后的干燥、脱粒及运输等环节导致的损伤会影响种子贮存过程中生活力的下降速率。因此,了解资源入库贮藏前的种植、收获、运输等过程的环境条件非常重要,尤其是成熟收获期的气候条件。

3. 种子构造

野生大豆属于典型双子叶植物,种子结构包括种皮、胚,胚又分为胚根、胚芽、胚轴、子叶。种皮是空气、水分、营养物质进出种子的通道,也是阻止微生物侵入种子的天然屏障。因此种皮厚,结构坚韧、致密,具有蜡质和角质的种子,尤其是硬实类种子,其寿命较长。

反之，种皮薄、结构疏松、外无保护结构和组织的种子，其寿命较短。野生大豆种子的种皮颜色与其进化程度有一定的关系。颜色不同的种皮在结构上也有差异，一般深色种皮较浅色种皮的角质化程度高，栅状组织发达致密，其通透性相对较小，这些差异势必影响种子贮存时间和发芽效果。通过不同种皮颜色种子的发芽试验结果来看，除贮存一年的种子发芽率是浅色种皮较深色种皮高外，其余均为深色种皮种子高于浅色种皮种子；此外，部分野生大豆还具有其他种子很少具备的泥膜结构。泥膜是由脂类物质外溢于种皮外面而形成的，它具有隔氧、隔水、保护种子的作用，通过发芽试验表明，野生大豆中有泥膜的种子比无泥膜的种子的耐贮存性能强。

4. 种子成分

种子化学组分包括水及主要营养物质(如蛋白质、碳水化合物和脂肪)和其他微量的物质(如矿物质、维生素、酶、植酸、钙、镁及色素等)。淀粉、蛋白质和脂肪是作物种子的三大贮藏物质，根据种子所含这三大贮藏物质的差异，可将作物种子划分为淀粉类种子，如水稻、小麦、玉米等；蛋白质类种子，如豌豆、绿豆等；油脂类种子，如大豆、油菜等。野生大豆油脂含量与大豆比较接近，属于油脂类种子。由于油脂类种子脂肪较其他两类更容易水解和氧化，常因酸败而产生大量有毒物质，如游离脂肪酸和丙二醛等，会对种子生活力产生危害，所以在野生大豆的保存过程中，应着重注意种子中脂肪酸的氧化速度，并以此作为种子保存的重要预警指标。

5. 种子含水量

种子含水量也常称种子水分。种子内的水分是种子生理代谢作用的介质和控制因子。种子在发育、成熟时期和收获后贮藏时期的物理性质及生化变化，都与水分状态及含量密切相关。种子中含有的水分依其存在形式可分为游离水(自由水)和结合水(束缚水)。游离水可在细胞微孔间自由移动，具有一般水的性质，可作为溶剂，0 ℃以下能结冰。结合水牢固地与种子内的亲水物质(主要是蛋白质、碳水化合物及磷脂等)结合在一起，不容易蒸发，不具有溶剂的性质，0 ℃以下不会结冰，并具有与自由水不同的折光率。当种子水分减少至不存在游离水时，种子中的水解酶就呈现钝化状态，种子的新陈代谢降至很微弱的程度。当自由水出现以后，酶就由钝化状态转化为活化状态，这个转折点的种子水分含量(即种子的结合水达到饱和程度并将出现游离水时的水分含量)称为安全临界含水量(简称"安全水分")，安全水分因作物的种类不同而不同。在一定温度条件下，含游离水的种子不耐贮藏，贮藏过程中种子的活力和生活力很快降低乃至完全丧失；而在安全水分以下，一般认为可以安全贮藏。因此，在农作物种子质量标准中规定了种子安全水分，其高低取决于种子含油量，一般来说，种子含油量越高安全水分就越低。野生大豆属于油脂含量较高的种子，有试验表明8%的含水量是其安全水分，当种子水分低于2%的时候，其种皮和组织就会受到损伤，影响细胞的结构及功能，而使种子生活力降低、贮藏寿命缩短或引起遗传变异，难以保持资源遗传物质的完整性和相似性；当野生大豆种子含水量超过20%时，种子会因为内部的氧化反应而发热；而当种子含水量达到60%～80%

时,部分种子会发芽。因此,作为种质资源保存的种子,严格要求种子不能包衣或拌药;在种子运输或入库保存之前的临时贮藏中,一方面应将含水量降至安全水分之下,以避免因种子发热而导致种子活力受损,另一方面要注意临时贮藏时微生物和害虫的危害。种子贮藏实践表明,种子含水量是控制种子寿命最为关键的因素。延长种子寿命的两个原则之一:种子含水量每降低1%(适宜含水量为4%~14%),寿命可延长1倍。根据以上的研究数据,目前野生大豆种质库种子保存过程中,水分一般控制在5%~8%。尽管超干处理可提高种子的耐贮藏性,但并不表示种子含水量越低越好。为了解大豆种子的耐干燥能力,对含水量为2.0%~8.2%的种子进行了回湿和未回湿处理的对比发芽试验,比较分析表明进行回湿处理的种子在含水量降至3.5%过程中活力指数始终较高。因此,大豆种子较为适宜的干燥范围为含水量3.5%~7.5%,过度干燥(含水量3.0%以下)对种子造成了不可修复的损伤(周静等,2014)。

6.种子起始质量

种子起始质量是指种子开始进入保存时的生理状态,一般体现为种子活力。如果种子在开始进入保存时生理状态比较活跃,就更有可能出现种子寿命缩短的情况。种子生理状态的指示性指标是呼吸作用的强度。野生大豆种子成熟度不足或存在收获期受潮受冻等情况,均会因为呼吸作用过强而导致寿命的显著缩短。因此,收获过程中应该尽量控制母株所处的湿度、温度环境,并尽快晾干至安全水分以下,且在达到标准的温度、湿度条件下进行脱粒、考种和运输,以维持种子生理活动处于低水平状态。另外,种子的物理状态也是决定种子寿命的因素之一,一般是指种子的大小、硬度、完整性、吸湿性等,这些因素对种子呼吸作用的强度有一定的影响。在野生大豆种子的保存中,需要将小粒、瘪粒、破损的种子剔除,这就需要清选加工和干燥处理等必要流程,因为这类种子的表面积相对较高,且胚部占整粒种子的比例较高,呼吸强度明显高于大粒、饱满和无损伤完整的种子,因而其寿命相对较短。

(二)外在因素

除了种子内在因素,种子保存的外在因素,也就是种子的保存条件也能在很大程度上决定种子寿命。

1.贮藏温度

贮藏温度指种子保存环境的温度条件。作为影响种子寿命的最重要外在因素,贮藏温度具有一定的规律性:对于正常种子,在1~50℃,贮藏温度每下降5℃,种子寿命可延长1倍。这是因为贮藏温度与种子呼吸作用和代谢活动强度及种子上携带的病原生物活性密切相关。植物呼吸作用的最适温度为25~30℃,在最适温度下呼吸作用旺盛,贮藏物质被大量消耗代谢,并释放出热量,加快了种子中各种酶的催化反应和微生物的活动,加快种子劣变速度,进而丧失生活力。因此,控制种子的环境温度,可以降低其呼吸作用,甚至能够造成偶联呼吸完全停止,这也就使得酶促反应速率显著降低,使分子处于相对稳定状态,种子的组成成分不易发生变化。另外,在高温贮藏条件下,微生物、害虫等活跃,容易对种子造成危害。因此,寒地野生大豆中期库的温度宜设置为10 ℃以下,相对湿度<65%,长期保存温度设置为-18 ℃,相对湿度<30%,以抑制种子本身的呼吸和代谢活动,减少能量消耗,抑制病虫危害,从而有利于贮藏(陈晓玲等,2013)。

2. 贮藏环境湿度

前文中提到的种子含水量是影响种子贮藏寿命的关键因素,种子含水量直接受到其所处环境中相对湿度的影响,在开放的条件下,种子含水量与空气湿度呈显著的正相关。在温度恒定不变的情况下,其他条件相似的两份种子,相对湿度较低的环境更有利于延长种子寿命。因此,对于贮藏生产用的大批种子,国内外许多种子企业根据种子平衡含水量原理,采用贮藏温度20~25 ℃,环境相对湿度30%~50%,或者贮藏温度8~12 ℃,环境相对湿度30%~50%的贮藏条件来建造冷库,这种冷库能使贮藏种子在2~3年维持较高生活力。笔者所在的大豆研究团队也采用这种方法保存用于繁育的栽培大豆种子,由于降低环境湿度的成本远低于降温成本,尽管低温库或超低温库具有更好的长期保存效果,但是高昂的成本并不适用于保存大量繁育材料。这就涉及了种子平衡含水量,即种子含水量与周围环境的相对湿度达到平衡时种子的含水量,此时种子对外界水汽的吸附和解吸以同等速率进行。种子的平衡含水量因作物、品种及环境条件的不同而有显著的差异,其影响因素包括大气相对湿度、温度及种子的化学成分。种子的平衡含水量受相对湿度的影响最大,两者之间在一定温度下可以达到平衡状态,不同作物的种子的平衡状态相对湿度有较大的差异,其中大豆种子在20 ℃,相对湿度18%~60%的环境中可以出现相对的平衡状态,当温度降低时,大豆种子的平衡含水量会随之提高,因为大豆种子和野生大豆种子的自由水含量和化学成分基本相同,这一温湿度条件也可作为野生大豆保存的基本条件。

另外,种子化学成分影响种子平衡含水量,淀粉类种子因亲水基多而平衡含水量高,脂肪类种子疏水基多,则平衡含水量低,蛋白质类种子,平衡含水量居中。野生大豆种子蛋白质和油脂含量均较高,因此保存时需要的环境相对湿度要低于禾谷类种子。事实上野生大豆种子也不能一概而论,在不同积温带和土壤条件下收获的种子,甚至某一份资源从原生境和异地繁殖基地分别收获的种子,乃至不同批次种子,即使在相同的相对湿度下,亦不可能有完全相同的平衡含水量。

3. 环境气体成分

一般情况下,氧气(O_2)的存在会促进种子呼吸作用,加速物质的氧化分解,因此在低温低湿保存条件下,常需对种子进行干燥处理且采用密封方式包装,使种子的代谢活动维持在最微弱的状态下,以达到延长种子寿命的目的。但应注意,在种子水分和贮藏温度较高的情况下,采用密封包装方法,会使呼吸作用旺盛的种子被迫处于缺氧状态,从而产生大量二氧化碳(CO_2)和乙醇,使种子很快窒息死亡。遇到这种情况,应尽快摊晾干燥,使种子水分和温度迅速下降。这也提醒我们,种子收获之后应尽快进行晾晒使其水分下降,而且在收获或运输过程中,尤其是夏天,不应采用不透气的包装袋,以避免对种子活力造成潜在损伤。同时研究还表明,当种子含水量在平衡含水量以下的时候,氧气对种子的生存是有害的,但在这个含水量以上,氧气对于种子生存的影响就变得有益处,甚至还会使湿种子的寿命延长几天。氧气对种子寿命的影响是由种子含水量决定的,并且人们对这种作用效果提出一种修复机制,认为水分可以活化和维持氧参加呼吸作用,在临界含水量以上,随着含水量的增加,呼吸速度将增加,因而修复速度加快,细胞成分的网络损伤减轻,从而导致了生活力的延长。

4. 干燥条件

野生大豆种子的干燥处理过程一般包括两个部分,首先是收获时种子的干燥处理和入库保存前的种子干燥处理。这两步的干燥处理分别降低了运输及入库前短期保存过程和入库后贮藏过程的种子含水量,目的是最大限度延长野生大豆种子的贮藏寿命。野生大豆种子收获前,主要通过人为观察和仪器测定判断是否已经达到了一定的干燥程度,野生大豆收获时间不可过早,也不可过晚。过早,野生大豆还处于干物质积累的阶段,叶片中制造的营养物质还没有完成种子中的运输,此时收获会造成野生大豆种子营养物质含量下降;过晚,野生大豆比大豆更容易炸荚开裂,成熟的豆粒会向四周喷射,最远可达数米,不仅很容易造成混杂,还会造成繁殖量无法达到预期的情况。野生大豆准确的干燥收获期标志为叶片开始发黄脱落,豆粒在豆荚内已经与其分离,晃动植株会听到豆荚内有响动声。一般情况下,黑龙江省非保护地繁殖的野生大豆成熟期在9月底到10月底,此时降水较少,要选择干燥晴朗天气进行收获,有利于收获后的野生大豆种子快速变干。

收获后的第一步干燥过程在条件允许的情况下可以利用太阳干燥,也可以搭建风干室进行室内通风干燥,如果出现连续降雨的情况也可以采用各种型号的干燥箱进行人工干燥。这一步干燥要将野生大豆种子含水量降至10%左右,最高不能超过13.5%,这也是一般油料作物常温短期贮藏的安全含水量。野生大豆资源的中长期保存不同于普通种子的短期保存,需进一步降低含水量。联合国粮农组织(Food and Agriculture Organization of the United Nations,FAO)推荐种质库贮藏的种子含水量标准为3%~7%。为此,种子入库前一般需进行第二步干燥处理,大多采用热空气干燥法。但一直以来,各种质库所采用的干燥温度和相对湿度差别较大。例如,国际水稻研究所采用的是温度38 ℃和相对湿度8%,美国长期库采用的是温度5 ℃和相对湿度23%,我国国家库采用的干燥条件为温度30~35 ℃和相对湿度7%±2%。参考国家种质资源库的干燥条件标准,黑龙江省寒地野生大豆种质资源中长期库的干燥条件设定为温度35 ℃和相对湿度8%,利用大型种子干燥器进行热空气干燥。此外,研究还表明当热空气干燥箱的温度设定超过40 ℃时,种子在贮藏一段时间后会出现活力下降,这可能与高温干燥对种子内部造成的损伤有关,一般认为过高的温度容易引起种子中的呼吸作用增强,造成脂质类物质的氧化加快,进而影响了种子的贮藏寿命,因此严格管控高温干燥时的温度和湿度条件尤为关键。当种子含水量较高时,高温干燥也易造成种子老化伤害,因此当野生大豆在收获后入库前检测时,出现含水量超过安全含水量的情况,一般应先进行预干燥,预干燥的条件为温度17~20℃,相对湿度40%~50%,在种子的含水量降至13.5%以下时,再进行高温干燥,以避免高含水量种子在干燥过程中遭受热伤害。因此,在选择种子干燥条件时,需考虑种子本身的因素,如含水量、化学成分(主要是含油量)、大小、结构等,尤其是收获时种子的含水量,或者种质库接收到种子时的初始含水量。在确定干燥温度和相对湿度的同时,也应考虑空气流速、干燥时间等因素。总之,影响种质库种子干燥的因素很多,需要慎重确定采用何种干燥条件,采用任何干燥技术都不能使种子受到伤害,且不能简单地用种子干燥后生活力和活力是否下降来判断种子是否受到伤害,要考虑对种子寿命的潜在伤害。

5. 保存容器

一般利用具有隔水功能且对种子无潜在伤害的材料制成便于存放的形状用作种子的贮藏,采用的材质一般有玻璃、金属和塑料等。保存容器对种子寿命的影响与种子含水量和贮藏条件关系密切。刚收获的野生大豆种子在未经第二步干燥时,含水量一般>10%时,不宜直接采用密封容器进行包装,也不宜在低温冷库中保存,应在达到入库含水量以后再进行包装,因此采用何种保存容器要根据保存用途、性质、种子含水量以及贮藏条件来确定。

在早期的野生大豆种子库中,玻璃容器是最普遍的保存容器,使用较多的是广口瓶,瓶上配有木质或塑料瓶塞,瓶身贴有代表种质资源的编号纸。时至今日,广口瓶仍被许多国家的中短期库所采用,比如德国莱布尼茨植物遗传和作物植物研究所(IPK)的德国国家种质库。广口瓶具有成本低、透明度高的优点,在不打开容器的情况下就可以清晰地获得种子的某些信息,比如种子剩余数量、颜色、大小、是否有虫蛀痕迹等相关信息,同时也可以根据湿度条件在瓶内放置干燥剂来保持瓶内湿度;但是广口瓶也存在一些缺点,包括所占贮藏空间相对较大,操作过程易造成破碎,瓶子密封操作较麻烦且密封性能较差,有时为了达到密封包装的要求,需在瓶口涂蜡、凡士林或其他密封涂料等问题,因此现在的广口瓶一般不作为种子长期保存的容器,更多是利用其透明度高的特点,作为品种展示的器皿。

金属容器具有玻璃容器不具备的强度,在操作中结实耐用、不易损坏,而且具备体积小巧、轻便易搬运的特点,在目前的野生大豆长期保存中被大量使用。常用的金属容器有螺旋盖式种子盒和真空密封式种子盒。黑龙江省寒地野生大豆种质资源中长期库就采用了螺旋盖式种子盒,该类种子盒由带有螺纹口的盒体和带有相应螺纹的盒盖组成,盒体直径6 cm、高4 cm,盒盖直径与盒体基本相同,高1.5 cm,材质为马口铁,厚度为0.25 mm。这类螺口盒与中国国家种质库采用的螺旋盖式种子盒基本相同,盒盖配有橡胶密封圈,采用了食品级塑料,能够在低温下不变形、不漏气,具有较高的弹性和耐用性。螺旋盖式种子盒的优点是坚固耐用、轻便小巧,利用盒架进行任意组合,节省储存空间,由于配备了盒盖,随时打开检查种子情况,还便于在供种和入库时取放,清理后可反复多次使用。值得注意的是,当开启盒盖达到一定的次数时,盒内密封胶垫会因多次开启而磨损,最终导致漏水漏气，而达不到长期贮藏的密封要求。因此，需要定期检查密封胶垫的老化程度，在损坏时及时更换。该类容器的缺点是造价较高，需要进行专门定制，并且需要配备与种子盒配套的盒架，同时其密封胶条的更换也需要一定的人力、物力、财力的投入。

近年来许多中期库和短期库也采用透明的塑料瓶作为种子保存容器，这类瓶的特点是耐低温，在低温下长期使用不变形，且坚固、透明性好，瓶盖配有耐低温胶垫，密闭性较好。可根据需要多次打开瓶盖，可重复使用。可在瓶内放一小包硅胶，在硅胶变色时更换，以保持瓶内种子处于干燥状态。使用该类塑料瓶，不一定要求控湿贮藏条件。因此，塑料瓶在许多中期库得到广泛使用，目前种质库使用的种子塑料瓶需要专门定制，一般塑料瓶使用的原料树脂需耐 $-50\ ℃$ 以下低温，成品无毒、坚固、透明且耐磨性好。

6. 病原微生物

在低温低湿的贮藏环境中，由于种子和环境中的含水量较低，代谢活动非常缓慢，种子上携带或种子库中未消毒而存留的病原微生物特别是细菌、真菌等繁殖需要的水分缺乏，严重抑制其活性。但是如果贮存条件特别是湿度和温度条件允许，这些病原微生物就会重新开始活跃，同时真菌生长会抑制细菌生长。侵染种子的真菌主要有两种类型，即田间真菌和贮藏真菌。田间真菌在田间增生、繁衍并侵染种子，它们的生长需要大量水分，在收获时期，如果条件异常潮湿，则田间真菌可能导致大量谷粒劣变，可引起种子脱色，胚珠死亡，胚衰弱和死亡，种子或者谷粒皱缩，产生对人有毒的物质。但是在贮藏环境下，受到条件限制，田间真菌生活力下降，大规模侵染种子的可能性较小。而贮藏真菌一般在种子表面生长，其数量受到种子含水量的影响较大，一旦数量超过一定范围，就会严重侵染种子，降低种子生活力，引起种子脱色，产生真菌毒素，产生热量及水汽并形成热点，使种子发霉甚至使种子结成饼状，其分泌的毒素会杀死种胚，该类真菌可以通过调节种子含水量及相对湿度加以控制。一般而言，当野生大豆种子含水量低于 7% 时，贮藏真菌就不会生长。

国家作物种质粮食作物中期库（北京）在2004—2006年，检测了在库种子中的病原微生物，其中包括300份大豆种质资源。检测结果表明，这些入库保存种子，不仅携带着许多对种子质量有直接影响的贮藏真菌和直接导致种子发病的真菌，而且携带着一些能通过种子传播引起生长期植株受害的重要致病菌。在受检的300份大豆种质资源中检出真菌25种，6种为重要致病真菌，其中就有会引起大豆生产中常见病害之一的大豆霜霉病的真菌，另外还检出了13种与种子有关的病害。由此可见，入库保存的种子不但携带一些常见的贮藏真菌，而且带有导致种子病害和种子质量下降的病原菌。

黑龙江省农业生产的特点是积温带多、生态区类型多、土壤类型多，并且目前在各积温带、生态区和土壤类型上都发现并搜集了野生大豆种质资源，这些资源在田间生长繁殖过程中，会受到不同病害的侵染，包括一些在生产上危害性极大的病害，许多病原菌能够随种子传播、扩散。如果这些病原菌跟随种质资源入库保存，从而在种子上长期存活，则会对保存种子的生活力、遗传完整性产生不良影响，而且在后续的田间繁殖更新时可能引起病害扩散,对生产可能产生潜在的威胁。因此,对入库保存的种质资源,不能在疫区繁殖更新,并且有必要针对具有严重致病性的病原菌进行健康检测。

二、原生境保存

原生境保存指在野生大豆原有自然生态环境中对其进行保护,使其拥有原有的繁衍生息进化的自然条件。这种保护是一种动态保护,与动植物的自然保护区保护类似,差别在于对自然保护区的保护物种多样性的维持,而对野生大豆的原生境保存则侧重于种内的变异,种内不同的居群之间或居群内的遗传多样性分布和动态变化。这种保护与野生大豆种质资源异地保存相辅相成,主要是为了避免优良基因的丢失,维持其种内多种变异出现的自然生态环境。为了使各地方切实做好野生植物保护工作,国务院于1996年颁布了《中华人民共和国野生植物保护条例》,农业部也于2002年和2008年分别颁布了《农业野生植物保护办法》和《农业野生植物原生境保护点建设规范》,作为保障野生植物原生境保护的重要法律法规。

(一)原生境保护区的建立

从第一次全国野生大豆种质资源考察开始,人们就已经认识到要有选择地对野生大豆进行原生境保存。因此,在全国野生大豆资源考察搜集和野生大豆资源补救性考察搜集工作的基础上,农业部实施了野生资源保护项目建立工作,主要内容是以建立野生植物原生境保护区和针对野生植物资源设立保护示范点为重点,到2007年为止,全国已建立40多个野生大豆原生境保护点,对一些有代表性的野生大豆原生境进行了有效的保护(燕惠民,2007)。每个野生大豆保护点完全封闭,严格限制人员进入,区域内划分为核心区、缓冲区。保护点的野生大豆是完全原生态生长的,没有任何人为的干预,也严防周围农田喷洒的农药飘进保护点。在这种环境下,保护点内的工作人员对原始的生态状况进行长期的监测。国家为我省每个保护点下拨了专项的维护资金,用于保护点内的各种设施维护。

建立原生境保护区首先要了解区域内主要植物、动物的种类和特点,分析其中野生大豆的分布状况,包括不同地区分布的密度、生态环境的差异等,这些是合理选择保护点的依据。除了必要的情况分析以外,还要有标准性的建设方法或准则,因此中国农业科学院作物科学研究所制定了《农业野生植物原生境保护点建设技术规范》,作为中华人民共和国农业行业标准(NY/T 1668—2008)自2008年10月1日起实施,是指导和规范农业野生植物原生境保护点建设的标准性文件。标准中规定农业野生植物(包括野生大豆)原生境保护点的建设,以保护农业野生植物群体原产地的生态环境为目的,使农业野生植物得以正常繁衍生息,防止因环境恶化或人为破坏造成农业野生植物灭绝。基于该标准,寒地野生大豆原生境保护点选择遵循以下原则:①生态系统、气候类型、环境条件应具有代表性;②农业野生植物居群较大和/或形态类型丰富;③农业野生植物具有特殊的农艺性状;

④农业野生植物濒危状况严重且危害加剧;⑤远离公路、矿区、工业设施、规模化养殖场、潜在淹没地、滑坡塌方地质区或规划中的建设用地等。

保护点建设的规划按照《农业野生植物原生境保护点建设技术规范》要求应该做到:①对纳入保护点的土地进行征用或长期租用;②核心区面积应以被保护的野生植物集中分布面积而定,野生大豆(自花授粉植物)的缓冲区应为核心区边界外围 30~50 m 的区域,异花授粉植物的缓冲区应为核心区边界外围 50~150 m 的区域;③沿核心区和缓冲区外围分别设置隔离设施,标志碑、看护房和工作间设置于缓冲区大门旁,警示牌固定于缓冲区围栏上,瞭望塔设置于缓冲区外围地势最高处,工作道路沿缓冲区外围修建。在保护区外围要设立隔离设施,包括陆地围栏、水面围栏和生物围栏。陆地围栏用铁丝网制成,围栏的立柱应为高 2.3 m、宽 20 cm 的方形钢筋水泥柱,每根立柱中至少有 4 根直径为 12 cm 的麻花钢或普通钢,外加护套,水泥保护层应为 1.5~3.0 cm,铁丝网为孔径 0.5~3 cm 镀锌丝并加装直径为 2~2.5 cm 的刺,立柱埋入地下深度不小于 50 cm,间距不大于 3 m,铁丝网间距 20~30 cm,基部铁丝网距地面不超过 20 cm,顶部铁丝网距立柱顶不超过 10 cm,两立柱之间呈交叉状斜拉 2 条铁丝网。水面围栏视水面的大小和深度而定,立柱应为直径不小于 5 cm 的钢管或直径不小于 10 cm 的木(竹)桩,立柱高度应为最高水位时的水面深度值加 1.5 m,立柱埋入地下深度不少于 0.5 m,铁丝网高度为最低水位线至立柱顶端。生物围栏使用时可利用当地带刺植物种植于围栏外围,用作辅助围栏。除围栏外,在保护区的规定区域还要有标志碑、警示牌、看护房、瞭望塔等设施。其中,标志碑为 3.5 m×2.4 m×0.2 m 的混凝土预制板碑面,底座为钢混结构,埋入地下深度不低于 0.5 m,高度不低于 0.5 m。标志碑正面应有保护点的全称、面积和被保护的物种名称、责任单位、责任人等标志,标志碑的背面应有保护点的管理细则等内容。警示牌为 60 cm×40 cm 规格的不锈钢或铝合金板材,一般设置的间隔距离为 50~100 m。看护房为单层砖混结构,总建筑面积为 80~100 m²。看护房应符合《建筑抗震设计规范》(GB 50011—2010)中的相关规定。瞭望塔应为面积 7~8 m²、高度 8~10 m 的塔形砖混结构或塔形钢结构,其设计也应符合《建筑抗震设计规范》(GB 50011—2010)中的相关规定。

(二)原生境保护区的监管

在保护区建设完成投入使用后,应该对其进行严格的监测预警管理,以保证保护区能够真正起到监测保护区自然环境、气候和地质灾害、人为破坏的作用,并在紧急情况发生时做出准确预警,快速传递相关信息,提出处理意见和处置措施,做出高效的应急反应。监测和预警设置遵守以下原则。

1. 监测点设置

在农业野生植物原生境保护点内,根据保护点面积,随机设置 20~30 个监测点。每个监测点根据野生大豆和其伴生植物的种类、生长习性与分布状况,划分为圆形或正方形的样方,圆形样方半径宜为 1 m、2 m 或 5 m,正方形样方边长宜为 1 m、2 m、5 m 或 10 m。

在野生大豆原生境保护区外不设置监测点,但应对其周边可能影响目标物种生长的环境因素和人为活动进行监测,如水体、林地、荒地、耕地、道路、村庄、厂(矿)企业、养殖场、污染物或污染源等。

2. 监测时间

每年定期两次监测,选择在野生大豆生长盛期和成熟期进行。遇突发事件(如地震、滑坡、泥石流和火灾等)或极端天气情况(如旱灾、冻灾、水灾、台风和暴雨等),应每天进行监测。此外,还应在野生大豆原生境保护点建成当年,对保护区内的植物资源和环境状况进行调查,获得保护区资源与环境的基础数据信息。此后,每年相同时期按照相同的方法,持续对保护区内资源和环境状况进行调查。

3. 监测信息管理

每年对调查获得的数据和信息进行整理,并与保护区建成当年获得的数据和信息进行比较,对差异明显的监测项目重复监测,确有差异的,分析造成差异的原因并预测其是否对目标物种构成威胁。

4. 预警方案

根据监测与评价结果将预警划分为一般性预警和应急性预警两类。一般性预警针对监测发现的问题,提出应对策略和采取措施的具体建议,并逐级上报。上级主管部门应及时对上报信息进行分析,提出处理意见和措施。应急性预警是指遇突发事件或极端天气情况,应每天对监测数据和信息进行分析,直接上报至国家主管部门。国家主管部门应及时对上报信息进行分析,提出处理意见和应急措施,并及时指导实施应急措施。

监测点应起到对保护区内资源、环境、气候、污染物、人为活动等内容的有效监测和分析作用,具体的检测内容包括以下几项。

1. 资源监测

目标物种分布面积:利用全球定位系统(GPS)面积测量仪沿保护区内目标物种的分布进行环走,得到的闭合轨迹面积即为目标物种的分布面积。目标物种种类数:采用植物分类学方法,统计保护区内列入《国家重点保护野生植物名录》的科、属和种及其数量。每个目标物种数量:统计每个样方各目标物种数量,计算所有样方各目标物种的平均数量,根据目标物种分布面积与样方面积的比例,获得各目标物种在保护区内的数量(株或苗)。伴生植物种类数:采用植物分类学方法,统计保护区内伴生植物的科、属和种及其数量。当保护区内目标物种为一个以上时,目标物种间互为伴生植物。伴生植物数量:计算每个伴生植物的数量,再根据伴生植物种数计算所有伴生植物的总数(株)。野生大豆的物种丰富度:根据保护区内所有目标物种与伴生植物的数量,计算每个目标物种的数量占所有植物数量的百分比,即得到目标物种丰富度,公式为某个目标物种丰富度 = [某个目标物种数量/(目标物种数量 + 所有伴生植物的总数)] × 100%。目标物种生长状况:采取目测方法,对每个样地目标物种生长状况进行评价,用好、中、差描述。其中,"好"表示75%以上的目标物种生长发育良好,"中"表示 50% ~ 75%的目标物种生长发育良好,

"差"表示低于50%的目标物种生长发育良好。

2. 环境监测

对保护区内及其周边的水体、林地、荒地、耕地、道路、村庄、厂(矿)企业和养殖场等进行调查,监测各项环境因素在规模和结构上是否有明显变化。如有明显变化,则评估其变化是否对保护区内的农业野生植物正常生长状况构成威胁及威胁程度。

3. 气候监测

通过当地气象部门,记录保护区所在区域当年降水量、活动积温、平均温度、最高和最低温度、自然灾害发生情况等信息;对每年获得的气象记录和自然灾害发生情况等信息进行比较和分析,评估其对保护区内农业野生植物正常生长状况的影响。

4. 污染物监测

实地调查保护区内及其周边是否存在地表污染物(如废水、废气、废渣等),若持续性存在废水、废气、废渣等污染物,查清污染源,并按照 GB 3095—2012、GB 3838—2002、GB/T 16157—1996 及 NY/T 397—2000 规定的监测方法、分析方法及采样方式进行检测。

5. 人为活动监测

随时掌握保护区内人为活动状况,如出现采挖、过度放牧、砍伐、火烧等破坏农业野生植物正常生长情况时,应统计其破坏面积,分析其对该保护区农业野生植物的影响。

三、寒地野生大豆原生境保护区

黑龙江省农业部门十分重视寒地野生大豆原生境保护区的建设,从 2005 年开始进行寒地野生大豆原生境保护区的建设,目前建有 8 个"农业野生大豆原生境保护点",分布在巴彦县、延寿市、海林市、依安县、望奎县、塔河县、庆安县、桦南县,总面积已达 3 000 亩①,相当于 280 个标准足球场的规模。其中,巴彦县、延寿县为哈尔滨市管辖,位于松嫩平原南部;海林市为牡丹江市管辖,位于黑龙江省东南部张广才岭余脉;依安县为齐齐哈尔市管辖,位于大兴安岭南麓松嫩平原西北部;望奎县、庆安县为绥化市管辖,位于松嫩平原中部;桦南县为佳木斯市管辖,位于松嫩平原东北部;塔河县为大兴安岭地区管辖,位于大兴安岭北麓,与我国最北部的漠河县相邻。由此可见,8 个保护区所在县(市)基本囊括了黑龙江省城市和生态区域,具有较好的区域代表性,且从南至北分布合理,同时兼顾了黑龙江省的东南、东北、西北等一些具有独特气候和地形地貌的地区。

我国的野生大豆资源原生境保护工作也引起了国际上的高度重视。2007 年开始,由全球环境基金资助,联合国开发计划署执行,我国农业部实施了"作物野生近缘植物保护与可持续利用项目(GEF 项目)",该项目为期 5 年,目标是消除不同经济状况的示范点内对野生水稻、野生大豆及小麦近缘植物数量构成威胁的因素及其根源,将野生近缘物种的保护与农业生产相结合,促进中国作物野生近缘植物保护的可持续发展。GEF 项目将通

---

① 1 亩 = 666.666 7 平方米(m²)。

过示范点的建设和活动,建立一种促进野生近缘物种保护适用的可持续机制,并在更大范围推广。项目遵循以下四项基本原则:①以政策法规为先导,通过约束人的行为减少对野生大豆资源及其栖息地的破坏;②以生计替代为核心,切实帮助农牧民解决生计问题,降低农牧民对野生大豆及其栖息地的依赖程度;③以资金奖励为后盾,引导农牧民逐步适应市场经济发展模式,充分利用国家灵活的农村金融政策,持续发展家庭经济;④以增强意识为纽带,通过精神和物质奖励激励农牧民主动参与野生植物的保护活动。

该项目的目标是实现5大成果,即在8个示范点所在县(市)建立野生近缘植物保护的可持续资金激励机制或其他激励机制的示范体系;建立政策、法律法规体系,支持野生近缘植物保护工作;中央及地方有足够的能力保护作物野生近缘植物;中央和省级农业部门能够及时掌握和利用有关野生近缘植物境况的准确信息;使示范区的保护经验得到广泛推广。8个野生近缘植物保护点中有3个野生大豆原生境保护区,其中设置在黑龙江省的仅1个,在巴彦县(杨雪峰等,2012)。

巴彦县的原生境保护区中分布的野生大豆属于典型的寒地野生大豆,是黑龙江省内目前最大的野生大豆原生境保护区。巴彦县属于哈尔滨市管辖,位于黑龙江省中部偏南,松花江中游北岸,松嫩平原东部的边缘地带。其地理坐标为东经126°45′53″~127°42′16″、北纬45°54′28″~46°40′18″。巴彦县属中温带大陆性季风气候,由于受季风气候的影响,四季分明,温差较大,年平均气温2.9 ℃,1月平均气温-20.9 ℃,7月平均气温22.4 ℃。这里太阳辐射资源丰富,全年平均日照2 640 h。农作物生产季节辐射总量占全年55%~60%。累计平均降水量550 mm左右,全年无霜期一般在115~135天。巴彦县野生大豆原生境保护区位于富江乡振发村,保护区面积30 hm^2,原为12户农民承包的薪炭林地,地处五岳河两岸,属于非耕地区,地势低平,主要植被是薪炭林(柳条)、杂草、芦苇、蒿类等。保护区内发现的野生大豆叶形有3种,有长圆形、卵圆形、宽叶形,以卵圆形为主;花色为紫色,极少数为白色;种子多为黑色,也有黄、青、褐及双色种皮;百粒重0.5~8.0 g。有时在同一块地就能看到3种不同叶形的野生大豆。这里的野生大豆多数生长在鱼塘、林木、草甸、芦苇之间的荒地格上,在夹缝中艰难生存繁衍。伴生植物有蒿类、藜、芦苇和薪炭林(柳条)、灌木。野生大豆的长势与伴生植物的高矮有直接关系,伴生植物长得高,野生大豆长得就高。调查发现生长在公路边和山坡地的较干旱地带的野生大豆和伴生植物长得比较矮小,只有100~120 cm,而生长在地势低平、池塘边较湿润地带的伴生植物是薪炭林,此处的野生大豆株高较高,一般都在260~315 cm。

该保护区内的野生大豆与华北地区、中原地区分布的野生大豆相比具有很高的特异性,对相对脆弱的寒地植物生态系统的保护意义尤为重大。项目实施过程中,根据当地农民实际情况制定了详细的保护区运作模式,在保护珍贵的野生大豆资源的同时,保障了农村承包户的经济利益,运作框架如下:①成立野生大豆保护合作组织,通过保护组织延伸的方式,把野生大豆保护条款与农民的实际生产活动以及利益分配相结合,既协调保护区农民之间的生产关系,提高生产效率,又使农民形成保护野生大豆的强烈意识;②在合作组织的统一组织和管理下,帮助保护区农民更新杞柳等伴生灌木,及时收割柳条,为野生大豆提供光照与攀缘物,形成良好的共生环境;③试种小灌木蓝靛果,为当地农民利用野生大豆的伴生植物与经济发展相结合提供更多的选择;④贷款贴息,为保护区农民解决各项建设初期经费投入的来源问题,使各项工作顺利实施。

项目成功在黑龙江省试点了与农业生产相结合的作物野生近缘植物原生境主流化保护方法,建立完善了有利于保护野生近缘植物的政策和法律法规,研发和建立了项目的野生近缘植物保护预警系统,使当地农民群众树立了保护野生近缘植物的理念,并根据保护区建设取得的经验制定了未来黑龙江省野生大豆资源保护区建设的基本原则:①有利于野生大豆资源的保护;②充分体现农牧民生存和发展的迫切需求;③对改善农牧民生活条件和保护野生大豆资源均具有可持续性;④与现行扶贫、妇女发展和新农村建设政策相结合;⑤与各级政府正在执行的工程或项目相结合;⑥鼓励企事业单位的积极参与。通过国际项目的落地实施,在科学保护野生大豆资源、促进农业可持续发展方面取得了显著成效。通过引入激励机制和建立与地方经济社会条件相适应的管理模式,采用与农业生产相结合的主流化保护方法,为我国这个野生近缘植物资源大国积累了作物野生近缘植物保护与可持续利用的成功经验,并为促进国际惠益分享机制在我国的发展进行了积极的探索。

第四节 寒地野生大豆资源的繁殖与更新

一、寒地野生大豆新种质资源整理

野生大豆的异地保存方式以种子保存为主,保存目的是尽量延长种子的贮藏寿命,并对种子寿命降低至安全限度以下的材料进行繁育和更新。国家种质资源库种子安全处理操作具有相应的国家标准,目前国内的各省级种质资源库和单项农作物种质库的安全保存都基本参照这个标准的流程进行,这也是国际上多数种质库的安全保存处理的一般流程,整个流程包括新资源收集、整理、试种观察、鉴定、编目、种子生活力检测、干燥包装、入库贮藏、贮藏过程中生活力监测与预测、更新,以及供种分发和资料信息整理等一系列操作处理。

本团队入库的寒地野生大豆种质资源保存在黑龙江省寒地野生大豆种质资源中长期库中,该种质资源库依托黑龙江省寒地野生大豆资源利用工程技术中心建立。野生大豆种质库的安全保存处理严格按照规范化的方法运行和维护,种质库的安全处理遵循的原则包括:①保证种子的质量安全,种子的质量安全包括纯度、净度和生活力,此外还要保证在长时间的保存过程中不受到种子携带的病原微生物的威胁;②保证种子水分安全,保证入库种子所含的水分处于安全范围,利用密封包装和控制环境湿度的方法,最大限度延长种子贮藏寿命;③保证入库种子的繁殖和更新,定期检查库存种子的生活力,并掌握种子生活力下降的规律,根据生活力下降的时间表有计划地繁育和更新种子,以避免因种子生活力下降超过安全限度,使库存数量过少导致的资源消失;④系统记录入库种子的基本信息和管理过程,保证种质资源需要被使用时的供种安全。

早在 1985 年,国际植物遗传资源委员会(ICPGR)就已经系统提出了种质资源入库的安全操作技术和标准,在 1994 年联合国粮食及农业组织(FAO)在此基础上,制定并公布了一套相对成熟且操作性强的种子操作处理规程,包括处理程序、处理方法和处理所要达到的标准。1999 年,我国国家农作物种质保存中心建成,通过对国际上主要种质保存机构种子安全保存处理技术的整理总结,结合我国种质资源库种子安全保存工作的具体情况,制定了我国的种质资源安全保存处理标准,其目的是最大限度延长种子保存寿命,并尽量保持种质资源的遗传完整性。

寒地野生大豆种质资源库的种子安全处理技术是精密、系统性的工作,为了使寒地野生大豆长期安全保存,黑龙江省寒地野生种质资源库在操作处理上基本参考了国家种质资源库的操作标准,从种子入库、生活力检测到繁殖更新形成了系统的操作流程,保证了入库种子的高质量、高活力、遗传多样性不丢失和可使用性。具体的操作流程如下。

(一)新种质入库

寒地野生大豆种质资源库中的库存资源,大部分由黑龙江省农业科学院作物育种研究所种质资源研究室和耕作栽培研究所大豆研究室收集整理,来自黑龙江省、吉林省及内蒙古自治区等地。其他部分种子由黑龙江省其他农业科研单位收集并馈赠。目前库存野生大豆种质资源 6 573 份(每年以 50~100 份的速度递增),其中野生大豆 5 712 份,半野生大豆 861 份。对新采集或收集的种子样本进行整理,首先核对种子样品与相关记载描述信息是否一致或正确,然后归类并列出清单。其次对种子样品进行初查,检查种子含水量、是否有虫害以及净度等。对于含水量过高、受潮的种子,要及时进行晾干处理;对于有虫害的种子需进行熏蒸处理;对于净度不高的种子,则要进行人工清选处理等。在获得种子样品的同时应及时索取或记录种质的基本信息,包括种质中文名称、学名、原产地地理信息、原保存单位编号、采集号或引种号、提供者、收集日期、种质类型,以及种质数量和状态等。

(二)试种观察与鉴定、编目

新获得的种子往往数量较少,需先选择适宜种植地区进行扩繁与试种观察,确定其正常和开花结实的条件与种植地区,然后进行鉴定分类和表型性状观察。通过试种的表型性状观察比较,剔除已收集保存的种质材料,对于之前未收集过的种质材料,则进行登记编号,这时的编号是原保存单位编号。鉴定则是对种质材料相关农艺性状表型变异进行检测的过程,主要采用肉眼观察和度量的方法,对各种农艺性状进行调查、记载和分析,相关记载描述标准详见《寒地野生大豆种质资源性状描述规范》。编目则是为避免资源重复收集保存,对经试种观察和鉴定后确定为新资源(未收集保存)的给予一个唯一编码。

在美国 NPGS,若新收集获得的种质材料经鉴定评价后,确定以前从未收集保存过,则每份种质材料都会被赋予一个 PI 号,该号码由美国农业部的植物引种办公室(PIO)赋予。PI 号是美国 NPGS 收集保存种质材料的唯一识别号码,一旦给予某份种质,就不能将该 PI 号给予另一份种质,即使该份种质已丢失。在我国,编目则是新收集的种质材料经试种观察和鉴定后,按照全国种质资源目录编写规范要求,对种质的收集引进基本信息、农艺性状鉴定信息及相关评价信息进行整理汇总,同时每份种质给予一个"全国统一编号",并汇编成该作物的全国种质资源目录。我国作物种质资源编目行政主管部门是农业农村部,具体组织协调单位是中国农业科学院作物科学研究所。对于具体某一作物种质资源的编目,常由该作物的全国种质资源优势单位牵头负责。例如,水稻、小麦、玉米、大豆、菜豆等食用豆、大麦、谷子、高粱、燕麦、荞麦等作物的编目由中国农业科学院作物科学研究所牵头负责,油菜、花生、芝麻等油料作物的编目由中国农业科学院油料作物研究所牵头负责,萝卜、甘蓝等所有蔬菜作物的编目由中国农业科学院蔬菜花卉研究所牵头负责。各种作物种质资源只有通过编目,给予每份种质一个全国统一编号,才能繁种送交到我国国家种质资源库进行长期保存。有关试种观察与鉴定、编目可进一步参考《农作物种质资源整理技术规程》。

(三)种子清选与健康检测

种子清选是指剔除那些受病害感染或者没有生活力的种子,以及混杂的其他材料,以保证入库保存种子有较高的质量、纯度与净度。种子清选也是种质库操作管理的重要环节,这是因为种质库空间有限,保存一份种质资源的费用是很高的,而且受病虫侵害的种子可能将病虫害传染给其他种子,所以要确保初始入库种子是高质量的种子。因此,为预防损失扩大,必须剔除受害的或者没有生活力的种子及其他杂质。在清选时,目前建议采用人工清选的方式,若采用机械清选,种子含水量需处于安全含水量范围。种子健康检测则是测定种子是否携带病原菌(如真菌、细菌及病毒)、害虫或线虫等,对种子所携带的病虫害种类及数量都要进行检测。对受到虫害危害的种子应及时隔离,然后用磷化铝进行熏蒸,或在 0 ℃以下贮存 7 天以上将成虫杀死;对感染病原菌的种子,一般在贮藏过程中不宜使用杀菌剂,因为化学药品会影响种子的长期贮存寿命,一般在重新播种时进行病原菌处理。

(四)种子初始生活力检测

初始生活力检测是非常重要和必要的,这是因为种子初始质量的优劣,尤其是初始生活力对种子耐贮性影响很大。种质库通过初始发芽率测定,获得初始生活力。种子初始生活力检测的重要性体现在:一是根据检测的种子发芽率或生活力,可对种子能否入库保存做出判断。种质库一般都规定了入库保存种子的发芽率最低限,对于常规栽培品种,种子发芽率初始值要求不得低于85%,其他特殊种子材料或野生种子发芽率则可相对较低。因为保存的种子最终还是要拿出来进行生产或育种、种植的,而且种子生活力与种质遗传完整性存在密切的关系,尤其是具有遗传异质性的种质材料,所以要求种子具有高的初始生活力是非常必要的。对于长期库保存的种子,若种子初始生活力达不到入库标准,一般要求重新进行繁殖后再入库保存。二是通过种子初始生活力检测,可大致估算出种子的贮藏寿命潜力,为下一步种子保存过程中生活力监测方案的制订提供依据,这也是确保种子长期安全保存的必要基础。

(五)寒地野生大豆种质资源安全保存

寒地野生大豆种子在保存过程中,潜在发芽能力一直处于动态变化中,与新入库的种子相比,保存时间达到一定长度的种子会逐渐丧失生活力。按照美国官方种子分析协会(AOSA)的定义,种子活力是在广泛的田间条件下,决定种子迅速、整齐出苗和长成正常幼苗的潜在能力的总称。ISTA对种子活力的定义是,种子能够萌发和出苗的综合特性。我国种子生理学家郑光华先生对种子活力的定义是"种子健壮度,包括迅速、整齐萌发的发芽潜力及生产潜势和生产潜力"(郑光华等,1980)。衡量种子活力的指标很多,建议结合发芽试验过程,记载一些与发芽相关的信息,以便转化为种子活力指标,如逐日记载发芽种子数、幼苗(根)长度、发芽结束时幼苗(根)鲜重和干重等,有条件的还可进行逐日影像数字化记载。

二、寒地野生大豆新种质资源库扩繁更新

本团队基于寒地野生大豆新种质入库的作物特异性和一般流程,参考2014年王述民等著的《作物种质资源繁殖更新技术规程》,撰写了3项黑龙江省地方标准——《寒地野生大豆资源整理技术规程》《寒地野生大豆资源描述技术规程》和《寒地野生大豆资源扩繁更新技术规程》,这些规程详细规定了寒地野生大豆种质资源特别是新入库资源的整理、描述和扩繁更新的技术流程。

(一)登记

需要登记采集地、采集号、保存单位、主要特征(填写采集时记录的相关信息)、种子数量、接收时间等。

(二)标本种植观察

标本圃地点选择:选择与材料采集地生态类型相同或相近的地区种植。标本来源:野外考察收集并经过临时编目的野生大豆种子。种植前处理:种植前用小刀或指甲钳在种脐背面对种子破皮处理。种植时间和方式:5 cm地温稳定通过8 ℃时播种,人工播种,穴播,每份材料种植不少于4穴,每穴3~5粒种子。生育期间管理:出苗后根据生长情况设立竹竿搭架协助茎蔓生长,防止单株间互相缠绕,人工除草。性状观察:重点观察记录出苗期、成熟期、主茎、茸毛色、花色、叶形、粒色、脐色、子叶色、泥膜等。

(三)资源描述

(1)下胚轴颜色:第一片复叶展开时下胚轴颜色,按绿色、紫色等描述。

(2)花色:开花当日花瓣的颜色,按白色、紫色等描述。

(3)花序长短:花序着生点到花序顶端的长度,按短花序(长度<1 cm)、中花序(长度为1~3 cm)、长花序(长度>3 cm)描述。

(4)泥膜:选取同一材料有代表性的种子,观察种皮泥膜的存在情况,按有、无描述。

(5)粒色:选取同一材料有代表性的种子,观察种皮的颜色,按黄色(黄、黄花、黄绿、黄黑)、绿色(淡绿、绿、绿黑)、黑色(黑绿花、黑褐、黑花、黑斑、黑)、褐色(茶、淡褐、褐、深褐、褐花)、双色(黄底黑花、青底黑花、青底褐花)等描述。

(6)种皮光泽:选取同一材料有代表性的种子,观察种皮的光泽,按强、中、弱、极弱等描述。

(7)种皮裂纹:选取同一材料有代表性的种子,观察种子表皮是否有天然开裂,按裂、不裂描述。

(8)粒形:选取同一材料有代表性的种子,观察种子的形状,按圆形、扁圆形、椭圆形、扁椭圆形、长椭圆形、肾形等描述。

(9)子叶色:选取同一材料有代表性的种子,剥开种皮观察子叶的颜色,按黄色、绿色等描述。

(10)脐色:选取同一材料有代表性的种子,观察种脐的颜色,按黄色、淡褐色、褐色、深褐色、淡黑色、黑色、蓝色等描述。

(11)茸毛色:一年生野生大豆成熟时,观察茎秆中上部或荚皮上茸毛的颜色,按灰色、棕色等描述。

(12)荚皮色:成熟豆荚荚皮的颜色,按灰褐色、黄褐色、褐色、深褐色、黑色等描述。

(13)荚形:荚皮色变黑、未裂荚时,观察豆荚的形状,按直形、弯镰形、弓形等描述。

(14)荚宽:测量成熟时豆荚最宽处的宽度,单位为cm。

(15)裂荚性:观察成熟期豆荚自然开裂的多少及级别,按不裂(所调查豆荚均未自然开裂)、中裂(豆荚自然开裂率≤50%)、易裂(豆荚自然开裂率>50%)等描述。

(16)叶形:观察植株中部发育成熟的复叶顶小叶的形状,按披针形、卵圆形、椭圆形、圆形、线形等描述。

(17)叶柄长短:测量成熟叶片叶柄的长度,单位为cm。

(18)叶色:观察花期植株中部叶片的颜色,按淡绿色、绿色、深绿色等描述。

(19)生长习性:观察主茎的生长形态,按半蔓生(主茎下部直立,中上部细长,爬蔓缠绕)、蔓生(茎枝细长,爬蔓强度缠绕)等描述。

(20)主茎:观察花期主茎与分枝的茎粗,确定主茎是否明显,按明显(主茎直径大于分枝直径)、不明显(主茎直径与分枝直径差异不明显)等描述。

(21)根瘤:花期挖取 3~5 株,观察根瘤的着生情况,按有、无描述。

(22)单株粒数:成熟时,陆续将植株的全部豆荚装入网袋后,脱粒、去杂计数。

(23)单株粒重:称量单株籽粒的质量,单位为 g。

(24)百粒重:称量 100 粒成熟籽粒的质量,单位为 g。

(25)粗蛋白质含量:计算粗蛋白质含量,为占干基的比例(%)。

(26)11S/7S:籽粒 11S 球蛋白与 7S 球蛋白含量的比值。

(27)过敏蛋白 28K:籽粒 28K 过敏蛋白亚基缺失情况,按有或无描述。

(28)过敏蛋白 30K:籽粒 30K 过敏蛋白亚基缺失情况,按有或无描述。

(29)Kunitz 型胰蛋白酶抑制剂:籽粒 Kunitz 型胰蛋白酶抑制剂缺失情况,按有或无描述。

(30)粗脂肪含量:计算粗脂肪含量,为占干基的比例(%)。

(31)异黄酮含量:计算异黄酮含量,单位为 μg/g。

(32)芽期耐盐性:野生大豆芽期忍耐盐分(1.6% NaCl 溶液)胁迫的能力,按耐(相对盐害指数≤20.0%)、较耐(相对盐害指数为 20.0%~35.0%)、中耐(相对盐害指数为 35.0%~65.0%)、较敏感(相对盐害指数为 65.0%~90.0%)和敏感(相对盐害指数 > 90.0%)描述。

(33)芽期耐旱性:野生大豆芽期忍耐干旱(40% 聚乙二醇溶液)胁迫的能力,按耐(相对发芽率 > 95.0%)、较耐(80.0% < 相对发芽率≤95.0%)、中耐(65.0% < 相对发芽率≤80.0%)、较敏感(35.0% < 相对发芽率 ≤ 65.0%)和敏感(相对发芽率≤35.0%)描述。

(34)芽期耐冷性:野生大豆芽期忍耐低温(6 ℃)胁迫的能力,按耐(种子发芽势 > 30%)、较耐(20% < 种子发芽势≤30%)、较敏感(10% < 种子发芽势≤20%)和敏感(种子发芽势≤10%)描述。

(35)灰斑病抗性:人工接种鉴定条件下,野生大豆植株对灰斑病菌的抗性强弱,按 NY/T 3114.2—017 描述。

(36)花叶病毒病抗性:人工接种鉴定条件下,野生大豆植株对花叶病毒的抗性强弱,按 NY/T 3114.1—2017 描述。

(37)疫霉根腐病抗性:人工接种鉴定条件下,野生大豆植株对疫霉菌的抗性强弱,按抗(R)(发病率≤30%)、中间型(I)(30% < 发病率 < 70%)和感(S)(发病率≥70%)3 个级别描述。

(38)大豆孢囊线虫病抗性:人工接种鉴定条件下,野生大豆植株对大豆孢囊线虫病的抗性强弱,按免疫(I)(根系雌虫数为 0,植株生长正常)、高抗(HR)(0 < 根系雌虫数≤3.0,植株生长正常)、抗(R)(3.0 < 根系雌虫数≤10.0,植株生长基本正常或部分矮黄)、感(S)(10.0 < 根系雌虫数≤30.0,植株矮小,叶片发黄,结实少)和高感(HS)(根系雌虫数 > 30.0,植株不结实,干枯死亡)5 个级别描述。

(39)大豆食心虫病抗性:自然发病条件下,野生大豆植株对大豆食心虫的抗性强弱,按 NY/T 3114.6—2017 描述。

(40)大豆蚜虫病抗性:人工接虫鉴定条件下,野生大豆植株对蚜虫的抗性强弱,按 NY/T 3114.5—2017 描述。

(四)收获

种子成熟期用尼龙网袋单株套袋,脱粒、清选后进行种子外观鉴定,种子质量应符合 GB/T 3543—1995 和 GB 4404.2—2010 的规定。

(五)编目

整理标本种植获得的性状数据,按采集地点分类对资源编目,编目信息包括统一编号、采集地、海拔高度、保存单位编号、出苗期、成熟期、主茎、茸毛色、花色、叶形、粒色、脐色、子叶色、泥膜、百粒重、蛋白质和脂肪含量等。

(六)扩繁更新

(1)扩繁田的选择:选择与材料采集地相同或相近的生态区。

(2)种子用量:按照扩繁量和发芽率计算每份材料的种子用量,为防止繁殖时材料意外死亡或丢失只取部分种子。

(3)种子破皮处理:种植前用小刀或指甲钳在种脐背面对种子破皮处理。

(4)编制繁殖更新数据采集表:内容参见表 2-2。

(5)播期:5 cm 地温稳定通过 8 ℃时播种。

(6)播种方式:人工播种,穴播。

(7)生育期间管理:出苗后根据生长情况设立竹竿搭架协助茎蔓生长,防止单株间互相缠绕,人工除草。

(8)性状调查核对:参照原始档案对扩繁更新材料进行性状调查与核对,对与原性状不符的植株应标记变异株。

(9)收获方法:在种子成熟期用尼龙网袋单株套袋。

(10)脱粒:收获后及时晾晒脱粒。

(11)清选去杂:去除杂物、病粒、瘪粒、虫蛀粒、破损粒等。

(12)种子质量检验:对清选后的种子称重检查是否达到计划扩繁量,未达标准的种子下一年度继续扩繁。种子质量应符合 GB/T 3543—1995 和 GB 4404.2—2010 的规定。

(13)更新入库:扩繁的种子装入种子袋中,标注资源质量等相关信息,更新种质资源库。

表 2－2 寒地野生大豆资源扩繁更新数据采集表

名称	寒地野生大豆	扩繁单位		扩繁份数	
扩繁年份		扩繁地点		扩繁注意事项	
种子贮藏方式		种子入库年份		种子干燥方法	

区行号	名称	全国统一编号	提供单位	主要性状核查																	核查结果评价	繁殖有效株数	合格种子质量/g	备注
				播种期	出苗期	成熟期	生长习性	花色	叶形	茸毛色	结荚习性	主茎	荚形	荚皮色	种皮光泽	粒色	粒形	脐色	泥膜	百粒重/g				

参考文献

陈晓玲，张金梅，辛霞，等，2013. 植物种质资源超低温保存现状及其研究进展[J]. 植物遗传资源学报，14(3)：414－427.

焦玉伟，梁珈语，张瑞，2018. 大豆种子的贮藏特性及技术要点分析[J]. 种子科技，36(6)：42－45.

来永才，李炜，刘淼，等，2021. 寒地野生大豆资源收集、评价及新种质创制的应用[J]. 中国科技产业(7)：61－68.

刘明，来永才，李炜，等，2016. 寒地不同积温带野生大豆表型性状研究[J]. 大豆科学，35(2)：262－269.

刘强，任敏，刘祥君，2003. 种子耐贮性研究进展[J]. 内蒙古师范大学学报(自然科学汉文版)，32(3)：248－255.

刘洋，李向华，肖鑫辉，等，2010. 大豆 *Soja* 亚属内种子大小的遗传差异及半野生类型分类归属[J]. 分子植物育种，8(2)：231－239.

卢新雄，辛霞，尹广鹍，等，2019. 中国作物种质资源安全保存理论与实践[J]. 植物遗传资源学报,20(1):1-10.

燕惠民,2007. 我国野生大豆资源保护管理问题[J]. 中国野生植物资源,(6):37-39.

杨雪峰,齐宁,林红,等,2012. 原生境野生大豆灰斑病抗性评价与发掘[J]. 黑龙江农业科学(1):1-3.

于燕波,王群亮,SHELAGH K,等,2013. 中国栽培植物野生近缘种及其保护对策[J]. 生物多样性(6):750-757.

张巧仙,2009. 植物种质资源保存[J]. 生物学教学(2):3-5.

郑光华,徐本美,顾增辉,1980. 受冷害豆类种子的活力测定问题[J]. 植物生理学通讯(6):25-28.

周静,辛霞,尹广鹍,等,2014. 大豆种子在不同气候区室温贮藏的适宜含水量与寿命关系研究[J]. 大豆科学,33(5):685-690.

第三章 寒地野生大豆资源的鉴定与评价

在我国收集到的野生大豆资源总数约占世界野生大豆保存总量的90%以上。野生大豆经过长期的自然选择,进化出丰富的变异类型和良好的环境适应性,在遗传多样性上远远超过栽培作物,具有潜在经济利用价值的丰富变异,是大豆遗传育种的重要资源。野生大豆和栽培大豆不存在杂交障碍,可以利用杂交基因重组创造不同于野生大豆和栽培大豆的新的基因型,拓宽大豆遗传背景。开展寒地野生大豆资源的鉴定与评价,筛选具有不同性状的优异资源,不仅可以为栽培大豆育种提供有利的基因资源和性状,更为野生大豆资源的深入挖掘与高效利用奠定重要的材料基础。本章对寒地野生大豆资源的产量、品质、抗逆性等相关性状的鉴定与评价标准进行了整理,对挖掘的独特的、优异的野生大豆资源进行梳理,为广大野生大豆科研工作者在生理学、分子生物学、遗传学以及起源驯化等研究领域对寒地野生大豆进行深入地、系统地研究奠定理论基础。

第一节 寒地野生大豆资源产量相关性状的评价

野生大豆是栽培大豆的原始祖先种,其茎细长,具有极强的缠绕性,无明显主茎且分枝较多;植株高度从30 cm左右到500 cm左右不等;籽粒小且多数有泥膜,少数粒形较大的类型则无泥膜,还有一些呈现出光泽。其产量相关性状主要包括株型、生育期、产量构成因子及籽粒大小等。其中,株型性状包括株高、分枝数、节数、生长习性、茎粗等性状;产量构成因子包括百粒重、单株荚数、单株粒数、单株产量等。

一、寒地野生大豆资源的百粒重评价与分析

百粒重是指成熟后100粒完整籽粒的质量,以g表示,是体现种子大小与充实程度的一项指标。百粒重是野生大豆与栽培大豆之间差异最大的重要性状之一,也是最重要的植物学性状之一,与进化程度有密切关系,是 *Soja* 亚属内种的进化程度的标志。在《大豆种质资源描述规范和数据标准》一书中,依据百粒重的大小,将栽培大豆划分为极小、小、中、大、极大五个等级。野生大豆百粒重的划分通常参考栽培大豆百粒重的划分标准并结合以往对野生大豆的研究结果,没有统一的标准。研究人员对中国5 211份野生大豆资源进行了研究,并将百粒重≤2.50 g的野生大豆资源归类为野生型;将百粒重为2.51~5.00 g的野生大豆资源归类为半野生Ⅰ型;将百粒重>5.00 g的野生大豆资源归类为半野生Ⅱ型。

我们对寒地野生大豆百粒重进行分级评价。该标准将寒地野生大豆的百粒重划分为4个级别,将百粒重≤1.00 g 的野生大豆划分为极小粒类型,记为1级;将百粒重介于1.00~2.00 g 之间(包括2.00 g)的野生大豆划分为小粒类型,记为2级;将百粒重介于2.00~5.00 g 之间(包括5.00 g)的野生大豆划分为中粒类型,记为3级;将百粒重>5.00 g 的野生大豆划分为大粒类型,记为4级。寒地野生大豆百粒重评价标准与分级见表3-1。依据此标准,通过对野生大豆异地繁殖后的百粒重进行测量与分析,进而确定寒地野生大豆百粒重级别,完成类型的划分。

表3-1 寒地野生大豆百粒重评价标准与分级

级别	类型	标准(百粒重/g)
1	极小粒	百粒重≤1.00
2	小粒	1.00<百粒重≤2.00
3	中粒	2.00<百粒重≤5.00
4	大粒	百粒重>5.00

对2 500余份寒地野生大豆资源的研究表明,所采集的寒地野生大豆中,百粒重最大为9.17 g,最小为0.48 g。大部分野生大豆资源百粒重介于1.00~2.00 g,属于小粒类型,占总数的70.8%;百粒重介于2.00~5.00 g 的中粒类型野生大豆资源占9.1%;百粒重>5.00 g 的大粒类型野生大豆资源占11.7%;百粒重≤1.00 g 的极小粒类型野生大豆相对较少,占总数的8.4%(来永才,2015)。寒地野生大豆百粒重分析结果见表3-2。极小粒野生大豆资源的挖掘将为 *Soja* 亚属内种的籽粒进化研究提供重要的材料。

表3-2 寒地野生大豆百粒重分析

级别	类型	标准(百粒重/g)	占比/%
1	极小粒	百粒重≤1.00	8.4
2	小粒	1.00<百粒重≤2.00	70.8
3	中粒	2.00<百粒重≤5.00	9.1
4	大粒	百粒重>5.00	11.7

二、寒地野生大豆资源的单株荚数评价与分析

单株荚数是指单个植株上主茎及分枝上所有荚的总和,是构成产量性状的重要因素之一。野生大豆植株高大、蔓生、分枝性强,与栽培大豆相比最大的优势之一就是单株荚数多。因此在产量方面,可利用野生大豆的单株荚数多这一重要性状,为大豆高产育种创造中间材料。根据以往研究结果,对寒地野生大豆单株荚数进行分级评价。将寒地野生

大豆的单株荚数划分为5个级别,将单株荚数≤500个的野生大豆资源划分为极少类型,记为1级;将单株荚数介于500~1 000个(包括1 000个)的野生大豆资源划分为少类型,记为2级;将单株荚数介于1 000~2 000个(包括2 000个)的野生大豆资源划分为中等类型,记为3级;将单株荚数介于2 000~3 000个(包括3 000个)的野生大豆资源划分为多类型,记为4级;将单株荚数>3 000个的野生大豆资源划分为极多类型,记为5级。寒地野生大豆单株荚数评价与分级标准见表3-3。依据此标准,可以对野生大豆异地繁殖后的单株荚数进行统计,并进行类型划分。

表3-3 寒地野生大豆单株荚数评价与分级

级别	类型	标准(单株荚数/个)
1	极少	单株荚数≤500
2	少	500<单株荚数≤1 000
3	中等	1 000<单株荚数≤2 000
4	多	2 000<单株荚数≤3 000
5	极多	单株荚数>3 000

对2 500余份寒地野生大豆资源的研究表明,所采集的寒地野生大豆中,单株荚数最多的为3 223个,最少的为404个。大部分野生大豆资源属于中等类型,单株荚数在1 000~2 000个之间,占总数的86.6%;单株荚数在500~1 000个的资源占7.2%;单株荚数在2 000~3 000个的资源占5.9%;极少和极多两个类型的资源极少,分别为0.1%和0.2%(来永才,2015)。寒地野生大豆单株荚数分析结果见表3-4。筛选极多类型的野生大豆将为高产种质的创制以及大豆高产育种提供亲本或桥梁亲本。

表3-4 寒地野生大豆单株荚数分析

级别	类型	标准(单株荚数/个)	占比/%
1	极少	单株荚数≤500	0.1
2	少	500<单株荚数≤1 000	7.2
3	中等	1 000<单株荚数≤2 000	86.6
4	多	2 000<单株荚数≤3 000	5.2
5	极多	单株荚数>3 000	0.2

三、寒地野生大豆资源的生育期评价与分析

生育期是指野生大豆从播种到种子成熟所经历的时间,以所需的日数表示。生育日数:野生大豆出苗翌日到成熟当天的日数。依据相关研究对大豆生育期的鉴定方法,也可将野

生大豆的生育过程划分为营养时期(V)和生殖时期(R)。大豆的营养时期主要是以主茎上的节数来划分时期的,与大豆不同,野生大豆主茎不明显,因此可将野生大豆的营养时期划分为出苗期、子叶期、一节期以及分枝期。生殖时期的划分方法与大豆基本一致,但由于野生大豆具有炸荚性,因此需较栽培大豆多划分一个时期——炸荚期。各个时期均以50%以上植株达到标准时进行统计记录。寒地野生大豆生育期具体的划分标准见表3-5。

表3-5 寒地野生大豆生育期划分

时期		发育特征
营养时期(V)	出苗期(V1)	子叶在地面以上
	子叶期(V2)	对生真叶半展开,叶片的边缘已分离
	一节期(V3)	对生真叶成分生长,第一片复叶半展开,叶片的边缘已分离
	分枝期(V4)	任意节位有长有复叶的分枝生长,且复叶的边缘已分离
生殖时期(R)	始花期(R1)	植株任意位置有一朵花开放
	盛花期(R2)	植株中上部有充分生长叶片的2个节之中任何一个节位上开花
	始荚期(R3)	植株中上部4个具有充分生长叶片着生的节中,任何一个节位有5 mm长的幼荚
	盛荚期(R4)	植株中上部4个具有充分生长叶片着生的节中,任何一个节位有10 mm长的荚
	始粒期(R5)	植株中上部4个具有充分生长叶片着生的节中,任何一个节位上豆荚内种子长度达2 mm
	鼓粒期(R6)	植株中上部4个具有充分生长叶片着生的节中,任何一个节位上豆荚内种子充满荚皮的种穴
	成熟初期(R7)	植株任意位置有一个荚达到成熟的正常颜色
	炸荚期(R8)	第一朵花成熟所结的荚炸裂
	完熟期(R9)	25%豆荚达到正常的成熟颜色,种子含水量低于15%

由于野生大豆和栽培大豆具有相同的基因组,不存在杂交障碍,因此利用野生大豆最简单、最直接的途径是种间杂交。所以鉴定野生大豆的花期对于开展野生大豆利用有重要的意义。

第二节 寒地野生大豆资源品质相关性状的评价

大豆是重要的粮食作物和油料作物,同时也是最重要的植物蛋白和食用植物油的来源,大豆中含有丰富的蛋白质、脂肪以及其他的营养物质,并含有许多如异黄酮、低聚糖、大豆磷脂、大豆多肽等有益于人类健康的活性物质,在农作物生产中占有相当重要的地位。5 000年前,栽培大豆由野生大豆驯化而来,由野生大豆到农家种的驯化过程中,野生大豆被人类或动物带到不同地区,由于气候条件不同以及人们对某些性状的特异性选择,一部分野生大豆的性状被丢弃,另外一部分性状被人为选择固定下来,渐渐形成具有不同性状的农家种,在此过程中,一部分优异等位变异也被丢失掉,导致产生了遗传瓶颈效应。而农家种向栽培大豆的驯化过程中,人们对有利农艺性状的选择更加强烈,导致在选择的过程中又丢失掉一部分优异等位变异,最终产生更加严重的遗传瓶颈。野生大豆具有优良的品质性状,遗传多样性丰富,对寒地野生大豆资源品质性状进行评价与筛选,可为探讨利用寒地野生大豆品质优异基因提供基础和依据,也为大豆高品质育种提供丰富的遗传材料。

一、寒地野生大豆资源的蛋白质评价与分析

大豆的蛋白质含量很高,其含量范围为35%~50%,平均蛋白质含量约40%,是谷类食物的4~5倍。大豆蛋白作为植物性蛋白质,无论是从氨基酸组成上、在营养价值上,还是在基因结构上,均可与动物性蛋白质媲美,是与人体氨基酸最接近的,所以是最具营养的植物蛋白质之一。因此,蛋白质含量是大豆重要的品质性状之一。野生大豆是栽培大豆的近缘野生种,野生大豆的种子蛋白质含量高于栽培大豆。因此,开展野生大豆高蛋白质资源的筛选、评价,对于野生大豆优异资源挖掘、利用有重要的意义。

目前,大豆粗蛋白质含量测定主要参照中华人民共和国国家标准 GB 2905—1982 中的谷类、豆类作物种子粗蛋白质测定方法(半微量凯氏法),以%表示,精确到0.01%。然而,大豆蛋白质含量的划分存在着不同的标准。

中华人民共和国国家标准 GB 1352—2009(表3-6)中,将粗蛋白质含量(干基)不低于40.0%的大豆定义为高蛋白质大豆,同时将高蛋白质大豆质量标准划分为三个等级:将大豆粗蛋白质含量(干基)≥44.0%的定为1级;将大豆粗蛋白质含量(干基)≥42.0%的定为2级;将大豆粗蛋白质含量(干基)≥40.0%的定为3级。

表3-6 高蛋白质大豆质量指标(国家标准)

等级	粗蛋白质含量(干基)/%	完整粒率/%	损伤粒率/% 合计	损伤粒率/% 其中热损伤粒	杂质含量/%	水分含量/%	色泽、气味
1	≥44.0						
2	≥42.0	≥90.0	≤2.0	≤0.2	≤1.0	≤13.0	正常
3	≥40.0						

黑龙江省地方标准(表3-7)中,对高蛋白质大豆品种的要求高于国家标准,将籽粒蛋白质含量(干基)不低于43%的定义为高蛋白质大豆,同时将高蛋白质大豆按蛋白质含

量划分为三个等级：将大豆粗蛋白质含量(干基)≥45.0%的定为1级；将大豆粗蛋白质含量(干基)≥44.0%的定为2级；将大豆粗蛋白质含量(干基)≥43.0%的定为3级。

表3-7 高蛋白质大豆质量指标(地方标准)

等级	粗蛋白质含量/%		蛋白质、脂肪总量(干基)/%	最高限量					色泽、气味
	干基	13%湿基		杂质/%	水分/%	子叶变色粒/%	病斑粒与霉变粒合计/%	虫蚀粒与破碎粒合计/%	
1	≥45.0	≥39.0	62.0	1.0	14.0	5.0	2.0	10.0	正常
2	≥44.0	≥38.0	60.0						
3	≥43.0	≥37.0	60.0						

在黑龙江省大豆品种审定标准中，对高蛋白质大豆有着更加严格的要求，并按照不同区域进行划分。该标准指出，第一积温带、第二积温带以及第三积温带高蛋白质大豆品种的蛋白质平均含量不能低于44.0%，且单一年份的蛋白质含量不得低于42.0%；第四积温带、第五积温带以及第六积温带高蛋白质大豆品种的蛋白质平均含量不能低于43.0%，且单一年份的蛋白质含量不得低于41.0%。

目前，野生大豆粗蛋白质含量的测定主要参照中华人民共和国国家标准GB 2905—1982谷类、豆类作物种子粗蛋白质测定方法(半微量凯氏法)，以%表示，精确到0.01%，与栽培大豆相同。等级划分依据《中国寒地野生大豆资源图鉴》中建立的寒地野生大豆粗蛋白质评价标准(表3-8)，该标准参考了大豆的各级划分标准，并根据《中国野生大豆资源目录》的统计数据分析与总结后形成，用来评价寒地野生大豆粗蛋白质含量的级别。

表3-8 寒地野生大豆粗蛋白质评价与级别

级别	类型	标准(粗蛋白质含量)
1	低	粗蛋白质含量≤40.00%
2	中	40.00% < 粗蛋白质含量≤45.00%
3	高	45.00% < 粗蛋白质含量≤50.00%
4	极高	粗蛋白质含量>50.00%

研究人员对中国的6 172份野生大豆的蛋白质含量进行分析，结果表明野生大豆蛋白质含量平均为44.90%，含量最高的达到55.7%，最低为29.04%。野生大豆和栽培大豆蛋白质含量在纬度分布上有明显差异，栽培大豆从北向南呈增加趋势，即蛋白质含量与纬度呈负相关。野生大豆则出现2个高蛋白质区，即在北纬30°~32°和北纬43°以北。李福山等(1986)的研究结果也表明，野生大豆平均蛋白质含量高于栽培大豆，高纬度地区

栽培大豆蛋白质含量低于低纬度的大豆。野生大豆则相反,高纬度地区野生大豆蛋白质含量高于低纬度地区野生大豆。对 5 200 余份野生大豆蛋白质含量进行分析,发现地区间差异也很大,高蛋白质区在北纬 30°～35°的江淮地区和北纬 40°以北的松辽平原地区,其平均含量分别为 45.9% 和 46.5%。1997 年杨光宇从 1 200 余份吉林省野生大豆中鉴定出蛋白质含量 50% 以上的材料 204 份。来永才(2015)对 2 000 余份寒地野生大豆种质资源进行粗蛋白质含量测定分析,结果显示大部分野生大豆资源的粗蛋白质含量分布在 40%～50%,粗蛋白质含量最高为 56.1%,最低为 34.9%,平均含量高于栽培大豆(图 3-1)。

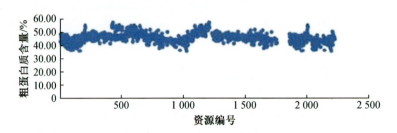

图 3-1　寒地野生大豆粗蛋白质含量分布

二、寒地野生大豆资源的氨基酸评价与分析

大豆是氨基酸组成合理的农作物,在基因结构上,与人体氨基酸组成最为接近。大豆蛋白质的氨基酸组成与牛奶蛋白质相近,除蛋氨酸略低外,其余必需氨基酸含量均较丰富。研究表明,栽培大豆的天冬氨酸和苯丙氨酸含量显著高于野生大豆,组氨酸和精氨酸含量显著低于野生大豆。大豆中含硫氨基酸(胱氨酸、蛋氨酸)含量过低,限制了大豆蛋白质的营养价值,且大豆种子蛋白质含量与含硫氨基酸含量呈显著的负相关,而含硫氨基酸含量在不同的大豆类型间差异不明显,因此提高栽培大豆蛋白质含量的同时提高含硫氨基酸含量是有一定困难的。

野生大豆蛋白质的氨基酸组成与栽培大豆相似,8 种人体必需氨基酸比较齐全,氨基酸组分中以谷氨酸含量最高,平均为 18.16%,其次为天冬氨酸,平均为 12.51%,再次为精氨酸和亮氨酸,分别为 8.08% 和 7.14%,赖氨酸含量为 6.45%。含硫氨基酸的含量相对较低,蛋氨酸含量为 1.53%,胱氨酸含量为 1.95%,其次组氨酸含量也较低,只有 2.64%(李福山等,1986)。虽然野生大豆中含硫氨基酸平均含量较低,但是在不同野生大豆资源之间含硫氨基酸含量差异较大,这说明在野生大豆中筛选含硫氨基酸含量高的资源是非常有可能的。之前有分析结果表明:大豆籽粒蛋氨酸含量不到 1%(多为 0.7%～0.8%),胱氨酸为 0.80%～1.42%。研究人员对 1 110 份大豆品种进行分析,结果表明含硫氨基酸(蛋氨酸+胱氨酸)总量为 1.66%～3.52%,平均为 2.43%,蛋氨酸含量为 0.78%～1.34%,平均为 1.03%。数千份美国大豆种质资源的蛋氨酸含量为 1.0%～1.6%,多数在 1.2%～1.4%。有研究发现 54 个日本大豆品种的蛋氨酸含量为 0.64%～

0.96%,胱氨酸含量为 0.59%~1.21%。李福山等(1986)对栽培、野生、半野生大豆测定结果显示,蛋氨酸含量为 1.35%~1.79%,胱氨酸含量为 1.57%~2.48%。分析 40 份野生大豆的氨基酸组成结果表明,蛋氨酸和胱氨酸含量在 0.40%~2.76% 和 0.40%~2.76% 之间。对 17 个不同地区的大豆品种测定结果表明,蛋氨酸和胱氨酸的平均含量分别为 0.72% 和 0.74%。有研究从野生大豆中筛选出 5 份含硫氨基酸含量高于 3 g/16 gN 的种质,其中最高达 3.25 g/16 gN。

三、寒地野生大豆资源的脂肪评价与分析

大豆原产于中国,但诸多原因导致现阶段国产大豆种植面积和产量均落后于美国、巴西、阿根廷,处于世界第 4 位。国产大豆平均粗脂肪含量较进口转基因大豆低 1~1.5 个百分点,大豆加工企业出于利润考虑,对加工原料的选择更青睐于粗脂肪含量较高的进口大豆。针对目前国产高油大豆品种短缺现状,培育高脂肪、高产大豆新品种,对增强国产大豆的国际竞争力,抵御国外大豆冲击,振兴我国大豆产业具有重要意义。开展野生大豆资源脂肪性状的评价及极值资源筛选,对于野生大豆资源挖掘、利用有重要的意义。

目前,大豆粗脂肪含量测定主要参照中华人民共和国国家标准 GB 2905—1982 谷类、豆类作物种子粗脂肪测定方法,以%表示,精确到 0.01%。然而,大豆粗脂肪含量的划分存在着不同的标准。

中华人民共和国国家标准 GB 1352—2009(表 3-9)中,将粗脂肪含量(干基)不低于 20.0% 的大豆定义为高油大豆,同时将高油大豆质量标准划分为三个等级:将野生大豆粗脂肪含量(干基)≥22.0% 的资源定为 1 级;将野生大豆粗脂肪含量(干基)≥21.0% 的资源定为 2 级;将野生大豆粗脂肪含量(干基)≥20.0% 的资源定为 3 级。

表 3-9 高油大豆质量指标(国家标准)

等级	粗脂肪含量(干基)/%	完整粒率/%	损伤粒率/% 合计	损伤粒率/% 其中热损伤粒	杂质含量/%	水分含量/%	色泽、气味
1	≥22.0						
2	≥21.0	≥85.0	≤3.0	≤0.5	≤1.0	≤13.0	正常
3	≥20.0						

黑龙江省地方标准(表 3-10)中,对高油大豆品种的要求高于国家标准,将籽粒粗脂肪含量(干基)不低于 21.5% 定义为高油大豆,同时将高油大豆按粗脂肪含量划分为三个等级:将大豆粗脂肪含量(干基)≥22.5% 的定为 1 级;将大豆粗脂肪含量(干基)≥22.0% 的定为 2 级;将大豆粗脂肪含量(干基)≥21.5% 的定为 3 级。

表3-10 高油大豆质量指标(地方标准)

等级	粗脂肪/%		蛋白质、脂肪总量(干基)/%	最高限量					色泽、气味
	干基	13%湿基		杂质/%	水分/%	子叶变色粒/%	病斑粒与霉变粒合计/%	虫蚀粒与破碎粒合计/%	
1	≥22.5	≥19.6	60.0	1.0	14.0	5.0	2.0	10.0	正常
2	≥22.0	≥19.1	60.0						
3	≥21.5	≥18.7	60.0						

在黑龙江省大豆品种审定标准中,要求高油大豆的粗脂肪平均含量不能低于22.0%,且单一年份的粗脂肪含量不得低于21.0%。

目前,野生大豆粗脂肪含量的测定主要参照中华人民共和国国家标准GB 2905—1982谷类、豆类作物种子粗脂肪测定方法,以%表示,精确到0.01%,与栽培大豆相同。等级划分依据《中国寒地野生大豆资源图鉴》中建立的寒地野生大豆粗脂肪评价标准(表3-11),该标准参考了大豆的各级划分标准,并根据《中国野生大豆资源目录》的统计数据分析与总结后形成,用来评价寒地野生大豆粗脂肪含量的级别。

表3-11 寒地野生大豆粗脂肪评价与级别

级别	类型	标准(粗脂肪含量)
1	低	粗脂肪含量≤7.00%
2	中	7.00%<粗脂肪含量≤10.00%
3	高	10.00%<粗脂肪含量≤15.00%
4	极高	粗脂肪含量>15.00%

中国栽培大豆粗脂肪平均含量为17.21%,比野生种提高了6.22%,但栽培种的变异已小于野生种,这说明野生种存在较大的遗传多样性;而栽培种由于长期人工选择的结果,粗脂肪含量逐渐提高,但变异相对减小。野生大豆的粗脂肪含量较低,一般在10%左右。不同地理区域的野生大豆粗脂肪含量有明显差异,总趋势是南高北低,和栽培大豆正好相反,粗脂肪含量的高区在北纬34°~39°,东北的中北部北纬43°~50°地区的野生大豆粗脂肪含量低,另外南方北纬26°~28°地区也较低。

对2 000余份寒地野生大豆种质资源进行粗脂肪含量测定分析,结果显示大部分寒地野生大豆资源的粗脂肪含量分布在10%~20%,粗脂肪含量最高的为21.60%,最低的为6.20%,平均粗脂肪含量低于栽培大豆(图3-2)。从这些研究结果可以分析出从野生大豆向栽培大豆进化过程中人为选择因素起到了重要作用(来永才,2015)。

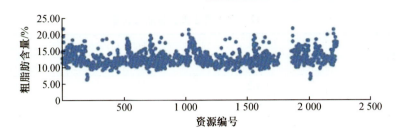

图 3-2 寒地野生大豆粗脂肪含量分布

四、寒地野生大豆资源的脂肪酸评价与分析

大豆油脂中含有 5 种主要脂肪酸,其中油酸、亚油酸、亚麻酸为不饱和脂肪酸,棕榈酸和硬脂酸为饱和脂肪酸。不饱和脂肪酸为人体必需脂肪酸,在人体中具有重要功能。油酸可降低血液中总胆固醇和有害胆固醇含量,但不降低有益胆固醇含量,营养学界称之为"安全脂肪酸"。另外,油酸含量高的豆油稳定性较好,可以延长货架期。亚油酸在人体内可以转化为花生四烯酸,对于合成磷脂、形成细胞结构、维持组织的生理功能以及合成前列腺素、防止胆固醇的增加和积累、软化血管、防止高血压和心脏病等均具有重要作用。亚麻酸是动植物细胞膜的重要组分,但亚麻酸容易使油脂氧化变质,造成豆油及其食品变味、营养价值降低。饱和脂肪酸能量低、不易消化吸收,人类过多食用会造成肥胖病和心血管疾病。因此,提高油酸、亚油酸含量,降低棕榈酸含量是大豆品质育种的重要目标之一;降低豆油的亚麻酸含量,延长货架期,是大豆油脂改良的另一个重要方面,也是大豆品质育种的课题之一。

郑永战等(2008)对 236 份栽培大豆和 140 份野生大豆进行脂肪含量分析,研究表明,中国栽培大豆油酸平均含量为 23.25%,比野生种提高了 7.75%;亚麻酸平均含量为 8.00%,比野生种降低了 4.23%;亚油酸平均含量为 53.53%,比野生种降低了 2.57%;栽培大豆棕榈酸平均含量为 11.90%,低于野生种 1.08%;硬脂酸平均含量为 3.32%,高于野生种 0.13%,但差别都不大。栽培化后人工进化的总趋势是油酸增加,而亚油酸与亚麻酸降低。野生大豆与栽培大豆相比,亚麻酸含量和油酸含量的差数较为接近,表明油酸和亚麻酸间有互为消长的关系。

目前,用于野生大豆脂肪酸含量的测定方法主要为气相色谱法。提取方法参考中华人民共和国国家标准《粮油检验 粮食、油料脂肪酸值测定》(GB/T 5510—2011),以% 表示,精确到 0.01%,与栽培大豆相同。针对 180 份寒地野生大豆资源的脂肪酸进行检测的结果表明,寒地野生大豆油酸和亚油酸之和的平均含量为 64.73%,其中油酸平均含量为 9.21%,变幅为 7.04%~14.71%,亚油酸平均含量为 55.52%,变幅为 51.01%~61.63%;亚麻酸平均含量为 18.83%,变幅为 8.69%~22.71%。饱和脂肪酸方面,寒地野生大豆棕榈酸平均含量为 13.06%,硬脂酸平均含量为 3.37%。寒地野生大豆脂肪酸含量检测结果见表 3-12。

表 3-12 寒地野生大豆脂肪酸含量

脂肪酸组分	含量/%		
	最低	最高	平均
棕榈酸(16:0)	11.62	14.98	13.06
硬脂酸(18:0)	2.85	4.06	3.37
油酸(18:1)	7.04	14.71	9.21
亚油酸(18:2)	51.01	61.63	55.52
亚麻酸(18:3)	8.69	22.71	18.83

根据前人对野生大豆脂肪酸含量的研究结果,结合栽培大豆的脂肪酸含量研究结果,本书通过统计分析,对寒地野生大豆脂肪酸评价分级,确定寒地野生大豆脂肪酸级别。寒地野生大豆油酸含量评价及分级标准见表 3-13。寒地野生大豆亚油酸含量评价及分级标准见表 3-14。寒地野生大豆亚麻酸含量评价及分级标准见表 3-15。寒地野生大豆棕榈酸含量评价及分级标准见表 3-16。寒地野生大豆硬质酸含量评价及分级标准见表 3-17。

表 3-13 寒地野生大豆油酸含量评价及分级标准

级别	类型	标准(油酸含量)
1	极高	油酸含量≥20%
2	高	15%≤油酸含量<20%
3	中	10%≤油酸含量<15%
4	低	5%≤油酸含量<10%
5	极低	油酸含量<5%

表 3-14 寒地野生大豆亚油酸评价及分级标准

级别	类型	标准(亚油酸含量)
1	极高	亚油酸含量≥65%
2	高	60%≤亚油酸含量<65%
3	中	50%≤亚油酸含量<60%
4	低	亚油酸含量<50%

表 3-15 寒地野生大豆亚麻酸评价及分级标准

级别	类型	标准(亚麻酸含量)
1	极低	亚麻酸含量<5%
2	低	5%≤亚麻酸含量<10%
3	中	10%≤亚麻酸含量<20%
4	高	亚麻酸含量≥20%

表 3-16　寒地野生大豆棕榈酸评价及分级标准

级别	类型	标准(棕榈酸含量)
1	低	棕榈酸含量<10%
2	中	10%≤棕榈酸含量<15%
3	高	棕榈酸含量≥15%

表 3-17　寒地野生大豆硬质酸评价及分级标准

级别	类型	标准(硬质酸含量)
1	低	硬质酸含量<2.5%
2	中	2.5%≤硬质酸含量<5%
3	高	硬质酸含量≥5%

五、寒地野生大豆资源的异黄酮评价与分析

大豆异黄酮是一类以 3-苯并毗喃酮为母核的生物类黄酮,是大豆生长过程中形成的次生代谢产物,主要分布在大豆种子的子叶和胚轴中。早期研究仅认为大豆异黄酮是产生大豆食品苦涩味的抗营养因子,随着对其生物化学的深入研究发现,大豆异黄酮更重要的角色是人体的保健因子,是良好的抗氧化剂,是对肿瘤、骨质疏松、妇女更年期综合征、动脉硬化等多种疾病具有预防和治疗作用的生物活性物质(Coward,1993;刘志胜等,2000)。自然界中异黄酮资源十分有限,大豆是唯一含有异黄酮且含量在营养学上有意义的食物资源(刘志胜等,2000)。1999 年美国食品与药物管理局(FDA)正式将含有大豆异黄酮的大豆蛋白,推荐作为降低胆固醇浓度、减少冠心病危险的健康食品。近年来开发的大豆异黄酮医药制品和保健食品在中国已经备受消费者认可,有着广阔的市场前景。但大豆原料中异黄酮含量较低是困扰异黄酮产业发展的主要因素之一。研究表明,野生大豆异黄酮含量高于栽培大豆,这是由于在大豆进化过程中,人们很自然地选育种植那些口味好的大豆种质,客观上间接地选择了异黄酮含量低的大豆种质,久而久之,则形成了栽培大豆品种异黄酮含量低于野生大豆的趋势(林红等,2005)。筛选黑龙江省野生大豆及不同类型大豆高异黄酮种质资源,可为特用大豆种质资源创新和新品种选育提供遗传基础更为广泛的优异资源。开展大豆高异黄酮专用品种选育,可以降低异黄酮产品的成本,提高大豆附加值,对异黄酮产品的研制生产和市场开发意义重大。

目前,寒地野生大豆异黄酮含量测定方法主要参照《大豆种质资源描述规范和数据标准》中有关异黄酮含量测定方法,单位为 μg/g。根据相关学者研究报告进行数据分析与总结,将寒地野生大豆异黄酮含量划分为 4 个级别:异黄酮含量≤1 000.00 μg/g 的野生大豆资源定义为低类型,划为 1 级;异黄酮含量为 1 000.00~3 000.00 μg/g(包含 3 000.00 μg/g)的野生大豆资源定义为中类型,划为 2 级;异黄酮含量为 3 000.00~

5 000.00 μg/g(包含 5 000.00 μg/g)的野生大豆资源定义为高类型,划为 3 级;异黄酮含量 >5 000.00 μg/g 的野生大豆资源定义为极高类型,划为 4 级,据此确定寒地野生大豆异黄酮含量级别(来永才,2015)。寒地野生大豆异黄酮评价及分级标准见表 3-18。

表 3-18 寒地野生大豆异黄酮评价及分级标准

级别	类型	标准(异黄酮含量)
1	低	异黄酮≤1 000.00 μg/g
2	中	1 000.00 μg/g<异黄酮≤3 000.00 μg/g
3	高	3 000.00 μg/g<异黄酮≤5 000.00 μg/g
4	极高	异黄酮>5 000.00 μg/g

李炜等(2007)对黑龙江省 108 份野生大豆和 117 份栽培大豆的研究表明,栽培大豆异黄酮含量变幅为 1 195~4 670 μg/g,平均含量为 2 329.372 μg/g;野生大豆材料异黄酮含量变幅为 416.2~6 808.2 μg/g,平均含量为 3 120.298 μg/g,结果表明野生大豆异黄酮含量高于栽培大豆,且变幅也高于栽培大豆。林红等(2005)对黑龙江省野生大豆和栽培大豆异黄酮含量研究结果表明,28 份野生大豆资源的异黄酮平均含量为 3 019.6 μg/g(其中最低为 714.4 μg/g,最高为 6 808.2 μg/g),比栽培大豆异黄酮平均含量(2 686.2 μg/g)高 12.4%,并从中筛选出异黄酮含量为 5 200 μg/g 以上的野生大豆种质资源 4 份。来永才(2015)对 1 000 余份寒地野生大豆进行异黄酮含量测定分析,结果表明大部分寒地野生大豆资源的异黄酮含量分布在 1 000~5 000 μg/g,异黄酮含量最高的为 7 149.5 μg/g,最低的为 503.5 μg/g(图 3-3)。野生大豆长期生长在自然环境条件下,积温、土壤等环境因素的不同,导致野生大豆异黄酮含量变幅较大。

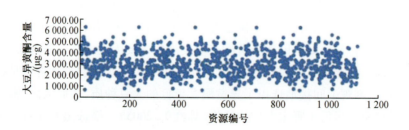

图 3-3 寒地野生大豆异黄酮含量分布

第三节 寒地野生大豆资源抗逆相关性状的评价

在农业生产过程中,作物通常会受到各种各样不良的环境条件影响,这些不良的环境条件主要包括洪涝、干旱、高温、低温、盐碱以及病虫害等。世界上每年都会发生不同程度的自然灾害。随着现代工农业的快速发展,又相继出现了大气污染、土壤污染和水污染,这些不仅危及植物的生长与发育,而且严重威胁着人类的生活以及生存。

逆境是不利于植物生存与发育的各种环境因素的总称。根据环境的种类又可将逆境分为生物因素逆境和理化因素逆境等类型(图3-4)。植物对逆境的抵抗和忍耐能力叫作植物抗逆性,简称抗性。

抗性是植物在对环境的逐步适应过程中形成的。由于植物没有动物那样的运动机能和神经系统,基本上是生长在固定的位置上,因此常常遭受不良环境的侵袭。但植物可以通过不同方式来适应不良环境,以求生存与发展。植物用来适应不良环境的方式主要表现在以下三个方面:①避逆性,指植物通过调整自身生育周期来避开不良环境的干扰,在相对适宜的环境中完成它的生活史。这种方式在植物的进化上是很重要的。②御逆性,指植物处于不良环境时,生理过程尽量少受或不受不良环境的影响,仍然可以保持常态。这主要是由于在植物体内形成了适宜的内环境,免除了外部不利条件所造成的危害。这类植物通常具有发达的根系,吸肥、吸水的能力强,物质运输阻力较小,角质层较厚,还原性物含量较高,能够快速合成有机物等特点。③耐逆性,指植物处于不利环境时,通过代谢反应来阻止、降低或修复由不良环境造成的损伤,使其仍保持正常的生理活动。避逆性和御逆性统称为逆境逃避,植物能够通过不同方式屏蔽不良环境的影响,使不利因素不能进入组织,因此通常情况下组织本身不产生相应反应。耐逆性又被称作逆境忍耐,虽然植物受到不良环境的影响,但其能够通过自身生理反应来抵抗不良环境,在可以忍耐的范围之内,逆境所造成的损伤是可逆的,即植物能够恢复正常状态;如果超过可忍耐范围,超出植物自身修复能力,损伤将变成不可逆的,植物将受害甚至死亡。植物对逆境的抵抗往往具有双重性,即逆境逃避和逆境忍耐可在植物体上同时出现,或在不同部位同时发生。

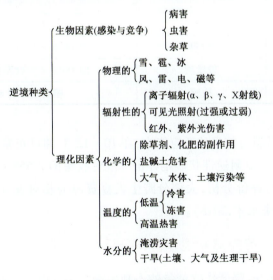

图3-4 逆境种类

高寒地区野生大豆长期在自然环境状态下生长,具有耐低温、耐旱、耐盐碱、抗虫、抗病等特性,评价和分析野生大豆的抗逆性,对提高其抗逆性有重要的意义。

一、寒地野生大豆芽期耐冷性评价与分析

东北地区是大豆的主产区,并且是中国受全球气温变化影响最显著的地区之一(张永芳等,2019)。低温胁迫是作物生长发育和产量形成过程中主要的非生物胁迫因素之一(Mullet et al.,1996),在大豆播种期常遇阶段性低温,严重影响大豆种子的萌发与出苗、幼苗的整齐度和大豆的产量,同时严重限制了大豆品种的分布和推广(刘志娟等,2009;刘珍环等,2016)。近年来随着东北地区春季低温天气的频繁出现,推广多年的品种在低温胁迫条件下表现出种子活力差、田间出苗率低的问题。为应对近年来东北地区低温胁迫对大豆种子活力的影响日趋严重的问题,筛选低温胁迫下高活力的种质资源将为耐低温大豆品种的选育提供材料基础和理论依据。因此,通过鉴定野生大豆芽期耐冷性,筛选优异寒地野生大豆资源,进而利用野生大豆培育耐性品种,对于保障低温胁迫下大豆种子高活力、保障东北地区播期遭遇低温情况下大豆稳产有重要意义。

目前,寒地野生大豆芽期耐冷性鉴定方法及评价标准主要参照《大豆种质资源描述规范和数据标准》中有关芽期耐冷性测定方法及鉴定评价标准。$PI = X/CK \times 100\%$,其中 PI 为相对发芽势,X 为低温处理发芽势,CK 为正常温度下发芽势。根据种子相对发芽势的标准,确定寒地野生大豆芽期耐冷性级别(来永才,2015)。寒地野生大豆芽期耐冷性评价与分级标准见表3-19。

表3-19 寒地野生大豆芽期耐冷性评价与分级标准

级别	类型	标准(相对发芽势)
1	耐	相对发芽势 > 30.00%
2	较耐	20.00% < 相对发芽势 ≤ 30.00%
3	较敏感	10.00% < 相对发芽势 ≤ 20.00%
4	敏感	相对发芽势 ≤ 10.00%

大豆在萌发期对低温有较强的适应能力,在10~12 ℃即可正常发芽,发芽的最低温度可达6~8 ℃。根据大豆耐逆性状鉴定评价标准对收集的2 556份寒地野生大豆种质资源的芽期耐冷性进行评价分析,大部分野生大豆资源的相对发芽势在15%~30%之间,最高的为38.2%(来永才,2015)。

二、寒地野生大豆芽期耐盐性评价与分析

盐害是影响植物生长、降低作物产量的不利因素之一。由于之前人们对其缺乏正确的认识,人为造成盐碱化的土壤污染问题已经变得相当严重,并且已经成为全球性的问题

(孟强,2014)。我国是盐渍化土地分布广泛的国家,仅海岸带和滩涂盐碱耕地面积就达660万 hm^2 以上,加之干旱及不合理耕作等因素导致土壤次生盐渍化面积逐年增加(史凤玉等,2008)。我国盐渍化土壤大约有9 913万 hm^2,其中现代盐渍化土壤有3 693万 hm^2,残余盐渍化土壤有4 487万 hm^2。此外,在我国的东北、华北、西北内陆以及长江以北沿海地区分布着大约1 733万 hm^2 的潜在盐渍土壤(马晨等,2010)。随着全球人口的迅速增长,人们对粮食产量的需求日益增大。然而人类的进步与社会的发展给自然环境带来了严重的破坏。巨大的粮食产量需求,使得人们越来越多地开始关注土壤的盐碱化污染。所以对盐渍化土壤的治理与利用对我国的农林业发展有着巨大的潜在价值。

大豆属于中度耐盐植物,在盐渍条件下,产量下降,随着育种进程中的不断选择,栽培大豆遗传多样性日趋狭窄,当前栽培大豆耐盐性差是育种存在的主要问题。野生大豆是栽培大豆的野生近缘种,并且含有很多优异基因,尤其在耐盐方面比栽培大豆有着显著的优势。利用野生大豆拓宽栽培大豆的遗传基础进行种质的创新,是培育耐盐新品种的有效途径。在大豆耐盐性鉴定方面,邵桂花等(1993)建立了一套大豆种质资源耐盐性的田间鉴定方法,并对大豆种质进行了广泛的筛选,已选出数个全生育期耐盐品种。马淑时等(1994)使用盐害指数指标对1 020份大豆品种分别于发芽期和苗期进行抗盐碱性鉴定。王洪新等(1997)提出用水培法结合耐盐系数指标鉴定大豆品种耐盐性的新方法。

目前,寒地野生大豆芽期耐盐性鉴定方法及评价标准参照《大豆种质资源描述规范和数据标准》中芽期耐盐性测定方法及鉴定评价标准。$PI = (CK - B) \times 100\% / CK$,其中 PI 为相对盐害指数,CK 为对照发芽率,B 为品种发芽率。根据相对盐害指数及下列标准,确定寒地野生大豆芽期耐盐性的级别(来永才,2015)。寒地野生大豆芽期耐盐性评价与分级标准见表3-20。

表3-20 寒地野生大豆芽期耐盐性评价与分级标准

级别	类型	标准(相对盐害指数 PI)
1	耐	$PI \leq 20.00\%$
2	较耐	$20.00\% < PI \leq 35.00\%$
3	中耐	$35.00\% < PI \leq 65.00\%$
4	较敏感	$65.00\% < PI \leq 90.00\%$
5	敏感	$PI > 90.00\%$

野生大豆作为栽培大豆近缘祖先种,对某一特定生态环境具有很强的抗逆力和广泛的适应性。梁丽娟(2008)对来自吉林省不同地区的野生大豆和北京的野生大豆材料进行芽期耐盐性测定,根据耐盐指数(STI = 处理的某一指标/对照的相应指标 $\times 100\%$)进行比较,获得较强耐盐材料2份,中等耐盐材料15份。杨柳青(2016)通过盐胁迫条件下对20份来自吉林省的野生大豆种子进行萌发和发芽测定,初步筛选出W8材料的耐盐性最

强,明确了 W8 的耐盐生理机制。根据寒地野生大豆芽期耐盐性评价标准,对收集的 2 556 份寒地野生大豆种质资源的芽期耐盐性进行评价分析,大部分野生大豆资源的相对发芽势为 20%~90%,获得耐盐野生大豆资源 2 份(来永才,2015)。这些研究结果对野生大豆的耐盐性评价具有重要的应用价值和研究意义,并进一步为栽培大豆的耐盐育种遗传改良提供了优质的种质资源。

三、寒地野生大豆苗期耐旱性评价与分析

干旱是影响植物地理分布、限制农作物生长发育及产量、威胁粮食安全的主要环境因子之一(Takahashi et al.,2018)。近年来,随着全球气候变暖、降水量减少,造成干旱频发(Lesk et al.,2016)。世界上干旱、半干旱地区约占可耕地的 1/3。在我国,干旱半干旱地区约占土地总面积的 47%,约占耕地面积的 51%,主要集中在北方、黄淮等地区,16 个省(市、自治区)的 741 个县,严重影响作物的产量、品质和效益,并间接造成生态环境恶化。同时,我国大部分地区降水差异较大,季节分配不均,造成干旱分布与发生季节有一定的规律性。即使在非干旱的农业种植区,季节性的干旱问题也经常制约农业生产(周红霞,2015)。然而传统灌溉技术已经不能为作物提供充足的水分,新的节水耕作技术也无法从根本上解决问题(Du et al.,2009;Ning et al.,2018)。我国人口众多,在水资源日益贫乏和旱灾日趋严重的双重压力下,干旱将成为我国农业最大的挑战,改良并利用旱地成为人们亟待解决的重大问题,因此加强作物耐旱研究显得尤为迫切。

大豆需水量较多,根系不发达,是豆类作物中对水分最敏感的植物(Condon et al.,2004),干旱使大豆单产降低 40%(Specht et al.,1999),严重时可能达到 80%(Oya et al.,2004;Guimarães-Dias et al.,2012)。我国三江平原和松嫩平原连年呈中度及以上旱情;黄淮海平原地区超过 70% 的面积呈中度及以上旱情。在我国西北部分地区(如甘肃等),年降水量少于 200 mm(Jones,2007),估计因为干旱而造成的作物减产相当于其他不利因素造成损失的总和。不仅北方受到干旱威胁,南方也会因降雨量时空分布不均而经常发生季节性干旱。筛选大豆耐旱种质,培育耐旱品种是解决这一问题最经济有效的途径(Hwang et al.,2015;Ye et al.,2018)。

大豆苗期耐旱性评价主要采用反复干旱法。反复干旱法采用盆栽试验,在大豆三叶期进行干旱处理,当土壤含水量达到 15%~10% 时复水,重复 2 次,以最终存活苗的百分率评价种质的耐旱性。王伟等(2015)利用反复干旱法评价苗期耐旱性,共筛选苗期耐旱种质 3 份。研究人员对 63 份大豆种质进行苗期耐旱性鉴定,利用隶属函数法综合评价共筛选出耐旱品种 11 份。王应党等(2017)利用反复干旱法,以地上部分大豆植株干重、株高、主根长度和根干重为指标对 210 份大豆进行耐旱性评价,通过主成分分析、聚类分析和隶属函数值法共筛选出 5 份高耐种质。

谢皓等(2008)选用 43 个大豆品种进行盆栽干旱胁迫试验,并对叶片萎蔫度、抗旱系数、抗旱指数和隶属函数等指标进行了综合评定,筛选出 3 个高抗旱型品种,8 个中抗旱

型品种。吴伟等(2005)选用了12个大豆品种进行室内干旱胁迫和盆栽干旱胁迫试验,对品种间苗期的吸水率、萌发率、发芽率、根长等指标进行评定,筛选出1个出苗期与成株期均抗旱的品种L65-1914。陈学珍等(2005)采用实验室鉴定的方法,研究了20个大豆品种的芽期抗旱性,结果表明在30%的PEG6000高渗溶液培养条件下,种子吸水速度快、萌发时间短、吸水率小、相对发芽势和发芽率高的品种,具有较强的抗旱性;试验还鉴定出3份抗旱性种质。孔照胜等(2001)采用大棚和盆栽相结合的方法,研究了不同品种大豆开花结荚期多项生理指标与大豆抗旱性的关系,结果表明叶片相对含水量、净光合速率、相对电导率与超氧化物歧化酶活性等生理指标的隶属函数加权平均值(D值)与抗旱系数的相关性达极显著水平,可用于大豆品种的抗旱性评价与分级。李贵全等(2006)采用主成分分析结合隶属函数求出隶属值的方法评价不同生态类型大豆品种的抗旱性,评选出2个高抗旱大豆品种。王敏等(2010)利用相关、主成分、聚类和判别分析方法,分析并确立了相对株高、叶片黄化脱落节位、背面茸毛密度、相对百粒质量和抗旱系数5个对品种抗旱性分类有显著影响的指标,并按这些指标将供试大豆种质划分为高抗、抗、敏感、高度敏感4个类型;其中,供试的野生、半野生大豆材料均划分在高抗旱类型中。这些为培育耐旱大豆新品种奠定了必要的理论基础。

寒地野生大豆苗期耐旱性鉴定方法及评价标准参照《北方寒地春大豆抗旱高产产量性能特征及关键技术调控效应的研究》中的鉴定方法和标准,$ADS_E = (ADS - ADS_A) \cdot ADS_A$,其中$ADS_E$为校正品种干旱反复存活率校正值,即校正品种本次实测值与校正值偏差的百分率,ADS为校正品种干旱存活率实测值,ADS_A为校正品种干旱存活率的校正值,即多次幼苗干旱存活率试验结果的平均值。根据计算结果和下列标准确定寒地野生大豆苗期耐旱性的级别(来永才,2015)。寒地野生大豆苗期耐旱性评价与分级标准见表3-21。

表3-21 寒地野生大豆苗期耐旱性评价与分级标准

级别	类型	标准(干旱反复存活率校正值ADS_E)
1	极强(HR)	$ADS_E \geq 70.0\%$
2	强(R)	$60.0\% < ADS_E \leq 69.9\%$
3	中等(MR)	$50.0\% < ADS_E \leq 59.9\%$
4	弱(S)	$40.0\% < ADS_E \leq 49.9\%$
5	极弱(HS)	$ADS_E \leq 39.9\%$

目前,挖掘抗旱大豆种质资源、培育耐旱大豆品种、进行大豆的耐旱性研究已成为推动干旱地区农业发展的重大课题。野生大豆对环境的适应能力很强,在低洼地、盐碱地以及干旱土壤上都可以生长。关于野生大豆耐旱性的鉴定,前人已做过一些报道。史宏等(2003)对13份野生大豆做进一步抗旱性评价,并与半野生大豆、人工栽培大豆的抗旱性进行比较,结果表明野生大豆中存在高度抗旱基因型。在对野生大豆和栽培大豆进行抗

旱对比试验中发现,野生大豆抗旱能力高于栽培大豆。有研究对收集和征集的228份野生大豆、52份地方品种、13份审定品种进行了耐旱性初步鉴定,获得部分抗旱资源,并得出野生大豆材料的平均耐旱性高于地方品种和审定品种。纪展波等(2012)的研究发现,野生大豆、半野生大豆和栽培大豆在水分胁迫条件下,野生大豆的生理指标的表现优于半野生大豆和栽培大豆,表明野生大豆有很强的适旱能力。来永才(2015)根据寒地野生大豆耐逆性状鉴定评价标准,对收集的2 556份野生大豆种质资源的苗期耐旱性进行评价分析,结果表明大部分资源干旱反复存活率校正值在20%～80%之间,筛选抗旱资源4份。

四、寒地野生大豆疫霉根腐病抗性评价与分析

大豆疫霉根腐病是一种土传性真菌病害,是严重影响大豆生产的破坏性病害之一。该病于1948年首先发生于美国的印第安纳州,在世界各主要大豆生产区均有不同程度的发生。自1989年沈崇尧和苏彦纯首次在我国大豆主产区分离到大豆疫霉根腐病病原菌以来,该病已经成为我国大豆主要病害之一,对我国大豆生产造成严重威胁。该病一般可使大豆减产10%～40%,病害发生严重的地区可造成绝产(Anderson,2003)。大豆对大豆疫霉菌的抗性由显性单基因控制(Schmitthenner,1985),种植抗、耐病品种仍然是防治大豆疫霉根腐病的有效手段(张淑珍等,2004)。但是大豆疫霉菌的生理小种很多,新小种的出现也较快,为确保抗性育种的持久发展,必须不断地拓宽基因资源,挖掘新的抗性资源,避免因栽培大豆品种的单一化所导致的大豆品种遗传基础越来越狭窄,从而造成大豆品种抗性多样性降低的问题。

野生大豆是栽培大豆的原始祖先种,被认为是拓宽大豆遗传基础,实现大豆种质改良的重要种质资源。鉴定野生大豆资源的疫霉根腐病抗病性,筛选抗病野生大豆资源,不仅为野生大豆的评价与利用提供数据支持,也为大豆抗病育种提供种质资源,达到拓宽栽培大豆遗传基础的目的。

目前,用于大豆疫霉根腐病抗病性鉴定的方法还是以下胚轴接菌法为主。1958年,Kaufmann和Gerdemann首先应用下胚轴伤口接种方法鉴定大豆对疫霉根腐病的抗性。此后,下胚轴接种法便成为鉴别大豆疫霉菌生理小种以及鉴定大豆抗病性的基本方法。此外,还有下胚轴注射法以及菌悬液灌根法等。然而,活体接菌的最大弊端就是无法保留遗传分析过程中所需要保存的感病植株。为了解决这一问题,1978年Morrison等利用子叶接种法进行抗病鉴定;2009年,于安亮等再次证明了子叶接种法进行大豆疫霉根腐病抗性鉴定准确可行,这种离体的鉴定方式有效地解决了无法保留感病材料的问题。

对于野生大豆来说,由于其独特的生长特点,下胚轴细且弱,子叶小而薄,使其在鉴定过程中操作比较困难,因此常规的鉴定方法不适用。刘淼等(2017a)利用离体叶片接种法鉴定野生大豆疫霉根腐病抗病性,建立野生大豆疫霉根腐病抗性鉴定体系,并证明该方法与常规方法一样可靠。寒地野生大豆疫霉根腐病抗性鉴定采用离体叶片接种方法(刘淼

等,2017a),评价标准参考 Yang(1996)的抗感情况分型标准,根据调查结果及表 3－22 中的标准,确定寒地野生大豆疫霉根腐病抗感类型,发病率=(发病叶片数/接种叶片数)×100%。寒地野生大豆疫霉根腐病抗感类型及评价分类标准见表 3－22。

表 3－22 寒地野生大豆疫霉根腐病抗感类型及评价分类标准

类型	标准(发病率)
抗病类型(R)	发病率≤30%
中间类型(I)	30%＜发病率＜70%
感病类型(S)	发病率≥70%

霍云龙等(2005)对抗大豆疫霉根腐病野生大豆资源进行了初步筛选。共检测来自 21 个省、市和自治区的野生大豆资源 412 份,并获得 56 份抗病资源及 63 份中间型材料。然而这些被检测的资源中并没有黑龙江省的野生大豆资源。靳立梅等(2007)对来自全国 19 个省份的 415 份野生大豆资源进行了抗性鉴定,并获得抗病资源 96 份,中抗的资源有 152 份。被检测的野生资源中仅有 54 份来自黑龙江省。刘淼等(2017b)对 620 份黑龙江省寒地野生大豆进行大豆疫霉菌 1 号、3 号、4 号生理小种鉴定,获得抗 1 号生理小种的野生大豆资源 55 份,抗 3 号生理小种的野生大豆资源 52 份,抗 4 号生理小种的野生大豆资源 62 份,共获得兼抗资源 27 份,其中双抗资源 23 份,三抗资源 4 份。对收集的 2 556 份寒地野生大豆种质资源的大豆疫霉根腐病抗性进行评价分析,以期探讨野生大豆的抗性水平和分布,并获得抗性野生大豆资源。来永才(2015)通过苗期叶片接种大豆疫霉菌 1 号生理小种对野生大豆资源进行抗病性鉴定,分析表明大部分野生大豆资源接种后的发病率为 30%~100%。

五、寒地野生大豆孢囊线虫病抗性评价与分析

大豆孢囊线虫(SCN)是一种土传、专性、固着、内寄生植物病原线虫,是引起大豆黄萎病的病源,是导致大豆减产的破坏力极强的大豆虫害之一,是生产上最为重要的病原之一(Wrather et al.,2009),从世界范围看,在欧洲、亚洲、美洲等都有出现,特别是在美国、加拿大、巴西、日本等大豆主产国危害更为严重。美国每年因大豆孢囊线虫造成的产量损失约为 4.6 亿~8.18 亿美元(Klink et al.,2007)。其特点是分布广、危害重、寄主范围宽、传播途径多、存活时间长,因而极难防治。大豆孢囊线虫侵入大豆的根部,与植株竞争营养物质,使根部不能正常获得养分和水分,致使根系结构发育不良,功能减弱,病害严重者甚至腐烂,最终导致地上部分植株生长衰弱、叶片枯黄、结荚减少,甚至整株死亡(Okada,1971;Riggs et al.,1988;陈景生等,2010)。

在我国,该病害主要分布在三个大豆主产区,即东北三省、黄淮地区、内蒙古地区,黑龙江、吉林、辽宁、内蒙古、山西、山东、河南、河北、安徽、江苏和浙江等 10 多个省(自治区)

均有不同程度发生,受害面积达 200 万 hm^2 以上,尤其在干旱、盐碱地危害更为严重(于宝泉等,2012;段玉玺等,2002)。一般可致减产 30%~50%,严重时甚至可导致绝产,造成巨大的经济损失。大豆孢囊线虫存在明显的生理分化现象。理论上包括 16 个生理小种,到目前为止已经发现了除 11 号和 13 号生理小种以外的 14 个生理小种。我国已报道有 1 号、2 号、3 号、4 号、5 号、6 号、7 号和 14 号 8 个生理小种,其中 4 号生理小种侵染力最强。黄淮海大豆产区以 4 号生理小种发生最为普遍,而东北大豆产区则以 3 号生理小种为主(陈景生等,2010)。

大豆对孢囊线虫抗性的鉴定标准主要根据大豆植株根部着生的孢囊数来判定。划分抗性的数据来源有两套体系:一是直接以根上的孢囊的绝对数目来判断,二是根据寄生指数(IP),IP = (测试植株的孢囊平均数/Lee68 孢囊平均数) × 100%,即测试植株根上着生的孢囊数占感虫对照根上孢囊数的百分比来判断。由于大豆孢囊线虫抗性划分的人为性,不同时期、不同鉴定者对抗性的判定标准差异很大。目前,在美国采用孢囊数判定抗性的划分指标多为高抗 0~5 个,中抗 6~10 个,中感 11~30 个,高感 30 个以上。但是直接以孢囊的绝对数判定抗性,常常因土壤中线虫密度的不同或其他条件的不一致,造成鉴定结果的差异。有研究人员在生理小种鉴定中,以寄主植物孢囊量占对照 Lee 的孢囊量 10% 为标准,将评价品种抗病性的标准分为两级,即 IP < 10% 为抗病,IP > 10% 为感病。这种方法显然不能真实反映植物的抗病程度。还有研究人员采用 IP 四级分级标准,即高抗 IP < 10%,中抗 10% < IP < 25%,中感 25% < IP < 50%,高感 IP ≥ 50%。Schmitt 等(1992)总结了多数育种家的意见,提出鉴定大豆抗病性的 IP 标准,即高抗 0~9%,中抗 10%~30%,中感 31%~60%,高感大于 60%。我国在抗性鉴定标准上也有较大发展。有研究人员提出了类似孢囊指数的抗性值(RV)这个概念。将抗性级别分为 5 级,每级抗性值变幅为 25,高感时抗性值为 0;孢囊数为 0 时,抗性值为 100;当抗性级别为感、中间、抗时,$RV = (b - d - X) × 25/2d$;当抗性级别为高抗时,若 $a < b$,$RV = (b - d - X) × 25/(d + a)$,否则用上式计算抗性值。有学者参考盖钧镒等在研究大豆对豆秆黑潜蝇的抗性时采用的标准品种分级法,把大豆对大豆孢囊线虫的抗性分为 5 级,即高抗,$X < a + d$;抗,$a + d < X < a + 3d$;中间,$a + 3d < X < a + 5d$;感,$a + 5d < X < a + 7d$;高感,$X > a + 7d$。其中 $d = (b - a)/8$,X 为单株孢囊数,a、b 分别为几份高抗、几份高感品种的平均孢囊数。这种划分方法称为标准品种法。有学者根据多年的研究利用塑料钵柱法进行大豆抗孢囊线虫抗性分析,提出类似美国采用孢囊数鉴定抗性的抗性划分标准。他们认为在每 100 g 供试的虫土中所含的孢囊数为 100 个时,抗性鉴定结果比较稳定、可靠。以根部的孢囊数作为鉴定的抗性标准,孢囊数在 0~5 个为抗;孢囊数在 5 个以上为感。史宏(2004)应用孢囊指数分级标准,把分级标准分为以下等级:孢囊指数 0~9% 为高抗(VR),10%~30% 为中抗(MR),31%~60% 为中感(MS),大于 60% 为高感(VS)。同时提出,可按照实际情况以当地主栽感病对照代替国际感病对照 Lee,由于病土孢囊含量为每 100 g 风干土的平均孢囊含量(85~145 个),远远高于统一抗性鉴定的每 100 g 风干土的平均孢囊含量(30~50 个),旨在拓宽黄种皮抗病品种的选择范围。

寒地野生大豆孢囊线虫病抗性鉴定方法及评价标准参照《大豆种质资源描述规范和数据标准》中的有关鉴定和评价标准。来永才(2015)根据根系孢囊数量多少,确定寒地野生大豆孢囊线虫病抗性级别。寒地野生大豆孢囊线虫病抗性评价与分级标准见表3-23。

表3-23 寒地野生大豆孢囊线虫病抗性评价与分级标准

级别	类型	根系孢囊数量	植株表现
0	免疫(I)	根系孢囊数量=0个	植株生长正常
1	高抗(HR)	0个<根系孢囊数量≤3.0个	植株生长正常
3	抗(R)	3.0个<根系孢囊数量≤10.0个	植株生长基本正常或部分矮黄
7	感(S)	10.0个<根系孢囊数量≤30.0个	植株矮小,叶片发黄,结实少
9	高感(HS)	根系孢囊数量>30.0个	植株不结实,干枯死亡

美国和日本的抗原筛选工作较为出色,并获得了包括Peking和PI437654在内的多个著名抗原(张军等,2002)。有外国学者通过双行法从2 800份材料中获得了包括Peking在内的8份高抗材料,而Anand等将来自世界各地的9 153份种质对大豆孢囊线虫3号、5号以及14号生理小种的抗性进行了鉴定,得到对3号小种高抗的材料19份、中抗材料15份;对5号小种高抗的材料7份、中抗材料2份;对14号小种高抗的材料7份、中抗材料3份。其中对5号和14号表现抗性的材料都抗3号小种,其中的PI437654则是抗当时所发现的全部生理小种优质抗原材料(刘大伟,2011)。

目前,我国针对大豆孢囊线虫病抗性资源筛选的研究相对较多。有学者采用PVC柱法在温室内鉴定了300份大豆种质资源分别对大豆孢囊线虫3号和4号生理小种的抗性。用3号生理小种测定得到了抗性表现免疫的种质资源12份,表现高抗的28份,表现中抗的39份,分别占测试材料的4.0%、9.3%和13.0%;用4号生理小种测定得到了免疫的种质材料8份,高抗的18份和中抗的51份,分别占测试材料的2.7%、6.0%和17.0%。对2个生理小种的毒力差异比较表明,20份大豆种质资源的抗性表现差异明显,4号生理小种的毒力比3号生理小种强。有学者采用酸性品红染色法,在温室内对200份栽培大豆种质资源进行了大豆孢囊线虫1号、3号、4号生理小种的抗性鉴定。筛选得到对1号生理小种表现高抗的品种资源2份,表现中抗的23份;对3号生理小种表现高抗的品种资源5份,表现中抗的26份;对4号生理小种表现高抗的品种资源3份,中抗14份。其中兼抗1号、3号和4号生理小种的品种资源4份;兼抗1号和3号生理小种的品种资源5份;兼抗1号和4号生理小种的品种资源3份;兼抗3号和4号生理小种的品种资源3份。有学者通过温室盆栽试验评价了300份大豆种质对大豆孢囊线虫3号和4号生理小种的抗性。分别筛选到高抗和中抗3号生理小种的大豆种质27份和21份;高抗和中抗 4 号生理小种的大豆种质 11 份和 9 份。在所有供试材料中有 10 份材料同时对大豆孢囊线虫 3 号和 4 号生理小种表现高抗。

然而,针对野生大豆的研究,尤其是针对寒地野生大豆的研究较少。姚振纯等(1989,1994)对黑龙江省内外 709 份野生大豆分别在黑龙江省肇东市四方山军马场病圃和院内进行盆栽接种及鉴定。肇东市四方山军马场病圃每 100 g 病土含 3 号生理小种孢囊 20 个以上,5 月上旬播种,2 m 行长,单行区,行距 70 cm,株距 10 cm,每隔 20 行设一感病对照(Lee)和抗病对照(Peking),6 月下旬至 7 月上旬,根据地上部植株生育状况进行抗病性的初步鉴定,对植株生育正常和基本正常的材料,在院内盆栽场进行盆栽接种鉴定。盆栽鉴定以每 100 g 风干土含有 30 个以上孢囊的病土装盆,5 月上旬播种,每份试材播 4 盆,每盆留苗 3~4 株,6 月下旬调查根系孢囊数量。以大豆根系无孢囊为 0 级(免疫),1~3 个孢囊为 1 级(抗),3~10 个孢囊为 2 级(中抗),孢囊在 10~30 个为 3 级(感),孢囊在 30 个以上为 4 级(高感)作为病级标准。在 709 份野生大豆中,筛选出对大豆孢囊线虫 3 号小种高抗材料 7 份,未获得免疫类型野生大豆资源。来永才(2015)根据前人的研究结果制定了寒地野生大豆孢囊线虫病抗性评价标准,并对收集的 2 556 份寒地野生大豆种质资源进行大豆孢囊线虫病抗性评价分析,筛选出抗黑龙江省大豆孢囊线虫优势小种——3 号生理小种的寒地野生大豆资源 2 份。

六、寒地野生大豆灰斑病抗性评价与分析

由大豆灰斑病菌引起的大豆灰斑病,在 1915 年由 Hara 首先在日本发现,此后在美国、英国、苏联、中国、加拿大、澳大利亚、巴西、委内瑞拉、危地马拉等国均有发生。至今大豆灰斑病已发展成为一种世界性病害。在我国大豆灰斑病的发生也很普遍,自 1921 年发现以来,遍及各大豆种植区,主要分布在黑龙江、吉林、辽宁、河北、山东、安徽、江苏、四川、广西、云南等省(自治区)。尤以黑龙江省最为严重(刘忠堂,1991),是大豆的主要病害之一。该病对大豆的叶、茎、荚、籽实均能造成危害,以叶和籽实危害最重。对叶片的危害主要是在叶片上形成坏死斑,并能重复感染,导致叶片枯黄,直至脱落,严重影响产量。在一般自然发病条件下,能使大豆减产 3%~15.6%。黑龙江省农业科学院合江农科所在接种条件下调查,叶片发病 2~3 级,减产 5%~10%,发病 4~5 级,减产 31%。此病对籽实的危害是在籽实上形成圆形至不规则形病斑,中央灰色,边缘暗褐色,似"蛙眼"状,影响产品外观品质。感病籽粒蛋白质含量下降 1.2%,脂肪含量下降 2.9%,百粒重降低(刘忠堂,1985),并且种子发芽率也降低,直接影响大豆加工质量和农民收入。

大豆灰斑病菌的生理小种多数具有广泛的适应性,不同地区的小种经常发生变化。美国 1952 年首次报道了大豆灰斑病菌的生理分化现象,鉴定出 1 号、2 号小种(Athow et al.,1962)。我国大豆灰斑病菌的生理分化现象亦十分明显,1981—1987 年黑龙江省农业科学院合江农科所采用钢 5151、九农 1 号、双跃 4 号、合交 69-231、ogden、合丰 22 号 6 个鉴别寄主,先后鉴别出 11 个生理小种,明确指出 1 号、7 号、10 号小种为黑龙江省优势小

种,其出现频率分别为50%、22%、9%(黄桂潮等,1984;霍虹等,1988;马淑梅等,1994)。

虽然大豆灰斑病发生范围非常广泛,但大豆群体内无论野生材料,还是栽培材料中都有一定的抗性资源,这就为大豆抗灰斑病育种的可行性提供了前提和基础。国内外学者对抗原的筛选和利用做了大量工作,美国在20世纪50年代中期和后期就筛选出一批抗性好的材料,并培育了一批抗大豆灰斑病的品种,基本上控制了灰斑病在美国的发生(廖林,1992)。我国开展这一工作比较晚,朱希敏(1988)、齐宁(1987)、万学巨(1987)以及合江农科所(刘忠堂,1986)和东北农业大学大豆研究所(李海英等,1996;张丽娟等,1997)等分别对黑龙江省、辽宁省、吉林省的栽培大豆品种进行了灰斑病抗性鉴定和筛选,吴秀红(2002)对224份包括黑龙江省生产的主栽品种、新品系、国外品种进行了大豆灰斑病菌1~10号生理小种抗性鉴定。

目前大豆灰斑病病情的调查统计方法主要有病斑型级数法和病情指数法。大豆单生理小种鉴定采用大豆灰斑病病斑型级数法,根据抗病和感病的划分标准,即病斑型级数0~3的为抗病反应型,记为R,包括病斑表现型为S_1、S_2、S_3、M_1;病斑型级数4~6的为中间反应型,记为I,包括病斑表现型为S_4、M_2、B_1;病斑型级数8~20的为感病反应型,记为S,包括病斑表现型为M_3、M_4、B_2、B_3、B_4。大豆灰斑病病情分级标准见表3-24。

表3-24 大豆灰斑病病情分级标准

病斑数	权重系数	S	N	M	B
		病斑大小(直径)			
		<1 mm	1~2 mm	3~4 mm	>4 mm
		权重系数			
		1	2	3	5
0	0	0	0	0	0
1~4	1	1	2	3	5
5~10	2	2	4	6	10
11~19	3	3	6	9	15
>20	4	4	8	12	20

病情指数法计算公式:病情指数 = ($\sum$(病级×该病发病材料的株数)/供试材料总株数×最高级代表值)×100%。病害分级标准如下。

0级:植株叶片无病或有极少数病斑。

1级:多数植株仅少数叶片发病,发病叶片的病斑数在5个以下。

2级:多数植株少部分叶片发病,发病叶片有少量病斑,分布面积占叶片总面积的1/4以下。

3级:植株大部分叶片发病,发病叶片病斑分布面积为叶片总面积的1/2。

4级:植株叶片普遍有多量病斑,少数叶片因病提早枯死。

5级:植株叶片普遍有多量病斑,多数叶片因病提早枯死。

寒地野生大豆灰斑病抗性鉴定参照大豆灰斑病鉴定体方法及评价标准,采用姚振纯等(1986)叶部病斑计数法,病害分级标准见表3-25。

表3-25 寒地野生大豆灰斑病抗性评价与分级标准

级别	类型	分级标准
0	免疫	全区植株无病斑
1	抗	全区植株仅有少数叶片发病,叶斑数不超过5个
2	中抗	多数植株少部分叶片发病,发病叶片有少量病斑,分布面积占叶片总面积的5%~20%
3	中感	植株大部分叶片发病,发病叶片病斑较多,发病叶片病斑分布面积为叶片总面积的20%~50%
4	感	植株叶片普遍有多量病斑,病斑占叶片面积的75%,少数叶片因病提早枯死
5	重感	植株叶片普遍有多量病斑,病斑占叶片面积的90%以上,多数叶片因病提早枯死

姚振纯等(1986)对158份野生大豆材料进行了抗灰斑病鉴定,感染灰斑病3级以上的材料36份,占所测总数的23%,0级(免疫)材料57份,1级(抗)材料38份,共占鉴定材料总数的60%。

七、寒地野生大豆花叶病毒病抗性评价与分析

大豆花叶病毒(SMV)是马铃薯Y病毒属(*Potyvirus*)成员,具有典型的 *Potyvirus* 病毒的结构特征,主要通过种子带毒和蚜虫进行传播。大豆花叶病毒的致死温度为55~65℃,常温下体外可存活3~14天(陈永萱等,1981),0℃下可存活达120天,温度越低,存活期越长,但是大豆花叶病毒经过紫外线照射2 h后立即失去活性。大豆花叶病毒寄主范围较窄,大部分株系只能侵染大豆及其野生近缘种。一些株系也可侵染其他豆科植物,例如豌豆、扁豆、蚕豆和菜豆等。

大豆花叶病毒病是大豆生产上的主要病害之一,在世界范围内广泛分布,常常造成大豆产量降低、种皮斑驳以及幼苗活力降低(Elamrety et al.,2015)。大豆花叶病毒在大豆植株上的症状主要表现为花叶和坏死。花叶症状表现在感染初期,嫩叶上出现明脉,随着病程的发展,陆续出现轻花叶、花叶、黄斑花叶、叶片向下反卷,有些还出现疮叶、畸形叶、皱缩、叶片增厚发脆、植株矮化等畸形症状。坏死型症状在感染初期主要表现为叶片上出现褐色小枯斑或叶脉坏死,随后坏死部分沿叶脉扩大甚至连成一片,严重时叶片脱落。某些品种在感染特定株系后,主茎生长点发生坏死,形成"顶枯"。大豆花叶病毒存在不同

的株系,这些株系对相同大豆品种的侵染能力不同,不同品种的大豆对相同大豆花叶病毒株系抗性也不同。大豆花叶病毒与大豆在长期共同进化过程中,分化产生了不同致病类群,通常将每一个致病类群称为一个株系。大豆花叶病毒不同株系的划分主要基于其在不同大豆鉴别寄主上的表型差异(Makkouk et al.,2006)。目前,国内外对于大豆花叶病毒株系划分并没有统一的标准,由于使用的鉴别寄主不同,所以形成不同的大豆花叶病毒株系划分体系。

在美国,Cho 等(1979)用 2 个感病品种和 6 个抗病品种作为鉴别寄主,将 98 个大豆花叶病毒分离物划分为 G1~G7 7 个株系,后来又增加了 G7A 和 C14 2 个株系(Buzzell et al.,1984;Lim,1985)。韩国与美国共用一套大豆花叶病毒株系鉴别体系,还发现 G5H、G6 和 G7H 3 个新的株系(Kim,1991;Seo et al.,2009)。我国也有多位学者对大豆花叶病毒株系进行了鉴定报道。濮祖芹等(1982)用 6 个大豆品系、2 个扁豆品系和 1 个菜豆品系作为鉴别寄主,将江苏和黑龙江地区的大豆花叶病毒划分为 Sa~Sf 6 个株系。陈永萱等(1986)在濮祖芹等人的研究基础上,又鉴定出 Sg 和 Sh 2 个新株系。有研究人员利用 10 个大豆品系作为鉴别寄主,将湖北地区的大豆花叶病毒划分为 2 个株系(S1 和 S2)。吕文清等(1985)利用 7 个大豆品系将东北三省 29 个市县的大豆花叶病毒划分为 N1~N3 3 个主要株系群。后来张明厚等(1998)在此基础上,将我国东北三省、北京和山东采集的大豆花叶病毒样本进一步划分为 7 个亚群共 13 个株系。罗瑞悟等(1990)运用 6 个大豆品系将采集的 145 个大豆花叶病毒样本划分为 Sd1~Sd6 6 个株系。后来,尚佑芬等(1999)在罗瑞梧等人的基础上增加了 2 个大豆品系,将采集于黄淮地区 8 省市的 202 个大豆花叶病毒样本划分为 Y1~Y7 7 个株系。以上结果说明,在我国早期的大豆花叶病毒研究中,并没有形成统一的株系鉴别体系,这不利于大豆抗大豆花叶病毒资源的筛选。因此,国家大豆改良中心在国内外不同大豆花叶病毒株系鉴别体系的基础上,利用 10 个大豆品系作为统一的鉴别寄主,对我国东北、黄淮、长江中下游以及南方地区采集的数百份大豆花叶病毒样本进行了鉴定,最终划分出 21 个大豆花叶病毒株系(SC1~SC21)(Wang et al.,2005;Li et al.,2010;智海剑等,2006)。

目前,大豆抗花叶病毒病鉴定主要依据 NY/T 3114.1—2017 技术规范进行,该规范规定了大豆抗花叶病毒病鉴定技术方法和抗性评价标准,见表 3-26。

表 3-26 大豆对花叶病毒病抗性评价标准

病情指数(DI)	抗性评价
$0 \leq DI \leq 20$	高抗(HR)
$20 < DI \leq 35$	抗病(R)
$35 < DI \leq 50$	中抗(MR)
$50 < DI \leq 70$	感病(S)
$70 < DI \leq 100$	高感(HS)

寒地野生大豆抗花叶病毒病鉴定标准参考大豆抗花叶病毒病鉴定技术规范,通过接种病毒后计算发病率和病情指数,并根据抗病指数划分病情等级。其中,发病率=发病株数/调查总株数×100%;病情指数=$\sum$(各级株数×相应级数)/(调查总株数×4)×100%。其抗性划分为以下几个级别,见表3-27。

表3-27 寒地野生大豆花叶病毒病抗性评价与分级标准

级别	病情指数/%	抗病性
1	0	高抗(HR)
2	1~15	抗(R)
3	16~35	中抗(MR)
4	36~50	中感(MS)
5	51~70	感(S)
6	>70	高感(HS)

关于野生大豆抗大豆花叶病毒资源筛选工作已有一定开展。孙永吉等(1991)对800余份野生大豆进行抗性鉴定,筛选出2份抗病材料,11份中抗材料,5份高抗材料。姚振纯等(1989,1994)1982—1984年在野生大豆资源圃内,种植诱发行,在不防蚜虫的情况下,自然发病,交叉感染。3年间,707份野生大豆有697份感病,表现为叶片皱缩、植株矮化,甚至少数无毛荚,无症状反应的有10份。1985年,在抗病鉴定圃幼苗一片复叶时,对上述10份野生大豆进行3号强毒株系常规汁液摩擦接种,8月中下旬,采用5级标准调查感病情况,确定ZYD15、ZYD504抗性为免疫-抗(0~1级),野生大豆抗大豆花叶病毒的抗原为鉴定材料的0.3%。徐刚(2008)对138份野生大豆分别接种大豆花叶病毒SC7和N3株系,结果发现3份野生大豆材料对SC7表现抗病,5份材料对N3表现抗病。徐刚等(2008)对65份野生大豆分别摩擦接种2个大豆花叶病毒株系(N3和SC7),结果发现4份野生大豆材料(ZYD03158、ZYD03294、ZYD03315和ZYD03423)抗N3株系,2份野生大豆(ZYD02726和ZYD03294)抗SC7株系,ZYD03294兼抗N3和SC7株系,用N3和SC7 2个株系接种野生大豆居群资源,结果鉴定出18个对2个株系表现中抗的种质。陈珊宇(2009)对93份野生大豆分别摩擦接种4个大豆花叶病毒株系,采用的这4个大豆花叶病毒株系是国内大豆产区的流行株系,SC3与SC7是黄淮与南方大豆产区大豆花叶病毒主要流行株系,SC11与SC13是东北大豆产区大豆花叶病毒主要流行株系,结果发现ZYD03715和ZYD04257对3个株系表现无症状,ZYD04856和ZYD04203对2个株系表现无症状。史凤玉等(2010)对来源于河北东部地区的85份野生大豆材料进行抗性筛选,筛选5份抗病材料,14份中抗材料。李开盛等(2011)对山东和上海的2个野生大豆居群后代(共108份材料)分别摩擦接种大豆花叶病毒N3和SC7株系,结果从山东居群中筛选出4份高抗N3株系和5份高抗SC7株系,并且在多年生野生大豆中发现1份材料高抗N3株系。陈爱国等(2020)对不同原生境类型的120份野生大豆材料进行了田间抗大豆

花叶病毒 SMV-1、SMV-3 株系的鉴定评价,对 SMV-1 表现高抗材料 1 份,抗病材料 7 份,中抗材料 22 份,中感材料 34 份,感病材料 40 份,高感材料 16 份;对 SMV-3 表现抗病材料 6 份,中抗材料 19 份,中感材料 24 份,感病材料 30 份,高感材料 41 份。

八、寒地野生大豆蚜虫抗性评价与分析

大豆蚜虫俗称腻虫,属同翅目(Homoptera),蚜科(Aphididae)蚜属(*Aphis*),又名蜜虫,有翅胎生雌蚜卵圆形,黄或黄褐色,无翅胎生雌蚜长椭圆形,黄或黄绿色,触角比身体短。大豆蚜虫源自东亚,分布范围包括中国、日本、俄罗斯中部、菲律宾、韩国、泰国等地区,一直威胁着大豆产量,使其品质大大降低。随着全球变暖,大豆蚜虫发生面积和程度有逐年增加的趋势,已经由亚洲扩散到欧洲及美洲,严重威胁着世界大豆的生产。

大豆蚜虫是造成大豆减产最严重的一种昆虫,每年都造成很大的经济损失。大豆蚜虫主要集中在生长点顶叶、嫩叶、嫩茎和叶柄上,严重时布满茎叶,刺吸汁液,在后期还可侵害嫩荚,蚜虫布满豆荚,影响其正常生长。受害严重的植株表现为茎叶卷缩,植株矮小,生长停滞,植株营养不良,叶片萎蔫并逐渐脱落,分枝及结荚均减少,豆粒百粒重降低;发生严重时可致整株死亡(王承纶等,1962)。大豆蚜虫大发生年份如不及时防治,轻则减产 20%~30%,重则减产达 50% 以上。大豆蚜虫会分泌蜜露,招致大量霉菌侵染植株,引起霉污病,影响植物光合作用,最终导致大豆产量降低。

筛选抗性植株,抗性资源是防治蚜虫最有效最具前景的方法。抗性植株既可达到防治大豆蚜虫爆发的目的,又解决了因大量使用化学药品对环境造成的危害、对生物多样性的破坏,同时也保护了蚜虫的天敌。研究发现,从我国野生大豆资源中筛选出了一些抗性资源,而在栽培大豆中,除几个无毛的裸大豆品系外,没有高抗大豆蚜虫种质。因此,可以得出结论,在野生大豆资源库中筛选出抗性材料的概率较大,而且能筛选出高抗材料。

抗性分级标准的建立是作物抗逆遗传学研究中的重要环节,直接影响基因定位的结果。2005 年,确立了第一个大豆抗蚜虫分级标准,分为 0 级~4 级,即 0 级 = 无蚜虫,植株健康;1 级 ≤ 100 头蚜虫,植株表现健康;2 级 = 101~300 头蚜虫,大部分蚜虫在幼叶和茎顶端,但植株仍然生长正常;3 级 = 301~800 头蚜虫,叶片轻微卷曲,幼叶和茎上有蚜虫;4 级 ≥ 800 头蚜虫,植株严重萎蔫,叶片卷曲呈现黄色,并有乌黑色霉菌。孟凡立等(2010)对栽培大豆资源进行抗性鉴定时也采用该分级标准。Li 等(2007)以苗期每植株接种蚜虫,3 周后调查,将大豆抗蚜虫分为 0~4 级:0 级 = 无蚜虫;1 级 = 几头蚜虫;2 级 = 少数蚜虫;3 级 = 有浓密的蚜虫;4 级 = 有浓密的蚜虫且植株生长不良。其中 0~2 级为抗蚜,3~4 级为感蚜。采用这一标准,定位到了第一个抗蚜虫基因"Rag1"。Mian 等(2008)在对抗蚜虫资源筛选中确定了又一个分级标准,苗期每植株接种 20~30 头若蚜,2 周和 4 周后分别调查蚜虫数量,将大豆抗蚜虫分为 5 级,2 周后的标准为 1 级 ≤ 25 头;2 级 = 25~100 头;3 级 = 101~200 头;4 级 = 201~400 头;5 级 > 400 头。4 周后的标准为 1 级 ≤ 25 头;2 级 = 25~100 头;3 级 = 101~300 头;4 级 = 301~600 头;5 级 ≥ 600 头。Mian 等(2008)接种 3 周后调查,分级标准为 1 级 = 无蚜虫;2 级 ≤ 25 头;3 级 = 25~100 头;4 级 = 有浓

密的蚜虫(大于300头);5级=与"4"相似且植株生长不良。Mensah等(2008)按照苗期每植株接种2头若蚜,2周、3周、4周后分别调查,研究中用到了2个标准:一个是2005年Mensah等的标准,另一个标准为结合植株受害表型与蚜虫数量,0级=无蚜虫,0.5级≤10头,1级=11~100头,1.5级=101~150头,2.0级=151~300头,2.5级=301~500头,3.0级=500~800头,3.5级≥800头,4.0级≥800头。Zhang等(2009,2010)在抗蚜鉴定的方法上与以上有少许不同,即在田间和温室两种条件下分别进行选择性试验,3周和4周后分别进行调查,分级标准同Mensah等(2008)。Jun等(2012)按照苗期每株接种2头无翅蚜虫,2周和4周后分别调查。2周后的标准为1级≤10头;2级=10~25头;3级=25~50头;4级=50~100头;5级≥100头。4周后的标准为1级≤25头;2级=25~100头;3级=100~200头;4级=200~500头;5级≥500头。武天龙等(2009)对栽培大豆资源进行抗性鉴定分析中使用的标准为0级:无蚜虫,叶片平展;1级:每株上有小于100头蚜虫,叶片无受害症状;2级:极少植株的顶部新生叶片皱缩或稍微卷曲,或尽管无矮小植株,却有很多蚜虫分布在植株叶片及茎上;3级:大部分植株的顶部新生叶片半卷曲,每株上有大于1 000头蚜虫;4级:大部分植株的顶部新生叶片半卷曲,每株上有大于2 000头蚜虫。对于蚜害指数通常应用如下计算方法:蚜害指数(DI)=($\sum$级别×该级株数)×100%/(调查总株数×4),DI≤30%,记为抗;DI>30%,记为感。2017年推出中华人民共和国农业行业标准NY/T 3114.5—2017,其中第5部分对大豆抗大豆蚜虫鉴定技术进行了规范。

岳德荣等(1988,1989)根据野生大豆蚜虫发生危害的特点,从植株寄居蚜虫的量和植株外部表现两个方面综合评价,按5个级别划分各材料的感蚜严重度:0级,植株无损害,全株无蚜虫;1级,植株生长正常,有零星蚜虫(100头以内);2级,植株生长基本正常,顶部嫩茎及嫩叶有较多蚜虫(101~300头);3级,叶片油蜜,稍微卷曲,嫩茎及嫩叶布满蚜虫(301~800头);4级,植株矮小,叶片严重卷曲,蚜虫数在801头以上。之后换算成各材料的受害指数,最后依据全部材料受害指数的分布范围划分成5级抗性级别:0.0~50.0为高抗,50.1~60.0为抗,60.1~75.0为中抗,75.1~85.0为感,85.1~100.0为高感。寒地野生大豆蚜虫抗性评价标准与级别参照岳德荣(1988,1989)的分级标准,见表3-28。

表3-28 寒地野生大豆蚜虫抗性评价与分级标准

级别	蚜虫发生等级
0	植株无损害,全株无蚜虫
1	植株生长正常,有零星蚜虫(100头以内)
2	植株生长基本正常,顶部嫩茎及嫩叶有较多蚜虫(101~300头)
3	叶片油蜜,稍微卷曲,嫩茎及嫩叶布满蚜虫(301~800头)
4	植株矮小,叶片严重卷曲,蚜虫数在801头以上

岳德荣等分别于 1988 和 1989 年从 1 000 份野生大豆中筛选出 3 份高抗材料,即 85 - 32、85 - 39、85 - 1,还发现这 3 份野生大豆的抗性比栽培种中抗性最强的还强。王玲分别于 2016 年与 2017 年对已采集并已进行过异地繁殖的 1 281 份寒地野生和半野生大豆资源进行抗大豆蚜虫资源筛选,通过计算蚜害指数筛选高抗和高感资源。按全部材料的受害指数分布范围,将各材料的抗性划分为 5 个级别:高抗(HR)、抗虫(R)、中间型(M)、感虫(S)、高感(HS),最终筛选获得高抗大豆蚜虫的寒地野生大豆资源(HR)21 份。

九、寒地野生大豆草甘膦抗(耐)性评价与分析

一直以来田间杂草是影响农业生产和经济效益的主要因素,但开发高效、安全、环保的除草剂新品种较为困难且耗时久,因此通过选育抗除草剂的大豆资源,对提高作物产量十分必要。草甘膦作为全世界应用最广泛的除草剂之一,其高效、低毒、广谱灭生性等优点,使得抗草甘膦作物研究具有较高的经济和社会价值(王迪,2014)。通过喷施草甘膦药剂,对现有的野生大豆种质资源进行抗草甘膦筛选,鉴定并最终获得具有天然抗药性的植株,并结合生理生化研究,明确不同材料之间的抗性差异,筛选出具有优良抗性的野生大豆资源,为进一步研究其生理生化机制、基因工程以及抗草甘膦大豆育种提供育种材料并奠定理论基础。

寒地野生大豆抗(耐)草甘膦鉴定方法及评价标准是根据受害后的枯叶面积确定的。草甘膦抗(耐)性评价与分级见表 3 - 29。

表 3 - 29　寒地野生大豆草甘膦抗(耐)性评价与分级

级别	枯叶面积比例/%	药害症状
0	0 ~ 10.0	无症状
1	10.0 ~ 20.0	心叶轻微萎蔫或无明显变化
2	20.0 ~ 40.0	心叶变黄,植株整体萎蔫,叶片从叶尖开始黄化卷曲,部分叶片出现枯斑
3	40.0 ~ 60.0	心叶黄化卷曲,部分畸形萎缩,植株整体褪绿黄化,植株生长受抑制,并有萎缩的趋势
4	60.0 ~ 80.0	心叶畸形卷曲,黄化严重,植株整体黄化严重,植株萎蔫,生长停滞
5	80.0 ~ 100.0	植株严重萎缩或整株死亡

在野生大豆群体中可能存在天然抗性基因,因此通过草甘膦的选择可以筛选出能够稳定遗传的抗草甘膦的天然植株。通过对 425 份野生大豆材料进行抗草甘膦的筛选,发现不同的野生大豆品种对草甘膦的抗性存在较大差异。野生大豆材料在草甘膦 1 000 倍水平下基本都能存活,无明显药害症状,药害级别基本处于 1 级、2 级;在草甘膦 400 倍水平下,植株绝大部分严重萎缩,整株死亡,药害级别 5 级居多;在草甘膦 600 倍和 800 倍水平下,野生大豆植株则呈现明显的抗性差异,药害级别从 1 级到 5 级不等。在 425 份野生

大豆材料中,筛选出在草甘膦600倍水平下,存活率在80.0%到26.6%不等,药害级别在1~4级之间的植株,其余材料的药害级别均在5级,存活率为0(王迪,2014)。

根据除草剂抗(耐)性鉴定与评价标准,来永才(2015)对收集的150余份寒地野生大豆种质资源进行草甘膦抗(耐)性评价分析,发现大部分野生大豆资源抗性指数集中在2~10(图3-5),筛选出抗草甘膦除草剂的寒地野生大豆资源2份,分别为LY-10-82和LY-10-76-1。

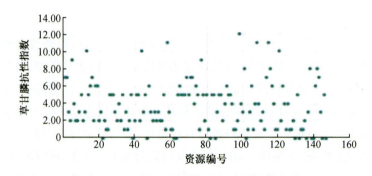

图3-5 寒地野生大豆草甘膦抗性指数分布

第四节 寒地野生大豆优异资源挖掘

对野生大豆进行全面的评价是有效利用野生大豆资源的基础。经过多年的研究,我国科研工作者在野生大豆中筛选出很多优异资源。

肖鑫辉等(2009)对895份野生大豆株系进行全生育期耐盐碱鉴定,评价其形态和农艺性状指标,筛选出高耐盐碱野生大豆种质15份。唐俊源(2013)对我国11个沿海省(直辖市、自治区)906份野生大豆资源进行耐盐碱性鉴定,筛选出284份耐盐材料,占比高达31.27%,为我国耐盐碱野生大豆种质资源利用提供了重要材料。符杨磊(2019)对冀东地区349份野生大豆进行耐盐碱鉴定,筛选到高耐盐碱野生大豆2份。史宏等(2003)对410分野生大豆进行了初步的抗旱鉴定,筛选出了16份不同抗旱类型的野生大豆。史风玉等(2010)研究了野生大豆的抗病毒病和生理特性关系,鉴定了高抗病毒病的抗性材料。王迪(2014)针对河北省野生大豆开展了抗除草剂资源的筛选工作,获得抗性资源。针对黑龙江省寒地野生大豆资源,黑龙江省农业科学院的来永才团队开展了对野生大豆资源表型、产量、品质、抗性等育种关键性状的评价,并获得特异资源。

一、寒地野生大豆资源评价技术体系的建立

本课题组在前人研究的基础上针对野生大豆资源生育期、品质、产量、抗性等相关性

状进行全方位、批量、精准、高效鉴定,建立了以实验室模拟与田间验证相结合的"一模一验"耐旱、耐盐筛查,盆栽人工接种病源与病圃自然发病检验抗性相结合的"一接一检"抗病虫鉴定,外观、营养、加工品质筛选与综合评价相结合的"三筛一评"品质分析为主的资源精准鉴定评价技术体系,明确了资源特性鉴定的技术要求和规范。相继制定了"寒地野生大豆资源性状描述规范"和"寒地野生大豆资源品质和抗逆性鉴定技术"等技术规程7项,获得4项软件著作权和12项专利授权。

二、寒地野生大豆优异资源挖掘

针对育种亟须的目标性状,利用建立的精准鉴定评价技术体系对野生大豆资源库中资源进行筛选,获得13类优异资源91份,包括早熟资源4份,高蛋白质资源26份,高异黄酮资源14份,多花荚资源4份,耐旱资源4份,耐盐资源6份,耐冷资源7份,抗草甘膦资源2份,抗蚜虫资源3份,抗孢囊线虫资源5份,抗疫霉根腐病资源10份,抗灰斑病资源2份,抗腐霉根腐病资源4份(表3-30)。其中ZYD7234蛋白质含量高达56.1%,ZYD7068异黄酮含量高达7 149.5 μg/g。并构建寒地野生大豆优异资源数据库,包含资源的生境、表型、特性三大类数据信息,创建了首个寒地野生大豆表型数据库和优异资源共享平台。这些优异资源被国内多家科研和育种单位引进作为基因挖掘和种质创新的原始材料。陆续开发了野生大豆资源数据采集、管理及分析系统,实现了资源数据收集、统计、分析各环节的信息化、动态化、智能化管理,极大提高了资源信息管理效率。

表3-30 优异野生大豆资源

资源类型	数量/份	代表性资源	代表资源特点
早熟	4	FF0571	生育期90天
高蛋白质	26	ZYD7234	成熟籽粒粗蛋白质含量56.1%
高异黄酮	14	ZYD7068	成熟籽粒异黄酮含量7 149.5 μg/g
多花荚	4	ZYD6872	1 208荚/株
耐旱	4	FF1236	干旱反复存活率校正值≥70.0%
耐盐	6	ZYD7197	相对盐害指数≤20%
耐冷	7	FF0017	相对发芽势>30%
抗草甘膦	2	FF0059	无药害症状
抗蚜虫	3	ZYD7072	抗蚜虫等级0级;蚜害指数0%
抗孢囊线虫	5	FF1224	免疫,根系孢囊数为0
抗疫霉根腐病	10	ZYD7158	兼抗1号、3号、4号生理小种
抗灰斑病	2	FF	免疫
抗腐霉根腐病	4	FF0609	免疫

三、寒地野生大豆代表性优异资源

(一)资源1

资源编号:FF0698(图3-6)

资源特点:百粒重最小(目前收集的黑龙江省野生大豆资源中百粒重最小)

采集时间及采集地:2012年采自黑龙江省哈尔滨市延寿县。

原生境特点:该地区位于黑龙江省第三积温带,活动积温2 450 ℃,年平均日照时数2 490 h,年平均降水量570 mm,土壤类型为白浆土。原生境内主要植被有蒿、蒲公英、杂草、灌木等。

主要形态特征:蔓茎纤细,缠绕,略带四棱形,密披浅棕色茸毛。叶互生,3小叶,叶柄长2.8~3.3 cm,浅棕色茸毛,小叶长卵圆形,长3.3~3.8 cm,宽1.5~2.0 cm,侧生小叶片表面绿色,背面浅绿色,两面均有浅棕色茸毛,叶脉于两面稍隆起,全缘,密披棕褐色茸毛。蝶形花,浅紫色,腋生总状花序,花萼钟状,5裂,旗瓣近圆形,雄蕊10枚,9枚花丝连在一起成管状,1枚单独分离,二体。荚有棕色茸毛,弯镰形。籽粒黑色,长椭圆形,有泥膜,脐黑色,百粒重0.6 g。

品质特性:粗蛋白质含量42.7%,粗脂肪含量12.8%。

图3-6 FF0698

(二)资源2

资源编号:FF0315(图3-7)

资源特点:多花荚,单株荚数1 205个。

采集时间及采集地:2011年采自黑龙江省哈尔滨市尚志市亚布力镇。

原生境特点:该地区位于黑龙江省第四积温带,活动积温2 200 ℃,年平均日照时数2 500 h,年平均降水量590 mm,土壤类型为暗棕壤。原生境内主要植被有杂草、灌木等。

主要形态特征:蔓茎纤细,缠绕,略带四棱形,密披浅棕色茸毛。叶互生,3小叶,叶柄长4.0~4.5 cm,浅棕色茸毛,小叶卵圆形,长4.0~4.5 cm,宽2.0~2.5 cm,侧生小叶片表面绿色,背面浅绿色,两面均有浅棕色茸毛,叶脉于两面稍隆起,全缘,密披棕褐色茸毛。蝶形花,浅紫色,腋生总状花序,花萼钟状,5裂,旗瓣近圆形,雄蕊10枚,9枚花丝连在一起成管状,1枚单独分离,二体。荚有棕色茸毛,弯镰形。籽粒黑色,椭圆形,有泥膜,脐黑色,百粒重1.4 g。

品质特性:粗蛋白质含量44.7%,粗脂肪含量13.8%。

图3-7　FF0315

(三)资源3

资源编号:FF0204(图3-8)

资源特点:高蛋白质。

采集时间及采集地:2011年采自黑龙江省齐齐哈尔市讷河市郊区。

原生境特点:该地区位于黑龙江省第三积温带,活动积温2 400 ℃,年平均日照时数2 700 h,年平均降水量500 mm,土壤类型为黑土。原生境内主要植被有蒲公英、杂草、灌木等。

主要形态特征:蔓茎纤细,缠绕,略带四棱形,密披浅棕色茸毛。叶互生,3小叶,叶柄长2.0~2.5 cm,浅棕色茸毛,小叶长卵圆形,长2.8~3.3 cm,宽1.3~1.8 cm,侧生小叶片表面绿色,背面浅绿色,两面均有浅棕色茸毛,叶脉于两面稍隆起,全缘,密披棕褐色茸毛。蝶形花,浅紫色,腋生总状花序,花萼钟状,5裂,旗瓣近圆形,雄蕊10枚,9枚花丝连在一起成管状,1枚单独分离,二体。荚有棕色茸毛,弯镰形。籽粒黑色,扁椭圆形,有泥膜,脐黑色,百粒重1.4 g。

品质特性:粗蛋白质含量54.0%,粗脂肪含量6.3%。

图3-8　FF0204

(四) 资源4

资源编号：FF0205(图3-9)

资源特点：高蛋白质。

采集时间及采集地：2011年采自黑龙江省齐齐哈尔市讷河市太和乡。

原生境特点：该地区位于黑龙江省第三积温带，活动积温2 400 ℃，年平均日照时数2 700 h，年平均降水量500 mm，土壤类型为黑土。原生境内主要植被有蒿、杂草、灌木等。

主要形态特征：蔓茎纤细，缠绕，略带四棱形，密披浅棕色茸毛。叶互生，3小叶，叶柄长2.0~2.5 cm，浅棕色茸毛，小叶椭圆形，长2.8~3.0 cm，宽1.5~1.9 cm，侧生小叶片表面绿色，背面浅绿色，两面均有浅棕色茸毛，叶脉于两面稍隆起，全缘，密披棕褐色茸毛。蝶形花，紫红色，腋生总状花序，花萼钟状，5裂，旗瓣近圆形，雄蕊10枚，9枚花丝连在一起成管状，1枚单独分离，二体。荚有棕色茸毛，弓形。籽粒黑色，椭圆形，有泥膜，脐黑色，百粒重1.2 g。

品质特性：粗蛋白质含量52.9%，粗脂肪含量7.0%。

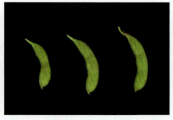

图3-9　FF0205

(五) 资源5

资源编号：FF0268(图3-10)

资源特点：高蛋白质。

采集时间及采集地：2011年采自黑龙江省绥化市北林区四方台镇。

原生境特点：该地区位于黑龙江省第二积温带，活动积温2 600 ℃，区年平均日照时数2 599 h，年平均降水量590 mm，土壤类型为黑土。原生境内主要植被有杂草、灌木等。

主要形态特征：蔓茎纤细，缠绕，略带四棱形，密披浅棕色茸毛。叶互生，3小叶，叶柄长3.5~4.0 cm，浅棕色茸毛，小叶卵圆形，长3.3~3.8 cm，宽2.0~2.5 cm，侧生小叶片表面绿色，背面浅绿色，两面均有浅棕色茸毛，叶脉于两面稍隆起，全缘，密披棕褐色茸毛。蝶形花，浅紫色，腋生总状花序，花萼钟状，5裂，旗瓣近圆形，雄蕊10枚，9枚花丝连在一起成管状，1枚单独分离，二体。荚有棕色茸毛，弯镰形。籽粒黑色，扁椭圆形，有泥膜，脐黑色，百粒重1.4 g。

品质特性：粗蛋白质含量50.1%，粗脂肪含量10.1%。

图 3-10　FF0268

(六) 资源 6

资源编号：FF0199（图 3-11）

资源特点：高蛋白质。

采集时间及采集地：2011 年采自黑龙江省齐齐哈尔市讷河市郊区。

原生境特点：该地区位于黑龙江省第三积温带，活动积温 2 400 ℃，年平均日照时数 2 700 h，年平均降水量 500 mm，土壤类型为黑土。生境内主要植被有蒲公英、杂草、蒿、乔木等。

主要形态特征：蔓茎纤细，缠绕，略带四棱形，密披浅棕色茸毛。叶互生，3 小叶，叶柄长 1.8~2.3 cm，浅棕色茸毛，小叶披针形，长 2.5~3.0 cm，宽 1.0~1.5 cm，侧生小叶片表面绿色，背面浅绿色，两面均有浅棕色茸毛，叶脉于两面稍隆起，全缘，密披棕褐色茸毛。蝶形花，浅紫色，腋生总状花序，花萼钟状，5 裂，旗瓣近圆形，雄蕊 10 枚，9 枚花丝连在一起成管状，1 枚单独分离，二体。荚有棕色茸毛，弯镰形。籽粒黑色，长椭圆形，有泥膜，脐黑色，百粒重 1.0 g。

品质特性：粗蛋白质含量 51.0%，粗脂肪含量 6.2%。

图 3-11　FF0199

(七) 资源 7

资源编号：FF0935（图 3-12）

资源特点：高蛋白质。

采集时间及采集地：2013 年采自黑龙江省大兴安岭地区呼玛县。

原生境特点：该地区位于黑龙江省第四积温带，活动积温 2 150 ℃，年平均日照时数

2 529 h,年平均降水量 500 mm,土壤类型为暗棕壤。原生境内主要植被有乔木、杂草、蒿等。

主要形态特征:蔓茎纤细,缠绕,略带四棱形,密披浅棕色茸毛。叶互生,3 小叶,叶柄长 3.0~3.5 cm,浅棕色茸毛,小叶披针形,长 4.5~5.0 cm,宽 1.2~1.5 cm,侧生小叶片表面绿色,背面浅绿色,两面均有浅棕色茸毛,叶脉于两面稍隆起,全缘,密披棕褐色茸毛。蝶形花,紫红色,腋生总状花序,花萼钟状,5 裂,旗瓣近圆形,雄蕊 10 枚,9 枚花丝连在一起成管状,1 枚单独分离,二体。荚有棕色茸毛,弯镰形。籽粒黑色,椭圆形,有泥膜,脐黑色,百粒重 1.6 g。

品质特性:粗蛋白质含量 53.6%,粗脂肪含量 12.0%。

图 3-12　FF0935

(八) 资源 8

资源编号:FF1031(图 3-13)

资源特点:高蛋白质。

采集时间及采集地:2013 年采自黑龙江省黑河市孙吴县。

原生境特点:该地区位于黑龙江省第五积温带,活动积温 2 000 ℃,年平均日照时数 2 500 h,年平均降水量 600 mm,土壤类型为暗棕壤。原生境内主要植被有蒿、杂草、灌木等。

主要形态特征:蔓茎纤细,缠绕,略带四棱形,密披浅棕色茸毛。叶互生,3 小叶,叶柄长 1.0~1.5 cm,浅棕色茸毛,小叶卵圆形,长 2.0~2.5 cm,宽 1.0~1.5 cm,侧生小叶片表面绿色,背面浅绿色,两面均有浅棕色茸毛,叶脉于两面稍隆起,全缘,密披棕褐色茸毛。蝶形花,白色,腋生总状花序,花萼钟状,5 裂,旗瓣近圆形,雄蕊 10 枚,9 枚花丝连在一起成管状,1 枚单独分离,二体。荚有棕色茸毛,弯镰形。籽粒黑色,长椭圆形,有泥膜,脐黑色,百粒重 1.3 g。

品质特性:粗蛋白质含量 53.5%,粗脂肪含量 11.6%。

第三章 寒地野生大豆资源的鉴定与评价

图 3-13　FF1031

(九) 资源9

资源编号:FF0103(图3-14)

资源特点:高异黄酮,含量6 322.7 μg/g。

采集时间及采集地:2010年采自黑龙江省哈尔滨市五常市郊区。

原生境特点:该地区位于黑龙江省第二积温带,活动积温2 600 ℃,年平均日照时数2 630 h,年平均降水量608 mm,土壤类型为白浆土。原生境内主要植被有蒿、杂草、灌木等。

主要形态特征:蔓茎纤细,缠绕,略带四棱形,密披浅棕色茸毛。叶互生,3小叶,叶柄长2.5~3.0 cm,浅棕色茸毛,小叶卵圆形,长3.5~4.0 cm,宽2.0~2.4 cm,侧生小叶片表面绿色,背面浅绿色,两面均有浅棕色茸毛,叶脉于两面稍隆起,全缘,密披棕褐色茸毛。蝶形花,浅紫色,腋生总状花序,花萼钟状,5裂,旗瓣近圆形,雄蕊10枚,9枚花丝连在一起成管状,1枚单独分离,二体。荚有棕色茸毛,弯镰形。籽粒黑色,椭圆形,有泥膜,脐黑色,百粒重1.1 g。

品质特性:粗蛋白质含量39.4%,粗脂肪含量14.5%。

图 3-14　FF0103

(十) 资源10

资源编号:FF0111(图3-15)

资源特点:高异黄酮,含量7 149.5 μg/g。

采集时间及采集地:2010年采自黑龙江省牡丹江市宁安市杏山乡镜泊湖。

原生境特点:该地区位于黑龙江省第二积温带,活动积温2 650 ℃,年平均日照时数

2 500 h,年平均降水量 540 mm,土壤类型为火山灰土。原生境内主要植被有蒿、苍耳、灌木等。

主要形态特征:蔓茎纤细,缠绕,略带四棱形,密披浅棕色茸毛。叶互生,3 小叶,叶柄长 3.0~3.5 cm,浅棕色茸毛,小叶长卵圆形,长 3.5~3.6 cm,宽 1.6~2.0 cm,侧生小叶片表面绿色,背面浅绿色,两面均有浅棕色茸毛,叶脉于两面稍隆起,全缘,密披棕褐色茸毛。蝶形花,深紫色,腋生总状花序,花萼钟状,5 裂,旗瓣近圆形,雄蕊 10 枚,9 枚花丝连在一起成管状,1 枚单独分离,二体。荚有棕色茸毛,弯镰形。籽粒黑色,扁椭圆形,有泥膜,脐黑色,百粒重 1.3 g。

品质特性:粗蛋白质含量 43.2%,粗脂肪含量 14.1%。

图 3-15　FF0111

(十一)资源 11

资源编号:FF0485(图 3-16)

资源特点:高异黄酮,含量 6 327.5 μg/g。

采集时间及采集地:2011 年采自黑龙江省鸡西市密山市兴凯镇兴农村。

原生境特点:该地区位于黑龙江省第二积温带,活动积温 2 550 ℃,年平均日照时数 2 500 h,年平均降水量 590 mm,土壤类型为白浆土。原生境内主要植被有乔木、杂草、灌木等。

主要形态特征:蔓茎纤细,缠绕,略带四棱形,密披浅棕色茸毛。叶互生,3 小叶,叶柄长 4.3~4.8 cm,浅棕色茸毛,小叶长卵圆形,长 3.5~4.0 cm,宽 1.8~2.3 cm,侧生小叶片表面绿色,背面浅绿色,两面均有浅棕色茸毛,叶脉于两面稍隆起,全缘,密披棕褐色茸毛。蝶形花,紫红色,腋生总状花序,花萼钟状,5 裂,旗瓣近圆形,雄蕊 10 枚,9 枚花丝连在一起成管状,1 枚单独分离,二体。荚有棕色茸毛,弯镰形。籽粒黑色,长椭圆形,有泥膜,脐黑色,百粒重 1.5 g。

品质特性:粗蛋白质含量 43.1%,粗脂肪含量 13.2%。

图 3-16　FF0485

(十二) 资源 12

资源编号:FF0060(图 3-17)

资源特点:亚油酸含量 61.63%。

采集时间及采集地:2010 年采自黑龙江省佳木斯市桦南县曙光农场。

原生境特点:该地区位于黑龙江省第二积温带,活动积温 2 679 ℃,年平均日照时数 2 400 h,年平均降水量 520 mm,土壤类型为白浆土。原生境内主要植被有蒿、杂草、苍耳、灌木等。

主要形态特征:蔓茎纤细,缠绕,略带四棱形,密披浅棕色茸毛。叶互生,3 小叶,叶柄长 6.0~6.5 cm,浅棕色茸毛,小叶卵圆形,长 6.3~6.7 cm,宽 3.0~3.4 cm,侧生小叶片表面绿色,背面浅绿色,两面均有浅棕色茸毛,叶脉于两面稍隆起,全缘,密披棕褐色茸毛。蝶形花,紫色,腋生总状花序,花萼钟状,5 裂,旗瓣近圆形,雄蕊 10 枚,9 枚花丝连在一起成管状,1 枚单独分离,二体。荚有棕色茸毛,弯镰形。籽粒黑色,扁椭圆形,有泥膜,脐黑色,百粒重 2.2 g。

品质特性:粗蛋白质含量 37.5%,粗脂肪含量 16.8%。

图 3-17　FF0060

(十三) 资源 13

资源编号:FF0250(图 3-18)

资源特点:油酸含量 7.04%。

采集时间及采集地:2011 年采自黑龙江省绥化市绥棱县。

原生境特点:该地区位于黑龙江省第三积温带,活动积温 2 350 ℃,年平均日照时数 2 700 h,年平均降水量 544 mm,土壤类型为黑土。生境内主要植被有蒿、杂草、灌木等。

主要形态特征:蔓茎纤细,缠绕,略带四棱形,密披浅棕色茸毛。叶互生,3 小叶,叶柄长 3.5~4.0 cm,浅棕色茸毛,小叶椭圆形,长 2.8~3.0 cm,宽 1.5~1.8 cm,侧生小叶片表面绿色,背面浅绿色,两面均有浅棕色茸毛,叶脉于两面稍隆起,全缘,密披棕褐色茸毛。蝶形花,浅紫色,腋生总状花序,花萼钟状,5 裂,旗瓣近圆形,雄蕊 10 枚,9 枚花丝连在一起成管状,1 枚单独分离,二体。荚有棕色茸毛,弯镰形。籽粒黑色,椭圆形,有泥膜,脐黑色,百粒重 1.3 g。

品质特性:粗蛋白质含量 46.3%,粗脂肪含量 11.8%。

图 3-7　FF0250

(十四)资源 14

资源编号:FF0185(图 3-19)

资源特点:油酸含量 14.71%。

采集时间及采集地:2010 年采自黑龙江省齐齐哈尔市泰来县。

原生境特点:该地区位于黑龙江省第一积温带,活动积温 2 930 ℃,年平均日照时数 2 908 h,年平均降水量 393 mm,土壤类型为黑土。生境内主要植被有蒿、杂草、灌木等。

主要形态特征:蔓茎纤细,缠绕,略带四棱形,密披浅棕色茸毛。叶互生,3 小叶,叶柄长 8.5~9.5 cm,浅棕色茸毛,小叶椭圆形,长 6.5~6.9 cm,宽 3.6~4.0 cm,侧生小叶片表面绿色,背面浅绿色,两面均有浅棕色茸毛,叶脉于两面稍隆起,全缘,密披棕褐色茸毛。蝶形花,浅紫色,腋生总状花序,花萼钟状,5 裂,旗瓣近圆形,雄蕊 10 枚,9 枚花丝连在一起成管状,1 枚单独分离,二体。荚有棕色茸毛,弯镰形。籽粒黑色,椭圆形,有泥膜,脐黑色,百粒重 2.7 g。

品质特性:粗蛋白质含量 44.0%,粗脂肪含量 16.3%。

图 3-19　FF0185

(十五)资源 15

资源编号:FF1236(图 3-20)

资源特点:耐旱。

采集时间及采集地:2014 年采自黑龙江省哈尔滨市市郊。

原生境特点:该地区位于黑龙江省第一积温带,活动积温 2 850 ℃,生境内主要植被有蒿、杂草、灌木等,该地区年平均日照时数 2 600 h,年平均降水量 520 mm,土壤类型主要为黑土。

主要形态特征:蔓茎纤细,缠绕,略带四棱形,密披浅棕色茸毛。叶互生,3 小叶,叶柄长 2.3~2.7 cm,浅棕色茸毛,小叶卵圆形,长 3.0~3.5 cm,宽 1.8~2.2 cm,侧生小叶片表面绿色,背面浅绿色,两面均有浅棕色茸毛,叶脉于两面稍隆起,全缘,密披棕褐色茸毛。蝶形花,浅紫色,腋生总状花序,花萼钟状,5 裂,旗瓣近圆形,雄蕊 10 枚,9 枚花丝连在一起成管状,1 枚单独分离,二体。荚有棕色茸毛,弯镰形。籽粒黑色,长椭圆形,有泥膜,脐黑色,百粒重 2.4 g。

品质特性:粗蛋白质含量 43.9%,粗脂肪含量 7.9%。

图 3-20　FF1236

(十六)资源 16

资源编号:FF0247(图 3-21)

资源特点:耐盐。

采集时间及采集地:2011 年采自黑龙江省绥化市绥棱县。

原生境特点:该地区位于黑龙江省第三积温带,活动积温 2 550 ℃,年平均日照时数 2 700 h,年平均降水量 600 mm,土壤类型为黑土。原生境内主要植被有杂草、灌木等。

主要形态特征:蔓茎纤细,缠绕,略带四棱形,密披浅棕色茸毛。叶互生,3 小叶,叶柄长 2.3~2.8 cm,浅棕色茸毛,小叶长卵圆形,长 4.0~4.5 cm,宽 1.3~1.8 cm,侧生小叶片表面绿色,背面浅绿色,两面均有浅棕色茸毛,叶脉于两面稍隆起,全缘,密披棕褐色茸毛。蝶形花,紫红色,腋生总状花序,花萼钟状,5 裂,旗瓣近圆形,雄蕊 10 枚,9 枚花丝连在一起成管状,1 枚单独分离,二体。荚有棕色茸毛,弯镰形。籽粒黑色,扁椭圆形,有泥膜,脐黑色,百粒重 1.3 g。

品质特性:粗蛋白质含量43.8%,粗脂肪含量13.8%。

图 3-21　FF0247

(十七)资源17

资源编号:FF0017(图 3-22)

资源特点:耐冷。

采集时间及采集地:2010年采自黑龙江省绥化市庆安县。

原生境特点:该地区位于黑龙江省第二积温带,活动积温2 550 ℃,年平均日照时数2 600 h,年平均降水量577 mm,土壤类型为黑土。原生境内主要植被有蒿、苍耳、灌木等。

主要形态特征:蔓茎纤细,缠绕,略带四棱形,密披浅棕色茸毛。叶互生,3 小叶,叶柄长 3.0~3.5 cm,浅棕色茸毛,小叶长卵圆形,长 3.0~3.5 cm,宽 1.2~1.6 cm,侧生小叶片表面绿色,背面浅绿色,两面均有浅棕色茸毛,叶脉于两面稍隆起,全缘,密披棕褐色茸毛。蝶形花,紫红色,腋生总状花序,花萼钟状,5 裂,旗瓣近圆形,雄蕊10 枚,9 枚花丝连在一起成管状,1 枚单独分离,二体。荚有棕色茸毛,弯镰形。籽粒黑色,长椭圆形,有泥膜,脐黑色,百粒重1.6 g。

品质特性:粗蛋白质含量47.3%,粗脂肪含量11.4%。

图 3-22　FF0017

(十八)资源18

资源编号:FF1224(图 3-23)

资源特点:抗孢囊线虫病。

采集时间及采集地:2011年采自黑龙江省齐齐哈尔市富裕县。

原生境特点：该地区位于黑龙江省第二积温带，活动积温 2 650 ℃，年平均日照时数 2 787 h，年平均降水量 440 mm，土壤类型为黑钙土。原生境内主要植被有蒿、苍耳、灌木等。

主要形态特征：蔓茎纤细，缠绕，略带四棱形，密披浅棕色茸毛。叶互生，3 小叶，叶柄长 2.6~2.8 cm，浅棕色茸毛，小叶长卵圆形，长 3.1~3.3 cm，宽 1.4~1.6 cm，侧生小叶片表面绿色，背面浅绿色，两面均有浅棕色茸毛，叶脉于两面稍隆起，全缘，密披棕褐色茸毛。蝶形花，紫红色，腋生总状花序，花萼钟状，5 裂，旗瓣近圆形，雄蕊 10 枚，9 枚花丝连在一起成管状，1 枚单独分离，二体。荚有棕色茸毛，弯镰形。籽粒黑色，长椭圆形，有泥膜，脐黑色，百粒重 1.78 g。

品质特性：粗蛋白质含量 47.5%，粗脂肪含量 8.6%。

图 3-23　FF1224

（十九）资源 19

资源编号：FF1225（图 3-24）

资源特点：抗孢囊线虫病。

采集时间及采集地：2011 年采自黑龙江省齐齐哈尔市富裕县。

原生境特点：该地区位于黑龙江省第二积温带，活动积温 2 650 ℃，年平均日照时数 2 787 h，年平均降水量 440 mm，土壤类型为黑钙土。原生境内主要植被有蒿、苍耳、灌木等。

主要形态特征：蔓茎纤细，缠绕，略带四棱形，密披浅棕色茸毛。叶互生，3 小叶，叶柄长 3.0~3.2 cm，浅棕色茸毛，小叶长卵圆形，长 3.7~3.9 cm，宽 1.8~2.0 cm，侧生小叶片表面绿色，背面浅绿色，两面均有浅棕色茸毛，叶脉于两面稍隆起，全缘，密披棕褐色茸毛。蝶形花，紫红色，腋生总状花序，花萼钟状，5 裂，旗瓣近圆形，雄蕊 10 枚，9 枚花丝连在一起成管状，1 枚单独分离，二体。荚有棕色茸毛，弯镰形。籽粒黑色，长椭圆形，有泥膜，脐黑色，百粒重 1.68 g。

品质特性：粗蛋白质含量 43.6%，粗脂肪含量 8.7%。

图 3 - 24　FF1225

(二十)资源 20

资源编号:FF0844(图 3 - 25)

资源特点:抗疫霉根腐病。

采集时间及采集地:2012 年采自黑龙江省绥化市安达市郊区。

原生境特点:该地区位于黑龙江省第二积温带,活动积温 2 600 ℃,年平均日照时数 2 659 h,年平均降水量 419 mm。土壤类型为盐土。原生境内主要植被有乔木、杂草、灌木等。

主要形态特征:蔓茎纤细,缠绕,略带四棱形,密披浅棕色茸毛。叶互生,3 小叶,叶柄长 1.8~2.0 cm,浅棕色茸毛,小叶长卵圆形,长 3.0~3.5 cm,宽 1.5~2.0 cm,侧生小叶片表面绿色,背面浅绿色,两面均有浅棕色茸毛,叶脉于两面稍隆起,全缘,密披棕褐色茸毛。蝶形花,紫红色,腋生总状花序,花萼钟状,5 裂,旗瓣近圆形,雄蕊 10 枚,9 枚花丝连在一起成管状,1 枚单独分离,二体。荚有棕色茸毛,弯镰形。籽粒黑色,长椭圆形,有泥膜,脐黑色,百粒重 0.9 g。

品质特性:粗蛋白质含量 43.9%,粗脂肪含量 10.7%。

图 3 - 25　FF0844

(二十一)资源 21

资源编号:FF0112(图 3 - 26)

资源特点:抗疫霉根腐病。

采集时间及采集地:2010 年采自黑龙江省佳木斯市富兴乡草帽村。

原生境特点:该地区位于黑龙江省第二积温带,活动积温 2 650 ℃,年平均日照时数

2 359 h,年平均降水量516 mm,土壤类型为草甸土。原生境内主要植被有杂草、灌木等。

主要形态特征:蔓茎纤细,缠绕,略带四棱形,密披浅棕色茸毛。叶互生,3 小叶,叶柄长 3.0~3.5 cm,浅棕色茸毛,小叶卵圆形,长 3.5~3.9 cm,宽 2.0~2.5 cm,侧生小叶片表面绿色,背面浅绿色,两面均有浅棕色茸毛,叶脉于两面稍隆起,全缘,密披棕褐色茸毛。蝶形花,紫红色,腋生总状花序,花萼钟状,5 裂,旗瓣近圆形,雄蕊 10 枚,9 枚花丝连在一起成管状,1 枚单独分离,二体。荚有棕色茸毛,弯镰形。籽粒黑色,长椭圆形,有泥膜,脐黑色,百粒重 1.1 g。

品质特性:粗蛋白质含量38.5%,粗脂肪含量16.2%。

图 3-26　FF0112

(二十二)资源22

资源编号:FF0146(图 3-27)

资源特点:抗疫霉根腐病。

采集时间及采集地:2010 年采自黑龙江省佳木斯市佳南陆家村。

原生境特点:该地区位于黑龙江省第二积温带,活动积温 2 540 ℃,年平均日照时数 2 360 h,年平均降水量 500 mm,土壤类型为草甸土。原生境内主要植被有蒿、苍耳、灌木等。

主要形态特征:蔓茎纤细,缠绕,略带四棱形,密披浅棕色茸毛。叶互生,3 小叶,叶柄长 4.0~4.5 cm,浅棕色茸毛,小叶椭圆形,长 4.0~4.5 cm,宽 1.5~2.0 cm,侧生小叶片表面绿色,背面浅绿色,两面均有浅棕色茸毛,叶脉于两面稍隆起,全缘,密披棕褐色茸毛。蝶形花,紫红色,腋生总状花序,花萼钟状,5 裂,旗瓣近圆形,雄蕊 10 枚,9 枚花丝连在一起成管状,1 枚单独分离,二体。荚有棕色茸毛,弯镰形。籽粒黑色,扁椭圆形,有泥膜,脐黑色,百粒重 1.0 g。

品质特性:粗蛋白质含量43.5%,粗脂肪含量12.9%。

图 3 - 27　FF0146

(二十三) 资源 23

资源编号:FF0126(图 3 - 28)

资源特点:抗蚜虫病。

采集时间及采集地:2010 年采自黑龙江省大庆市杜尔伯特蒙古族自治县泰康镇。

原生境特点:该地区位于黑龙江省第一积温带,活动积温 2 800 ℃,年平均日照时数 2 600 h,年平均降水量 520 mm,土壤类型为盐土。原生境内主要植被有蒿、苍耳、灌木等。

主要形态特征:蔓茎纤细,缠绕,略带四棱形,密披浅棕色茸毛。叶互生,3 小叶,叶柄长 2.5~3.0 cm,浅棕色茸毛,小叶长椭圆形,长 3.0~3.4 cm,宽 1.3~1.6 cm,侧生小叶片表面绿色,背面浅绿色,两面均有浅棕色茸毛,叶脉于两面稍隆起,全缘,密披棕褐色茸毛。蝶形花,紫红色,腋生总状花序,花萼钟状,5 裂,旗瓣近圆形,雄蕊 10 枚,9 枚花丝连在一起成管状,1 枚单独分离,二体。荚有棕色茸毛,弯镰形。籽粒黑色,长椭圆形,有泥膜,脐黑色,百粒重 1.2 g。

品质特性:粗蛋白质含量 42.2%,粗脂肪含量 12.4%。

图 3 - 28　FF0126

(二十四) 资源 24

资源编号:FF0571(图 3 - 29)

资源特点:早熟。

采集时间及采集地:2011 年采自黑龙江省黑河市逊克县。

原生境特点:该地区位于黑龙江省第四积温带,活动积温 2 150 ℃,年平均日照时数 2 600 h,年平均降水量 650 mm,土壤类型为草甸土。原生境内主要植被有蒿、乔木、灌木等。

主要形态特征:茎直立,略带四棱形,密披浅棕色茸毛。叶互生,3 小叶,叶柄长 5.5～6.0 cm,浅棕色茸毛,小叶卵圆形,长 6.0～6.5 cm,宽 3.0～3.5 cm,侧生小叶片表面绿色,背面浅绿色,两面均有浅棕色茸毛,叶脉于两面稍隆起,全缘,密披棕褐色茸毛。蝶形花,白色,腋生总状花序,花萼钟状,5 裂,旗瓣近圆形,雄蕊 10 枚,9 枚花丝连在一起成管状,1 枚单独分离,二体。荚有棕色茸毛,弯镰形。籽粒褐色,长椭圆形,有泥膜,脐褐色,百粒重 7.0 g。

品质特性:粗蛋白质含量 47.1%,粗脂肪含量 14.8%。

图 3-29　FF0571

(二十五)资源 25

资源编号:FF0758(图 3-30)

资源特点:抗蚜虫病。

采集时间及采集地:2012 年采自黑龙江省牡丹江市绥芬河市郊区。

原生境特点:该地区位于黑龙江省第二积温带,活动积温 2 650 ℃,区年平均日照时数 2 610 h,年平均降水量 782.5 mm,土壤类型为暗棕壤。原生境内主要植被有杂草、灌木等。

主要形态特征:蔓茎纤细,缠绕,略带四棱形,密披浅棕色茸毛。叶互生,3 小叶,叶柄长 2.5～3.0 cm,浅棕色茸毛,小叶卵圆形,长 2.5～3.0 cm,宽 1.5～2.0 cm,侧生小叶片表面绿色,背面浅绿色,两面均有浅棕色茸毛,叶脉于两面稍隆起,全缘,密披棕褐色茸毛。蝶形花,紫红色,腋生总状花序,花萼钟状,5 裂,旗瓣近圆形,雄蕊 10 枚,9 枚花丝连在一起成管状,1 枚单独分离,二体。荚有棕色茸毛,弯镰形。籽粒黑色,椭圆形,有泥膜,脐黑色,百粒重 1.7 g。

品质特性:粗蛋白质含量 39.7%,粗脂肪含量 14.7%。

图 3-30　FF0758

(二十六) 资源26

资源编号:FF0845(图3-31)

资源特点:抗蚜虫病。

采集时间及采集地:2012年采自黑龙江省绥化市安达市郊区。

原生境特点:该地区位于黑龙江省第二积温带,活动积温2 600 ℃,年平均日照时数2 659 h,年平均降水量419 mm,土壤类型为盐土。原生境内主要植被有乔木、杂草、灌木等。

主要形态特征:蔓茎纤细,缠绕,略带四棱形,密披浅棕色茸毛。叶互生,3小叶,叶柄长2.5～3.0 cm,浅棕色茸毛,小叶长卵圆形,长4.5～5.0 cm,宽2.0～2.3 cm,侧生小叶片表面绿色,背面浅绿色,两面均有浅棕色茸毛,叶脉于两面稍隆起,全缘,密披棕褐色茸毛。蝶形花,紫红色,腋生总状花序,花萼钟状,5裂,旗瓣近圆形,雄蕊10枚,9枚花丝连在一起成管状,1枚单独分离,二体。荚有棕色茸毛,弓形。籽粒黑色,椭圆形,无泥膜,脐黑色,百粒重5.2 g。

品质特性:粗蛋白质含量46.1%,粗脂肪含量15.2%。

图3-31　FF0845

(二十七) 资源27

资源编号:FF0253(图3-32)

资源特点:抗蚜虫病。

采集时间及采集地:2011年采自黑龙江省绥化市绥棱县靠山乡。

原生境特点:该地区位于黑龙江省第三积温带,活动积温2 350 ℃,年平均日照时数2 700 h,年平均降水量544 mm,土壤类型为黑土。原生境内主要植被有蒲公英、杂草、灌木等。

主要形态特征:蔓茎纤细,缠绕,略带四棱形,密披浅棕色茸毛。叶互生,3小叶,叶柄长2.5～3.0 cm,浅棕色茸毛,小叶长卵圆形,长3.5～4.0 cm,宽1.5～1.8 cm,侧生小叶片表面绿色,背面浅绿色,两面均有浅棕色茸毛,叶脉于两面稍隆起,全缘,密披棕褐色茸毛。蝶形花,紫红色,腋生总状花序,花萼钟状,5裂,旗瓣近圆形,雄蕊10枚,9枚花丝连在一起成管状,1枚单独分离,二体。荚有棕色茸毛,弯镰形。籽粒黑色,椭圆形,有泥膜,脐黑色,百粒重1.1 g。

品质特性:粗蛋白质含量46.2%,粗脂肪含量11.0%。

图3-32　FF0253

(二十八)资源28

资源编号:FF0059(图3-33)

资源特点:抗草甘膦。

采集时间及采集地:2010年采自黑龙江省佳木斯市桦南县曙光农场。

原生境特点:该地区位于黑龙江省第二积温带,活动积温2 679 ℃,年平均日照时数2 400 h,年平均降水量520 mm,土壤类型为白浆土。原生境内主要植被有蒿、杂草、苍耳、灌木等。

主要形态特征:蔓茎纤细,缠绕,略带四棱形,密披浅棕色茸毛。叶互生,3小叶,叶柄长3.5~4.0 cm,浅棕色茸毛,小叶卵圆形,长3.5~4.0 cm,宽2.0~2.2 cm,侧生小叶片表面绿色,背面浅绿色,两面均有浅棕色茸毛,叶脉于两面稍隆起,全缘,密披棕褐色茸毛。蝶形花,紫红色,腋生总状花序,花萼钟状,5裂,旗瓣近圆形,雄蕊10枚,9枚花丝连在一起成管状,1枚单独分离,二体。荚有棕色茸毛,弯镰形。籽粒黑色,椭圆形,有泥膜,脐黑色,百粒重1.2 g。

品质特性:粗蛋白质含量42.2%,粗脂肪含量14.1%。

图3-33　FF0059

(二十九)资源29

资源编号:FF0609(图3-34)

资源特点:抗腐霉根腐病。

采集时间及采集地:2011年采自佳木斯桦南县桦南镇镇丰村。

原生境特点:该地区位于黑龙江省第二积温带,活动积温2 679 ℃,年平均日照时数2 400 h,年平均降水量520 mm,土壤类型为白浆土。原生境内主要植被有蒿、杂草、苍耳、灌木等。

主要形态特征:蔓茎纤细,缠绕,略带四棱形,密披浅棕色茸毛。叶互生,3小叶,叶柄长2.0~2.4 cm,浅棕色茸毛,小叶卵圆形,长2.9~3.3 cm,宽1.5~1.9 cm,侧生小叶片表面绿色,背面浅绿色,两面均有浅棕色茸毛,叶脉于两面稍隆起,全缘,密披棕褐色茸毛。蝶形花,紫红色,腋生总状花序,花萼钟状,5裂,旗瓣近圆形,雄蕊10枚,9枚花丝连在一起成管状,1枚单独分离,二体。荚有棕色茸毛,弯镰形。籽粒黑色,椭圆形,有泥膜,脐黑色,百粒重1.5 g。

品质特性:粗蛋白质含量46.6%,粗脂肪含量10.7%。

图3-34　FF0609

(三十)资源30

资源编号:FF0216(图3-35)

资源特点:抗腐霉根腐病。

采集时间及采集地:2011年采自黑龙江省齐齐哈尔市拜泉县中兴村。

原生境特点:该地区位于黑龙江省第三积温带,活动积温2 450 ℃,年平均日照时数2 730 h,年平均降水量480 mm,土壤类型为黑钙土。原生境内主要植被有苍耳、杂草、灌木等。

主要形态特征:蔓茎纤细,缠绕,略带四棱形,密披浅棕色茸毛。叶互生,3小叶,叶柄长2.0~2.2 cm,浅棕色茸毛,小叶卵圆形,长2.0~2.5 cm,宽1.5~2.0 cm,侧生小叶片表面绿色,背面浅绿色,两面均有浅棕色茸毛,叶脉于两面稍隆起,全缘,密披棕褐色茸毛。蝶形花,浅紫色,腋生总状花序,花萼钟状,5裂,旗瓣近圆形,雄蕊10枚,9枚花丝连在一起成管状,1枚单独分离,二体。荚有棕色茸毛,弯镰形。籽粒黑色,扁椭圆形,有泥膜,脐黑色,百粒重1.3 g。

品质特性:粗蛋白质含量46.3%,粗脂肪含量11.4%。

图 3-35　FF0216

(三十一) 资源 31

资源编号:FF0504(图 3-36)

资源特点:抗腐霉根腐病。

采集时间及采集地:2011 年采自黑龙江省伊春市鹤岗友好区。

原生境特点:该地区位于黑龙江省第四积温带,活动积温 2 150 ℃,年平均日照时数 2 300 h,年平均降水量 650 mm,土壤类型为沼泽土。原生境内主要植被有蒿、杂草、灌木等。

主要形态特征:蔓茎纤细,缠绕,略带四棱形,密披浅棕色茸毛。叶互生,3 小叶,叶柄长 2.3～2.8 cm,浅棕色茸毛,小叶长卵圆形,长 3.0～3.5 cm,宽 1.5～2.0 cm,侧生小叶片表面绿色,背面浅绿色,两面均有浅棕色茸毛,叶脉于两面稍隆起,全缘,密披棕褐色茸毛。蝶形花,浅紫色,腋生总状花序,花萼钟状,5 裂,旗瓣近圆形,雄蕊 10 枚,9 枚花丝连在一起成管状,1 枚单独分离,二体。荚有棕色茸毛,弯镰形。籽粒黑色,长椭圆形,有泥膜,脐黑色,百粒重 1.6 g。

品质特性:粗蛋白质含量 46.1%,粗脂肪含量 10.8%。

图 3-36　FF0504

(三十二) 资源 32

资源编号:FF0939(图 3-37)

资源特点:抗腐霉根腐病。

采集时间及采集地:2010 年采自黑龙江省黑河市爱辉区。

原生境特点:该地区位于黑龙江省第五积温带,活动积温 1 980 ℃,年平均日照时数

2 600 h,年平均降水量 500 mm,土壤类型为草甸土。原生境内主要植被有蒿、杂草、灌木等。

主要形态特征:蔓茎纤细,缠绕,略带四棱形,密披浅棕色茸毛。叶互生,3 小叶,叶柄长 3.0~3.5 cm,浅棕色茸毛,小叶披针形,长 4.5~5.0 cm,宽 1.0~1.3 cm,侧生小叶片表面绿色,背面浅绿色,两面均有浅棕色茸毛,叶脉于两面稍隆起,全缘,密披棕褐色茸毛。蝶形花,紫红色,腋生总状花序,花萼钟状,5 裂,旗瓣近圆形,雄蕊 10 枚,9 枚花丝连在一起成管状,1 枚单独分离,二体。荚有棕色茸毛,弯镰形。籽粒黑色,扁椭圆形,有泥膜,脐黑色,百粒重 3.1 g。

品质特性:粗蛋白质含量 46.6%,粗脂肪含量 12.7%。

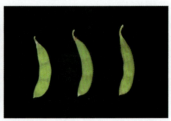

图 3-37　FF0939

参考文献

曹广禄,赵雪,王强,等,2014. 大豆种质资源对胞囊线虫病 1 号、3 号和 4 号生理小种的抗性鉴定[J]. 大豆科学,33(4):563-565.

陈加敏,2004. 大豆苗期耐旱性的鉴定及苗期耐旱性和根系性状的遗传研究[D]. 南京:南京农业大学.

陈景生,李肖白,李泽宇,等,2010. 大豆胞囊线虫生理分化与致病性变异研究进展[J]. 中国农学通报,26(12):261-265.

陈珊宇,2009. 大豆对大豆花叶病毒抗性的遗传分析及抗性基因的标记定位[D]. 南京:南京农业大学.

陈学珍,谢皓,郝丹丹,等,2005. 干旱胁迫下 20 个大豆品种芽期抗旱性鉴定初报[J]. 北京农学院学报,20(3):54-56.

陈永萱,朱明德,孙健,1981. 大豆花叶病毒病的鉴定[J]. 植物病理学报,1(11):31-36.

陈永萱,薛宝娣,胡蕴珠,等,1986. 大豆花叶病毒(SMV)两个新株系的鉴定[J]. 植物保护学报,15(4):222-226.

丁俊杰，马淑梅，申宏波，等，2006. 大豆主要病害双抗种质鉴定初报[J]. 中国油料作物学报，28(1)：72-75.

段玉玺，吴刚，2002. 植物线虫病害防治[M]. 北京：中国农业科技出版社.

符杨磊，2019. 冀东地区耐盐碱野生大豆种质筛选及转录组分析[D]. 秦皇岛：河北科技师范学院.

富健，2008. 高油大豆育种研究现状与展望[C]//中国作物学会. 中国作物学会学术年会论文摘要集：2008年卷，福建：中国农业科学技术出版社.

黄桂潮，霍虹，张再兴，等，1984. 大豆灰斑病菌(Cercospoora sojina Hara)生理小种鉴定结果初报[J]. 大豆科学，3(3)：231-235.

霍虹，马淑梅，卢官仲，等，1988. 黑龙江省大豆灰斑病菌(Cercospoora sojina Hara)生理小种的研究[J]. 大豆科学，7(4)：315-320.

霍云龙，朱振东，李向华，等，2005. 抗大豆疫霉根腐病野生大豆资源的初步筛选[J]. 植物遗传资源学报，6(2)：182-185.

纪展波，蒲伟凤，李桂兰，等，2012. 野生大豆、半野生大豆和栽培大豆对苗期干旱胁迫的生理反应[J]. 大豆科学，31(4)：94-100.

靳立梅，徐鹏飞，吴俊江，等，2007. 野生大豆种质资源对大豆疫霉根腐病抗性评价[J]. 大豆科学，26(3)：300-304.

孔照胜，武云帅，岳爱琴，等，2001. 不同大豆品种抗旱性生理指标综合分析[J]. 华北农学报，16(3)：40-45.

来永才，2015. 中国寒地野生大豆资源图鉴[M]. 北京：中国农业出版社.

李福山，常汝镇，舒世珍，等，1986. 栽培、野生、半野生大豆蛋白质含量及氨基酸组成的初步分析[J]. 大豆科学，59(1)：65-72.

李贵全，张海燕，季兰，等，2006. 不同大豆品种抗旱性综合评价[J]. 应用生态学报，17(12)：2408-2412.

李海英，杨庆凯，1996. 大豆品种对灰斑病菌生理小种的抗性筛选[J]. 作物品种资源(1)：6-8.

李开盛，王洪岩，曹越平，2011. 大豆资源对大豆花叶病毒(SMV)东北3号株系与黄淮7号株系的抗性反应[J]. 上海交通大学学报(农业科学版)，29(3)：53-56.

李炜，来永才，毕远林，等，2007. 黑龙江省野生大豆高异黄酮新种质创新利用研究Ⅱ异黄酮含量与大豆品质相关性的分析[J]. 大豆科学，26(3)：319-321.

梁丽娟，2008. 野生大豆生物学特性、芽期耐盐性测定及亲缘关系的初步研究[D]. 延吉：延边大学.

廖林，1992. 大豆灰斑病研究概况及展望[J]. 中国农学通报，8(1)：1-9.

林红，来永才，齐宁，等，2005. 黑龙江省野生大豆、栽培大豆高异黄酮种质资源筛选[J]. 植物遗传资源学报，6(1)：53-55.

刘大伟, 2011. 灰皮支黑豆对大豆胞囊线虫 3 号生理小种抗性机制研究[D]. 沈阳: 沈阳农业大学.

刘淼, 来永才, 李炜, 等, 2017a. 离体叶片接种法鉴定大豆疫霉根腐病抗病性[J]. 安徽农业科学, 45(11): 43-46.

刘淼, 来永才, 李炜, 等, 2017b. 黑龙江省野生大豆疫霉根腐病抗病性评价[J]. 中国种业(8): 53-56.

刘珍环, 唐鹏钦, 范玲玲, 等, 2016. 1980—2010年东北地区种植结构时空变化特征[J]. 中国农业科学, 49(21): 4107-4119.

刘志娟, 杨晓光, 王文峰, 等, 2009. 气候变化背景下我国东北三省农业气候资源变化特征[J]. 应用生态学报, 20(9): 2199-2206.

刘志胜, 李里特, 2000. 大豆异黄酮及其生理功能研究进展[J]. 食品工业科技, 21(1): 78-80.

刘忠堂, 1985. 解决我省东部地区大豆灰斑病的途径[J]. 黑龙江农业科学(1): 20-22.

刘忠堂, 1986. 抗灰斑病大豆育种技术的探讨[J]. 大豆科学, 5(2): 147-152.

刘忠堂, 1991. 大豆灰斑病的危害与抗病育种工作回顾[J]. 大豆科学, 10(2): 157-161.

罗瑞梧, 杨崇良, 1990. 山东省大豆花叶病毒株系鉴定[J]. 山东农业科学(5): 16-19.

吕文清, 张明厚, 魏培文, 等, 1985. 东北三省大豆花叶病毒(SMV)株系的种类与分布[J]. 植物病理学报, 15(04): 225-229.

马晨, 马履一, 刘太祥, 等, 2010. 盐碱地改良利用技术研究进展[J]. 世界林业研究, 23(2): 28-32.

马淑梅, 李宝英, 1994. 绥化地区大豆灰斑病生理小种消长变化的研究[J]. 大豆科学, 13(4): 281-285.

马淑时, 王伟, 1994. 大豆品种资源的抗盐碱性研究[J]. 吉林农业科学(4): 69-71.

孟凡立, 李文滨, 段玉玺, 等, 2010. 大豆蚜虫抗性鉴定技术及抗性资源筛选[J]. 大豆科学, 29(3): 457-460.

孟强, 2014. 野生大豆种质资源耐盐性评价及离子转运相关基因对其耐盐能力的影响[D]. 济南: 山东师范大学.

濮祖芹, 曹琦, 房德纯, 等, 1982. 大豆花叶病毒的株系鉴定[J]. 植物保护学报, 9(1): 15-20.

齐宁, 1987. 大豆品种资源对灰斑病抗性鉴定结果初报[J]. 黑龙江农业科学(5): 25-27.

尚佑芬, 赵玖华, 杨崇良, 等, 1999. 黄淮区大豆花叶病毒株系组成与分布[J]. 植物病理学报, 29(2): 115-119.

邵桂花, 常汝镇, 陈一舞, 1993. 大豆耐盐性研究进展[J]. 大豆科学, 2(3): 244-248.

沈崇尧, 苏彦纯, 1991. 中国大豆疫霉病菌的发现及初步研究[J]. 植物病理学报, 21(4): 298.

史凤玉,龙茹,朱英波,等,2008. 野生大豆(*Glycine soja*)耐盐性研究进展[J]. 河北科技师范学院学报,22(1):69-72.

史凤玉,朱英波,龙茹,等,2010. 野生大豆抗大豆花叶病毒病评价、聚类及性状间相关分析[J]. 大豆科学,29(6):976-981.

史宏,刘学义,2003. 野生大豆抗旱性鉴定及研究[J]. 大豆科学,22(3):264-268.

史宏,刘学义,任小俊,等,2004. 大豆抗孢囊线虫的抗性分级标准研究[J]. 山西农业科学,32(2):64-68.

孙向东,兰静,任红波,等,2017. 黑龙江省大豆与进口大豆品质比较[J]. 黑龙江农业科学(7):51-58.

孙永吉,刘玉芝,胡吉成,等,1991. 野生大豆抗花叶病毒病研究[J]. 大豆科学,10(3):212-216.

唐俊源,2013. 沿海地区抗旱耐盐碱优异性状农作物种质资源调查[D]. 济南:山东师范大学.

宛煜嵩,王珍,等,2004. 中国大豆孢囊线虫抗性研究进展[J]. 分子植物育种,2(5):609-619.

万学巨,1987. 大豆灰斑病抗源筛选及其与若干性状的关系[J]. 作物品种资源(02):22-24.

王承纶,相连英,张广学,等,1962. 大豆蚜 *Aphis glycines* Matsumura 的研究[J]. 昆虫学报,11(1):31-44.

王迪,2014. 抗草甘膦野生大豆资源筛选鉴定及抗性机理研究[D]. 秦皇岛:河北科技师范学院.

王洪新,胡志昂,1997. 盐渍条件下野大豆群体的遗传分化和生理适应同工酶和随机扩增多态研究[J]. 植物学报,39(1):39-41.

王敏,杨万明,侯艳萍,等,2010. 不同类型大豆花荚期抗旱性形态指标及其综合评价[J]. 核农学报,24(1):154-159.

王伟,姜伟,张金龙,等,2015. 大豆种质的耐旱性鉴定及耐旱指标筛选[J]. 大豆科学,34(5):808-818.

王应党,许梦歌,张雅娟,等,2017. 江淮大豆育种种质苗期耐旱性鉴定[J]. 大豆科学,36(5):669-678.

吴伟,陈学珍,谢皓,等,2005. 干旱胁迫下大豆抗旱性鉴定[J]. 分子植物育种,3(2):188-194.

吴秀红,2002. 抗大豆灰斑病新种质的筛选与抗源利用[D]. 哈尔滨:东北农业大学.

武天龙,马晓红,姚陆铭,2009. 大豆抗蚜性资源抗性的鉴定分析[J]. 中国农业科学,42(4):1258-1263.

肖鑫辉,李向华,刘洋,等,2009. 野生大豆(*Glycine soja*)耐高盐碱土壤种质的鉴定与评价[J]. 植物遗传资源学报,10(3):392-398.

谢皓,朱世明,包子敬,等,2008.干旱胁迫下大豆品种抗旱性评价与筛选[J].北京农学院学报,28(3):7-11.

徐刚,2008.大豆种质资源对大豆花叶病毒(SMV)的抗性鉴定及抗性遗传的研究[D].哈尔滨:东北农业大学.

徐刚,郜李斌,陶波,等,2008.大豆资源对大豆花叶病毒病(SMV)东北3号及黄淮7号株系的抗性研究[J].东北农业大学学报,39(10):11-14.

徐文平,申宏波,苗兴芬,等,2015.大豆种质资源对大豆胞囊线虫的抗病鉴定[J].植物病理学报,45(3):317-325.

徐文平,申宏波,苗兴芬,等,2007.大豆胞囊线虫抗病种质鉴定[J].大豆科学,26(3):377-380.

杨柳青,2016.耐盐性野生大豆种质筛选与评价[D].保定:河北大学.

杨庆凯,2000.论大豆蛋白质与油分含量品质的变化及影响的因素[J].大豆科学,19(4):386-391.

姚振纯,张玉华,1986.野生大豆田间感染大豆灰斑病简报[J].大豆科学,5(4):349-350.

姚振纯,林红,1989.接种鉴定野生大豆的抗病性[J].大豆科学,8(3):260.

姚振纯,林红,1994.野生大豆种质抗SCN和SMV鉴定研究[J].作物品种资源(4):37-39.

于安亮,徐鹏飞,陈晨,等,2009.大豆疫霉根腐病子叶接种法抗病性鉴定[J].大豆科学,28(5):879-882,888.

于宝泉,高林,2012.大豆胞囊线虫病发生和防治研究进展[J].大豆科技(3):29-33.

岳德荣,郭守桂,单玉莲,1988.野生大豆(Glysine soja)抗蚜鉴定技术方法研究初报[J].吉林农业科学(3):1-4.

岳德荣,等,1989.野生大豆(Glysine soja)抗大豆蚜(Aphis glysinece)研究[J].吉林农业科学(3):15-20.

张军,杨庆凯,王慧捷,等,2002.大豆孢囊线虫病研究进展及其抗病育种展望[J].东北农业大学学报,33(4):384-390.

张丽娟,杨庆,1997.大豆抗灰斑病病菌多个生理小种资源的筛选[J].大豆科学,16(1):38-41.

张明厚,魏培文,张春泉等,1998.东北亚四国(地区)SMV株系毒力比较[J].大豆科学,17(2):101-107.

张淑珍,丁广文,李文滨,等,2004.大豆疫霉根腐病研究进展[J].中国油料作物学报,26(2):102-107.

张永芳,钱肖娜,王润梅,等,2019.不同大豆材料的抗旱性鉴定及耐旱品种筛选[J].作物杂志(5):41-45.

郑永战,盖钧镒,赵团结,等,2008.中国大豆栽培和野生资源脂肪性状的变异特点研究

[J]. 中国农业科学(5): 1283-1291.

智海剑, 盖钧镒, 2006. 大豆花叶病毒及抗性遗传的研究进展[J]. 大豆科学, 25(2): 174-180.

周红霞, 2015. 大豆种质芽苗期耐旱性评价及全基因组关联分析[D]. 晋中: 山西农业大学.

朱希敏, 1988. 大豆品种资源抗病毒病、灰斑病和霜霉病鉴定[J]. 作物品种资源(1): 31-32.

ATHOW K L, PROBST A H, KURTZMAN C P, et al., 1962. A newly identified Physiologieal race of Cereospora sojina on soybeans [J]. Phytopathology, 52: 712-714.

BOERMA H R, SPECHT J E, PURCELL L C, 2004. Physiological traits for ameliorating drought stress [J]. Soybeans: Improvement, Production and Uses, 16: 569-620.

BUZZELL R I, TU J C, 1984. Inheritance of soybean resistance to soybean mosaic virus [J]. Journal of Heredith, 75(1): 82.

CHO E K, GOODMAN R M, 1979. Strains of soybean mosaic virus: classification based on virulence in resistant soybean cultivars [J]. Phytopathology, 69(5): 467-470.

CONDON A G, RICHARDS R A, REBETZKE G J, et al., 2004. Breeding for high water-use efficiency [J]. Journal of Experimental Botany, 55(407): 2447-2460.

COWARD L, BARNES N C, SETCHELL K, et al., 1993. Genistein, daidzein, and their. beta.—glycoside conjugates: antitumor isoflavones in soybean foods from American and Asian diets [J]. Journal of Agricultural Food Chemistry, 41: 1961-1967.

DU W J, FU S X, YU D Y, et al., 2009. Genetic analysis for the leaf pubescence density and water status traits in soybean [*Glycine max* (L.) Merr.] [J]. Plant Breeding, 128(3): 259-265.

GUIMARES-DIAS F, NEVES-BORGES A C, VIANA A A B, et al., 2012. Expression analysis in response to drought stress in soybean: shedding light on the regulation of metabolic pathway genes [J]. Genetics and Molecular Biology, 35(1): 222-232.

HU Z A, WANG H X, 1997. Solt tolerance of wild soybean (*Glycine soja*) in nature population evaluated by a new method [J]. Soybean Genetics Newsletter, 24: 79-80.

HWANG S, KING C, RAY J, et al., 2015. Confirmation of delayed canopy wilting QTLs from multiple soybean mapping populations [J]. Theoretical and Applied Genetics, 128(10): 2047-2065.

JONES H G, 2007. Monitoring plant and soil water status: established and novel methods revisited and their relevance to studies of drought tolerance [J]. Journal of Experimental Botany, 58(2): 119-130.

JUN T H, MIAN M, MICHEL A P, 2012. Genetic mapping revealed two loci for soybean aphid resistance in PI 567301B [J]. Theoretical & Applied Genetics, 124(1): 13 - 22.

KAUFMANN M J, GERDEMANN J W, 1958. Root and stem rot of soybean caused by Phytophthora sojae n. sp[J]. Phytopathology, 48(4): 201 - 208.

KIM J S, 1991. A new virulent strain of soybean mosaic virus infecting SMV resistant soybean cultivar Deogyou [J]. Plant Pathology Journal, 7: 37 - 41.

KLINK V P, OVERALL C C, ALKHAROUF N W, et al., 2007. Atime-course comparative microarray analysis of an in-compatible and compatible response by *Glycine max* (soybean) to *Heterodera glycines* (soybean cyst nema-tode) infection [J]. Planta, 226(6): 1423 - 1447.

LESK C, ROWHANI P, RAMANKUTTY N, et al., 2015. Influence of extreme weather disasters on global crop production [J]. Nature, 529(7584): 84 - 87.

LI K, YANG Q H, ZHI H J, et al., 2010. Identification and distribution of soybean mosaic virus strains in Southern China [J]. Plant Disease, 94(3): 351 - 357.

LIM S M, 1985. Resistance to soybean mosaic virus in soybeans [J]. Phytopathology, 75(2): 199 - 201.

MAKKOUK K, KUMARI S, 2006. Molecular diagnosis of plant viruses[J]. Arab Journal of Plant Protection, 24(2): 135 - 138.

MENSAH C, DIFONZO C, WANG D, 2008. Inheritance of soybean aphid resistance in PI 567541B and PI 567598B [J]. Crop Science, 48(5):1759 - 1763.

MIAN M, KANG S T, BEIL S E, et al., 2008. Genetic linkage mapping of the soybean aphid resistance gene in PI 243540 [J]. Tag Theoretical & Applied Genetics Theoretische Und Angewandte Genetik, 117(6): 955.

MIAN M, HAMMOND R B, MARTIN S, 2008. New plant Introductions with resistance to the soybean aphid [J]. Crop Science, 48(3): 1055 - 1061.

MORRISON R H, THORNE J C, et al., 1978. Inoculation of detached cotyledons for Screening soybeans against two races of *Phytophthora Megasperma Var. Sojae* [J]. Crop Science, 18(6): 1089 - 1091.

MULLET J E, WHITSITT M S, 1996. Plant cellular responses to water deficit [J]. Plant Growth Regulation, 20(2): 119 - 124.

NING H L, YUAN J Q, DONG Q Z, et al., 2018. Identification of QTLs related to the vertical distribution and seed-set of pod number in soybean [*Glycine max* (L.) Merri] [J]. PLoS One, 13(4): e0195830.

OKADA T, 1971. The hatching responses of the soybean cyst nematode *Heterodera glycines* ICHINOCHE (Tylenchida: Heteroderidae) [J]. Applied Entomology Zoology(6): 91 - 93.

OYA T, NEPOMUCENO A L, NEUMAIER N, et al., 2004. Drought tolerance characteristics of brazilian soybean cultivars[J]. Plant Production Science, 7(2), 129 - 137.

RIGGS R D, SCHMITT D P, 1988. Complete characterization of the race scheme for heterodera glycines [J]. Journal of Nematology, 20(3): 392-395.

SCHMITT D P, SHANNON G, 1992. Differentiating soybean responses to *Heterodera Glycines* races [J]. Crop Science, 32(1): 275-277.

SCHMITTHENNER A F, 1985. Problems and progressing in control of *Phytophthora* root rot of soybean[J]. Plant Disease, 69(4): 362-368.

SEO J K, OHSHIMA K, LEE H G, et al., 2009. Molecular variability and genetic structure of the population of soybean mosaic virus based on the analysis of complete genome sequences [J]. Virology, 393(1): 91-103.

SPECHT J E, HUME D J, KUMUDINI S V, 1999. Soybean yield potential: a genetic and physiological perspective [J]. Crop Science, 39(6): 1560-1570.

TAKAHASHI F, SUZUKI T, OSAKABE Y, et al., 2018. A small peptide modulates stomatal control via abscisic acid in long-distance signalling [J]. Nature, 556(7700): 235-238.

WANG D, MENSAH C, DIFONZO C D, 2005. Resistance to soybean aphid in early maturing soybean germplasm [J]. Crop Sci, 45(6): 2228-2233.

WANG S Y, BAO X Z, SUN Y J, et al., 1996. Effect of population dynamics of the soybean aphid (*Aphis glycines*) on soybean growth and yield [J]. Soybeanence, 15: 243-247.

WANG Y, ZHI H J, GUO D Q, et al., 2005. Classification and distribution of strain groups of soybean mosaic virus in Northern China spring planting soybean region [J]. Soybean Science, 24: 263-268.

WRATHER J A, ANDERSON T R, ARSYAD D M, et al., 1997. Soybean disease loss estimates for the top 10 soybean producing countries in 1994[J]. Plant Disease, 81(1): 107-110.

WRATHER A, KOENNING S, 2009. Effects of diseases on soybean yields in the United States 1996 to 2007 [J]. Plant Health Progress, 10(1): 10.1094/PHP-2009-0401-01-RS.

YAN L, HILL C B, CARLSON S R, et al., 2007. Soybean aphid resistance genes in the soybean cultivars Dowling and Jackson map to linkage group M [J]. Molecular Breeding, 19(1): 25-34.

YANG Q H, GAI J Y, 1962. Identification, inheritance and gene mapping of resistance to a virulent soybean mosaic virus strain SC15 in soybean [J]. Plant Breeding, 130(2): 128-132.

YANG X B, 1996. Races of *Phytophthora sojea* in Iowa soybean fields [J]. Plant Disease, 80: 1418-1420.

YE H, MANISH R, BABU V, et al., 2018. Genetic diversity of root system architecture in response to drought stress in grain legumes[J]. Journal of Experimental Botany, 69(13):

3267-3277.

ZHANG G, GU C, WANG D, 2009. Molecular mapping of soybean aphid resistance in PI 567541B [J]. Theor Appl Genet, 118: 473-482.

ZHANG G R, WANG C H, 2009. A novel locus for soybean aphid resistance [J]. Theor Appl Genet, 120: 1183-1191.

第四章　寒地野生大豆资源的遗传多样性

　　遗传多样性是物种长期进化的产物,是物种生物多样性的重要组成成分,是其生存、适应和进化的前提。物种遗传多样性的高低或遗传变异的丰富性,表明了其对环境的适应能力的强弱,遗传多样性高的种群容易扩展其分布范围并向新的环境拓展(Murray et al.,2008)。在野生大豆进化的过程中会丢失也会获得遗传多样性,通过遗传多样性的研究能揭示资源的遗传背景和亲缘关系。目前野生大豆资源的遗传多样性水平和遗传变异水平的研究主要通过表型性状、生化性状和分子标记来进行分析。

　　大豆的表型特征(包括叶形、花色、粒色、脐色、生长习性、结荚习性、蛋白质及脂肪含量等)可以用来区分不同的资源材料,同时用于研究其遗传多样性。通过研究野生大豆籽粒特点的地理分布,发现我国大豆的两个多样性中心是北方和黄河流域(徐豹等,1995),分布于中国北部的野生大豆遗传多样性最高,长江流域次之,南方沿海最低(Dong et al.,2001)。环境对大豆表型存在着影响,但不是反映种群内和种群间多样性和遗传结构的唯一标准。同工酶是人们利用生化水平上的差异分析物种遗传多样性、起源的另一种手段。通过同工酶的检测分析,发现在大豆驯化过程中出现了遗传多样性丢失的现象,等位基因频率、等位基因型发生了很大的变化(Devine et al.,1984);同工酶分析韩国和日本野生大豆的多样性情况,结果表明韩国可能是野生大豆多样性的一个中心(Yu et al.,1993;Kiang et al.,1992);许东河等(1999)利用等位酶分析中国野生大豆和栽培大豆的遗传多样性及进化趋势,认为野生大豆的遗传多样性水平高于栽培大豆;半野生大豆和野生大豆遗传关系较远,而与栽培品种较近(段会军等,2003)。分子标记是检测物种基因组水平差异的一项技术,具有准确、稳定的特点。目前在野生大豆遗传多样性研究中应用的分子标记有RAPD、AFLP、RFLP、SSR和SNP。在早期的研究中应用RAPD标记、AFLP标记和RFLP标记分析栽培大豆、野生大豆和半野生大豆的遗传多样性,在此基础上利用聚类分析并计算野生大豆、栽培大豆和半野生大豆的多样性以及它们之间的亲缘关系,认为一些标记位点可用于研究大豆的起源和进化问题(Xu et al.,2010;赵洪锟等,2000)。经过几种标记的应用对比发现SSR显示的多样性要远远高于RFLP,适合用来研究野生大豆的遗传多样性(Wang et al.,2007;赵洪锟等,2001)。近期的研究发现SNP位点具有数量多、分布广泛的特点,SNP位点标记技术分析自动化程度高,通量大,速度快,易于建立标准化操作,适合大规模SNP位点研究及基因分型,更适合用于野生大豆的遗传多样性分析(Li et al.,2010;李英慧等,2009;邹洪锋,2005;Wen et al.,2009)。有研究发现在大豆栽培驯化过程中有大量SNP位点和单倍型丢失,遗传多样性逐渐变小,野生大豆与栽培大豆间的遗传距离最远,半野生大豆与栽培大豆间的遗传距离略小于半野生大豆与野生大豆间的遗传距离,证明了在大豆进化过程中存在着与遗传漂变有关的显著瓶颈效应(邹洪锋,2005)。

第一节　寒地野生大豆表型性状的遗传多样性

寒地野生大豆是指分布于我国北纬45°以北高寒地区的野生大豆,这一地区的特点是冬季严寒时间较长,夏季短暂、温度较低,无霜期为90~145天。黑龙江省位于中国的最东北部,地处温带与寒温带交界处,属于我国高寒地区,农业地域的主要特征是东西两大平原(三江平原和松嫩平原)、南北两大山地(大小兴安岭和张广才岭、老爷岭、完达山),属于温带大陆性气候,南北跨10个纬度,东西跨14个经度,地形地貌复杂,形成了多样的生态类型,这些独特的生态类型条件为该地区丰富类型的野生大豆分布奠定了良好的环境基础。在相同的自然环境下,野生大豆经过漫长的自然选择作用生物学性状具有趋同性,同时具有较高的遗传多样性和遗传分化,体现出野生大豆对不同生态环境的适应。从表型性状(农艺性状、品质性状、耐逆性状和抗病虫性状)和基因型分析野生大豆群体的遗传多样性,挖掘野生大豆优异基因,可为寒地野生大豆资源的保护和利用提供理论依据,为大豆育种提供宝贵的基础材料。

一、寒地野生大豆质量性状的遗传多样性

我们根据黑龙江省四个农业地域分区的类型,按采集地的地理分布对野生大豆群体取样共计242份核心资源,按照资源材料的质量性状进行统计分析,6个质量性状的多样性指数最低的是花色,为0.31,最高的是叶形,为1.14,多样性指数变幅为0.31~1.14,平均为0.62;在所调查的资源中,花色为紫色和白色两种,以紫花为主,占全部资源的90.50%,其余的为白花,占9.50%;从进化类型分析,野生大豆占78.51%,半野生大豆占21.49%;叶形分为卵圆、椭圆、披针和线形四种,以披针形叶所占比例最高,占调查资源总数的39.26%,其次为椭圆和卵圆形叶,线形叶最少;种皮颜色以黑色居多,占资源总数的83.88%,其次为褐色、双色、黄色和绿色;脐色表现为褐色和黑色,分别占资源总数的52.07%和47.93%;87.60%的资源表现为种子有泥膜,其余的表现为无泥膜和有光泽(表4-1)。

表4-1　野生大豆资源质量性状的多样性分析

性状		份数	占资源总数的百分率/%	多样性指数 H'
进化类型	野生	190	78.51	0.52
	半野生	52	21.49	

表 4-1(续)

性状		份数	占资源总数的百分率/%	多样性指数 H'
花色	紫花	219	90.50	0.31
	白花	23	9.50	
叶形	卵圆	67	27.68	1.14
	披针	95	39.26	
	椭圆	77	31.82	
	线形	3	1.24	
种皮色	黑色	203	83.88	0.61
	褐色	20	8.26	
	黄色	3	1.24	
	绿色	2	0.83	
	双色	14	5.79	
脐色	黑色	116	47.93	0.69
	褐色	126	52.07	
泥膜	有泥膜	212	87.60	0.42
	无泥膜	3	1.24	
	有光泽	27	11.16	

通过分析四个地区野生大豆不同的质量性状发现,219 份紫花资源在四个生态区均有分布,数量分布上是北部地区＞中南部地区＞东部地区＞西部地区;23 份白花资源中,中南部地区分布最多,依次高于东部地区、北部地区,西部地区分布最少;190 份野生大豆资源在四个生态区均有分布,北部地区分布最多,东部地区分布最少,52 份半野生大豆资源中,中南部和东部地区分布最多,西部地区分布最少;67 份卵圆形叶资源中,中南部地区分布最多,西部最少,95 份披针形叶资源中,北部地区分布最多,东部最少,3 份线形叶全部分布在北部地区;种皮颜色中全部的黄色种皮、绿色种皮和双色种皮分布在东部和中南部地区,黑色种皮的资源在四个生态区均有分布,北部地区分布最多,东部地区最少;无泥膜的材料全部分布在北部地区,种子有光泽的材料分布在中南部、东部和西部地区,种子有泥膜的资源北部地区分布最多,西部地区分布最少(表 4-2)。

表 4-2 野生大豆资源的质量性状在各生态区的描述分析

性状		北部地区		西部地区		东部地区		中南部地区	
		份数	占比/%	份数	占比/%	份数	占比/%	份数	占比/%
进化类型	野生	82	43.16	35	18.42	30	15.79	43	22.63
	半野生	6	11.54	4	7.69	21	40.38	21	40.38

表 4-2（续）

性状		北部地区		西部地区		东部地区		中南部地区	
		份数	占比/%	份数	占比/%	份数	占比/%	份数	占比/%
花色	紫色	85	38.81	38	17.35	43	19.63	53	24.20
	白色	3	13.04	1	4.35	8	34.78	11	47.83
叶形	卵圆	8	11.94	6	8.96	19	28.36	34	50.75
	披针	59	62.11	12	12.63	7	7.37	17	17.89
	椭圆	18	23.38	21	27.27	25	32.47	13	16.88
	线形	3	100.00						
种皮色	黑色	87	42.86	38	18.72	35	17.24	43	21.18
	褐色	1	5.00	1	5.00	8	40.00	10	50.00
	黄色					1	33.33	2	66.67
	绿色					1	50.00	1	50.00
	双色					6	42.86	8	57.14
脐色	黑色	33	28.45	24	20.69	24	20.69	35	30.17
	褐色	55	43.65	15	11.90	27	21.43	29	23.02
泥膜	有泥膜	85	40.09	38	17.92	39	18.40	50	23.58
	无泥膜	3	100.00						
	有光泽			1	3.70	12	44.44	14	51.85

注：占比为资源份数占该类资源总数的百分比

综合分析四个地区分布的野生大豆资源的性状发现，北部地区资源以紫花（占资源总数的 96.59%）、披针形叶（占资源总数的 67.05%）为主，种皮颜色以黑色（占资源总数的 98.86%）为主，脐色以褐色（占资源总数的 62.50%）为主，96.59% 的资源表现为种子有泥膜。西部地区资源以紫花（占资源总数的 97.44%）、椭圆形叶（占资源总数的 53.85%）为主，种皮颜色以黑色（占资源总数的 97.44%）为主，脐色以黑色（占资源总数的 61.54%）为主，97.44% 的资源表现为种子有泥膜。东部地区的资源以紫花（占资源总数的 84.31%）、椭圆形叶（占资源总数的 49.02%）为主，种皮颜色以黑色（占资源总数的 68.63%）为主，脐色以褐色（占资源总数的 52.94%）为主，76.47% 的资源表现为种子有泥膜。中南部地区的资源以紫花（占资源总数的 82.81%）、卵圆形叶（占资源总数的 53.13%）为主，种皮颜色以黑色（占资源总数的 67.19%）为主，脐色以黑色（占资源总数的 54.69%）为主，78.13% 的资源表现为种子有泥膜（表 4-3）。

表 4-3 各生态区野生大豆资源的质量性状统计分析

地区	数量	进化类型			花色		叶形			种皮色					脐色			泥膜		
		野生	半野生		紫色	白色	卵圆	披针	椭圆	线形	黑色	褐色	黄色	绿色	双色	黑色	褐色	有泥膜	无泥膜	有光泽
北部地区	份数	82	6		85	3	8	59	18	3	87	1				33	55	85	3	
	占比/%	93.18	6.82		96.59	3.41	9.09	67.05	20.45	3.41	98.86	1.14				37.50	62.50	96.59	3.41	1
西部地区	份数	35	4		38	1	6	12	21		38	1				24	15	38		2.56
	占比/%	89.74	10.26		97.44	2.56	15.38	30.77	53.85		97.44	2.56				61.54	38.46	97.44		
东部地区	份数	30	21		43	8	19	7	25		35	8	1	1	6	24	27	39		12
	占比/%	58.82	41.18		84.31	15.69	37.25	13.73	49.02		68.63	15.67	1.96	1.96	11.76	47.06	52.94	76.47		23.53
中南部地区	份数	43	21		53	11	34	17	13		43	10	2	1	8	35	29	50		14
	占比/%	67.19	32.81		82.81	17.19	53.13	26.56	20.31		67.19	15.63	3.13	1.56	12.5	54.69	45.31	78.13		21.88

注：占比为资源份数占该地区资源总数的百分比。

二、寒地野生大豆农艺性状的遗传多样性

我们对野生大豆资源9个农艺性状(百粒重、单株粒重、单株粒数、有效荚数、无效荚数、分枝数、节数、节间长、叶形指数)进行了统计分析(表4-4),结果表明野生大豆9个农艺性状在表型上均表现出不同程度的变异。变异系数介于13.85%~83.41%之间,平均为42.38%,9个农艺性状的变异程度依次为百粒重>无效荚数>单株粒重>叶形指数>单株粒数、有效荚数>分枝数>节数>节间长;多样性指数介于1.28~2.06之间,平均为1.84,9个农艺性状的多样性指数大小依次为节间长>单株粒数、有效荚数>节数>分枝数>叶形指数>单株粒重>无效荚数>百粒重。

表4-4 野生大豆资源农艺性状统计分析

性状	平均值	最大	最小	标准差	变异系数 CV/%	多样性指数 H'
百粒重/g	2.05	9.43	1.07	1.71	83.41	1.28
单株粒重/g	19.96	87.10	6.24	11.68	58.52	1.71
单株粒数/个	1 117.96	1862.22	242.67	381.21	34.10	2.05
有效荚数/个	558.99	931.11	121.33	190.60	34.10	2.05
无效荚数/个	19.39	120.83	3.00	13.88	71.58	1.61
分枝数/个	4.37	14.00	1.85	1.19	27.23	1.94
节数/个	32.75	48.00	18.27	6.75	20.61	2.03
节间长/cm	8.59	13.66	5.37	1.19	13.85	2.06
叶形指数	2.29	5.99	1.17	0.87	37.99	1.86

百粒重的变幅为1.07~9.43 g,其中百粒重低于1.00 g的资源有1份,占资源总数的0.41%,百粒重高于5.00 g的资源有34份,占资源总数的14.05%,70.66%的材料百粒重大于1.00 g小于2.00 g;单株粒重的变幅为6.24~87.10 g,其中单株粒重低于10 g的资源18份,占资源总数的7.44%,单株粒重高于50 g的资源9份,占资源总数的3.72%;单株粒数的变幅为242.67~1 862.22个,其中单株粒数低于400个的资源9份,占资源总数的3.72%,高于1 600个的资源15份,占资源总数的6.20%;有效荚数的变幅为121.33~931.11个,其中有效荚数低于200个的资源9份,占资源总数的3.72%,高于800个的资源15份,占资源总数的6.20%;无效荚数的变幅为3.00~120.83个,其中无效荚数低于10个的资源有38份,占资源总数的15.70%,无效荚数高于80个的资源有3份,占资源总数的1.24%;分枝数的变幅为1.85~14.00个,其中分枝数低于3个的资源有14份,占资源总数的5.79%,分枝数高于7个的资源有6份,占资源总数的2.48%;节数的变幅为18.27~48.00个,其中节数低于20个的资源有10份,占资源总数的4.13%,节数高于40个的资源有29份,占资源总数的11.98%;节间长的变幅为5.37~13.66 cm,其中节间长低于6 cm的资源有4份,占资源总数的1.65%,节间长高于10 cm的资源有19份,占

资源总数的 7.85%;叶形指数的变幅为 1.17~5.99,其中叶形指数低于 1.3 的资源有 16 份,占资源总数的 6.61%,叶形指数高于 4 的资源有 13 份,占资源总数的 5.37%(表 4-4)。

我们根据野生大豆资源的采集地按照北部、西部、东部和中南部地区统计分析农艺性状的表型数据(表 4-5),结果表明百粒重平均值中南部地区最高,为 3.40 g,北部地区最低,为 1.67 g,变异系数中南部地区最高,为 68.53%,北部地区最低 36.53%,多样性指数北部地区最高,为 1.39,西部地区最低,为 0.86;单株粒重平均值中南部地区最高,为 30.70 g,北部地区最低,为 15.18 g,变异系数西部地区最高,为 93.89%,东部地区最低,为 49.72%,多样性指数中南部地区最高,为 2.00,西部地区最低,为 1.34;单株粒数平均值西部地区最高,为 1 427.17 个,北部地区最低,为 976.45 个,变异系数西部地区最高,为 70.71%,北部地区最低,为 36.97%,多样性指数北部地区最高,为 1.94,西部地区最低,为 1.41;有效荚数平均值西部地区最高,为 445.80 个,北部地区最低,为 373.32 个,变异系数西部地区最高,为 38.32%,北部地区最低,为 31.31%,多样性指数西部地区最高,为 1.95,北部地区最低,为 1.71;无效荚数平均值东部地区最高,为 25.72 个,北部地区最低,为 18.83 个,变异系数西部地区最高,为 85.17%,中南部地区最低,为 40.23%,多样性指数中南部地区最高,为 1.80,西部和东部地区最低,为 1.24;分枝数平均值中南部地区最高,为 5.38 个,北部地区最低,为 4.58 个,变异系数东部地区最高,为 27.64%,北部地区最低,为 22.12%,多样性指数中南部地区最高,为 1.96,东部地区最低,为 1.84;节数平均值东部地区最高,为 36.63 个,北部地区最低,为 31.69 个,变异系数中南部地区最高,为 41.20%,北部最低,为 31.93%,多样性指数西部地区最高,为 1.87,北部地区最低,为 1.76;节间长平均值中南部地区最高,为 7.80,北部地区最低,为 7.35,变异系数北部和西部地区最高,为 15.42%,东部地区最低,为 12.94%,多样性指数中南部地区最高,为 2.10,北部地区最低,为 1.81;叶形指数平均值北部地区最高,为 2.90,东部地区最低,为 1.93,变异系数北部地区最高,为 35.52%,东部地区最低,为 21.76%,多样性指数西部地区最高,为 1.98,北部地区最低,为 1.55。

表 4-5 各地区试验材料农艺性状统计分析

性状	地区	平均值	最大值	最小值	标准差	变异系数 CV/%	多样性指数 H'
百粒重/g	北部	1.67	4.55	1.15	0.61	36.53	1.39
	西部	1.75	5.82	0.97	1.07	61.14	0.86
	东部	2.92	7.41	1.07	1.91	65.41	1.18
	中南部	3.40	9.90	0.97	2.33	68.53	1.33

表4-5(续)

性状	地区	平均值	最大值	最小值	标准差	变异系数 CV/%	多样性指数 H'
单株粒重 /g	北部	15.18	82.95	4.96	10.05	66.21	1.52
	西部	21.10	127.63	4.25	19.81	93.89	1.34
	东部	26.61	62.76	7.64	13.23	49.72	1.77
	中南部	30.70	71.23	5.46	15.70	51.14	2.00
单株粒数 /个	北部	976.45	1 822.74	270.11	361.03	36.97	1.94
	西部	1 427.17	6 463.41	480.67	1 009.16	70.71	1.41
	东部	1 071.05	3 633.22	375.78	568.13	53.04	1.68
	中南部	1 003.95	2 808.33	383.96	486.38	48.45	1.72
有效荚数 /个	北部	373.32	682.93	167.57	116.87	31.31	1.71
	西部	445.80	776.56	114.89	145.83	32.71	1.95
	东部	430.43	1 201.33	214.97	164.94	38.32	1.86
	中南部	433.16	1 112.89	210.91	148.46	34.27	1.75
无效荚数 /个	北部	18.83	93.28	6.78	12.53	66.54	1.33
	西部	24.61	136.54	4.44	20.96	85.17	1.33
	东部	25.72	113.15	9.71	17.76	69.05	1.24
	中南部	23.19	49.39	10.06	9.33	40.23	1.80
分枝数 /个	北部	4.58	7.70	2.34	1.02	22.27	1.91
	西部	5.04	8.21	3.18	1.23	24.40	1.90
	东部	5.21	10.00	2.76	1.44	27.64	1.84
	中南部	5.38	9.88	3.41	1.19	22.12	1.96
节数 /个	北部	31.69	66.86	16.74	10.12	31.93	1.76
	西部	36.09	72.79	17.51	14.01	38.82	1.87
	东部	36.63	63.20	16.37	12.30	33.58	1.77
	中南部	34.25	84.27	16.63	14.11	41.20	1.84
节间长 /cm	北部	7.35	11.50	4.86	1.07	14.56	1.81
	西部	7.59	9.96	4.97	1.17	15.42	1.86
	东部	7.73	9.57	4.74	1.00	12.94	1.90
	中南部	7.80	10.33	4.84	1.07	13.72	2.10
叶形指数	北部	2.90	5.98	1.33	1.03	35.52	1.55
	西部	2.41	3.98	1.13	0.68	28.22	1.98
	东部	1.93	2.67	1.14	0.42	21.76	1.74
	中南部	1.99	3.64	1.29	0.56	28.14	1.91

中南部地区采集的野生大豆资源百粒重、单株粒重、分枝数和节间长的均值最高,单株粒重、无效荚数、分枝数和节间长的多样性指数最高,西部地区采集的野生大豆资源单株粒数和有效荚数的均值最高,有效荚数、节数和叶形指数的多样性指数最高;东部地区采集的野生大豆资源节数和无效荚数的均值最高,北部地区采集的野生大豆资源叶形指数均值最高,百粒重和单株粒数的多样性指数最高(图4-1)。

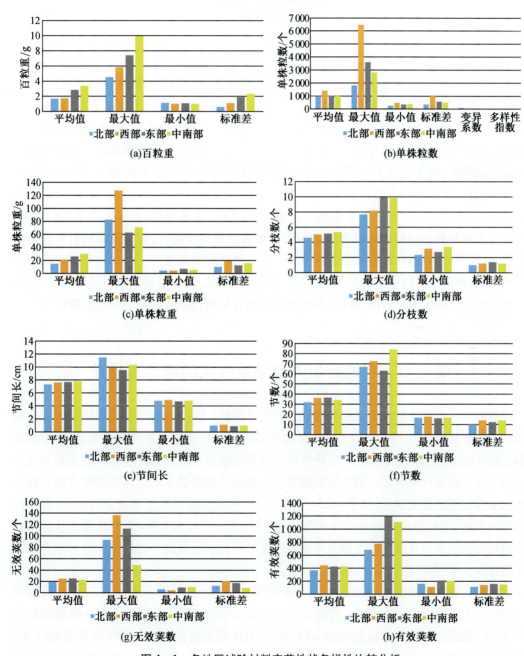

图4-1　各地区试验材料农艺性状多样性比较分析

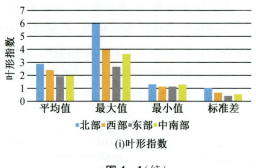

(i)叶形指数

图 4-1（续）

为了分析野生大豆在迁移、进化过程中是否形成了不同的生态群体，我们利用农艺性状的统计数据进行聚类分析，将 242 份试验材料分为两个类群，第Ⅰ类群有材料 116 份，第Ⅱ群有材料 111 份，计算缺失 13 份。从材料的地理来源地分析看，第Ⅰ类群材料主要来自黑龙江省中南部和东部地区，第Ⅱ类群材料主要来自北部和西部地区。从材料的性状分析结果看，第Ⅰ类群中的野生大豆资源以紫花、椭圆形叶、黑色种皮、有泥膜为主，进化程度低，农艺性状特点是百粒重高，节数、节间长，单株粒数、单株粒重、有效荚数、叶形指数较低；第Ⅱ类群的野生大豆资源以紫花、披针形叶、黑色种皮、有泥膜为主，农艺性状特点是单株粒数、单株粒重、叶形指数较高。聚类分析将叶宽大、百粒重高的材料聚为第Ⅰ类，这一类材料特性表现为脂肪、异黄酮、不饱和脂肪酸含量高，耐草甘膦除草剂，耐疫霉根腐病、腐霉根腐病和孢囊线虫病；聚类分析将叶细长、产量偏高的材料聚为第Ⅱ类，这一类材料特性表现为蛋白质、油酸、不饱和脂肪酸含量高，耐旱、耐盐、耐冷，抗蚜性强。

第二节 寒地野生大豆品质性状的遗传多样性

对野生大豆群体材料 7 个品质性状进行统计分析（表 4-6），结果表明野生大豆品质性状的变异系数为 1.73%～40.07%，平均为 12.30%，异黄酮含量变异系数最大，不饱和脂肪酸含量的变异系数最小，7 个品质性状的变异程度依次为异黄酮含量＞粗脂肪含量＞油酸含量＞粗蛋白质含量＞饱和脂肪酸含量＞蛋脂总和含量＞不饱和脂肪酸含量。各性状的多样性指数变化较大，介于 1.85～2.09，其中粗蛋白质含量变异类型较丰富，多样性指数为 2.09，多样性指数最小的是油酸含量，为 1.85，平均为 1.96，7 个品质性状的多样性指数大小依次为粗蛋白质含量＞不饱和脂肪酸含量＞饱和脂肪酸含量＞异黄酮含量＞蛋脂总和含量、粗脂肪含量＞油酸含量。

粗蛋白质含量的变幅为 48.69%～56.10%，其中粗蛋白质含量高于 45% 的资源有 211 份，占资源总数的 87.19%，粗蛋白质含量高于 50% 的资源有 85 份，占资源总数的 35.12%；粗脂肪含量的变幅为 7.64～18.70%，其中粗脂肪含量低于 10% 的资源有 11 份，占资源总数的 4.55%；蛋脂总和含量的变幅为 53.51%～66.60%，其中蛋脂总和含量高于60%的资源有197份,占资源总数的81.40%,高于65%的资源13份,占资源总数的5.37%;异黄酮含量的变幅为697.60~9 372.35 μg/g,其中异黄酮含量高于3 000 μg/g的资源有137份,占资源总数的56.61%,高于6 000 μg/g的资源有12份,占资源总数的4.96%;油酸含量的变幅为7.04%~14.71%,其中油酸含量高于14%的资源有3份,占资源总数的1.24%,低于10%的资源有207份,占资源总数的85.54%;饱和脂肪酸含量的变幅为15.00%~18.49%,其中饱和脂肪酸含量高于18%的资源有5份,占资源总数的2.07%,低于17%的资源有190份,占资源总数的78.51%;不饱和脂肪酸含量的变幅为67.93%~77.01%,其中不饱和脂肪酸含量高于76%的资源有11份,占资源总数的4.55%,低于75%的资源有184份,占资源总数的76.03%(表4-6)。

表4-6 品质相关性状的统计分析及多样性指数

性状	平均值	最大值	最小值	标准差	变异系数 $CV/\%$	多样性指数 H'
粗蛋白含量/%	48.69	56.10	41.79	3.02	6.20	2.09
粗脂肪含量/%	13.01	18.70	7.64	2.35	18.06	1.86
蛋脂总和/%	61.69	66.60	53.51	2.62	4.25	1.86
异黄酮含量/(μg/g)	3 535.42	9 372.35	697.60	1 416.66	40.07	1.95
油酸含量/%	9.23	14.71	7.04	1.10	11.94	1.85
饱和脂肪酸含量/%	16.46	18.49	15.00	0.73	4.46	2.05
不饱和脂肪酸含量/%	74.31	77.01	67.93	1.28	1.73	2.07

我们根据野生大豆资源的采集地按照北部、西部、东部和中南部地区统计分析品质性状数据(表4-7),结果表明粗蛋白质含量平均值西部地区最高,为50.94%,北部地区最低,为47.29%,变异系数西地区最高,为6.24%,北部地区最低,为4.75%,多样性指数北部地区最高,为2.08,西部地区最低,为1.82;粗脂肪含量平均值中南部地区最高,为13.91%,西部地区最低,为12.18%,变异系数中南部地区最高,为20.55%,北部地区最低,为11.69%,多样性指数北部地区最高,为1.95,西部地区最低,为1.41;蛋脂总和含量平均值西部地区最高,为63.12%,东部地区最低,为60.92%,变异系数东部地区最高,为4.72%,西部地区最低,为3.60%,多样性指数北部地区最高,为1.92,中南部地区最低,为1.71;异黄酮含量平均值东部地区最高,为4 223.04 μg/g,北部地区最低,为2 997.74 μg/g,变异系数北部地区最高,为45.05%,西部地区最低,为30.27%,多样性指数中南部地区最高,为2.03,东部地区最低,为1.56;油酸含量平均值西部地区最高,为9.62%,东部地区最低,为8.95%,变异系数西部地区最高,为15.36%,北部地区最低,为5.55%,多样性指数东部地区最高,为1.99,西部地区最低,为1.42;饱和脂肪酸含量平均值中南部地区最高,为16.56%,东部地区最低,为16.11%,变异系数东部地区最高,为4.56%,北部地区最低,为3.28%,多样性指数中南部地区最高,为2.11,北部地区最低,为1.73;不饱和脂肪酸含量平均值东部地区最高,为74.94%,西部地区最低,为73.85%,变异系数西部地

区最高,为2.21%,北部最低,为1.2%,多样性指数东部地区最高,为1.86,西部地区最低,为1.70。

表4-7 不同地区野生大豆群体品质相关性状的多样性分析

性状	地区	平均值	最大值	最小值	标准差	变异系数 CV/%	多样性指数 H'
粗蛋白质含量/%	北部	49.20	54.20	43.20	2.34	4.75	2.08
	西部	50.94	56.10	42.28	3.18	6.24	1.82
	东部	47.29	54.00	41.79	2.91	6.16	2.04
	中南部	47.78	53.70	42.50	2.93	6.13	2.06
粗脂肪含量/%	北部	12.38	15.60	8.55	1.45	11.69	1.95
	西部	12.18	17.20	10.10	1.73	14.19	1.41
	东部	13.64	18.70	8.87	2.66	19.50	1.85
	中南部	13.91	18.50	8.02	2.86	20.55	1.94
蛋脂总和含量/%	北部	61.58	65.8	54.14	2.54	4.13	1.92
	西部	63.12	66.60	54.23	2.27	3.60	1.82
	东部	60.92	65.00	54.00	2.88	4.72	1.86
	中南部	61.69	65.00	53.51	2.29	3.72	1.71
异黄酮含量/(μg/g)	北部	2 997.74	9 372.35	1 372.05	1 350.59	45.05	1.84
	西部	3 081.17	5 547.20	1 543.20	932.81	30.27	1.93
	东部	4 223.04	9 159.81	697.60	1 512.71	35.82	1.56
	中南部	3 951.47	7 218.06	1 536.70	1 296.06	32.80	2.03
油酸含量/%	北部	9.42	10.22	8.48	0.52	5.55	1.73
	西部	9.62	14.71	8.25	1.48	15.36	1.42
	东部	8.95	11.19	7.40	0.88	9.79	1.99
	中南部	9.17	14.34	7.04	1.15	12.53	1.88
饱和脂肪酸含量/%	北部	16.51	17.36	15.92	0.54	3.28	1.73
	西部	16.53	18.03	15.06	0.71	4.27	1.96
	东部	16.11	18.49	15.00	0.73	4.56	1.82
	中南部	16.56	18.34	15.15	0.69	4.19	2.11
不饱和脂肪酸含量/%	北部	74.07	74.99	72.42	0.89	1.20	1.73
	西部	73.85	76.08	68.29	1.63	2.21	1.70
	东部	74.94	77.01	70.32	1.16	1.55	1.86
	中南部	74.27	76.28	67.93	1.25	1.68	1.85

第三节 寒地野生大豆耐逆性状的遗传多样性

对野生大豆群体材料 4 个耐逆性状统计分析(表 4-8),结果表明野生大豆耐逆性状的变异系数为 23.96%~56.02%,平均为 39.03%,草甘膦耐性变异系数最大,耐冷性的变异系数最小,变异系数的大小表明 4 个耐逆性状的变异程度依次为草甘膦耐性>耐旱性>耐盐性>耐冷性。各性状的多样性指数变化较大,介于 1.89~2.19,其中耐旱性类型较丰富,多样性指数为 2.19,多样性指数最小的是草甘膦耐性,为 1.89,平均为 2.04。

表 4-8 野生大豆群体耐逆性状的多样性分析

性状	平均值	最大值	最小值	标准差	变异系数 CV/%	多样性指数 H′
耐盐性(相对盐害指数/%)	57.36	98.00	12.00	21.03	36.67	2.09
耐旱性(干旱反复存活率矫正值/%)	47.91	94.74	5.41	20.06	41.88	2.19
耐冷性(相对发芽势/%)	25.76	39.87	14.60	6.17	23.96	1.99
草甘膦耐性(枯叶面积比例/%)	41.91	96.00	3.00	23.48	56.02	1.89

经鉴定分析,耐盐性分为 5 级,变幅为 12.00%~98.00%,17.77% 的材料表现为耐和较耐,33.48% 的材料表现为较敏感和敏感,48.76% 的材料表现为中等耐盐性;耐旱性分为 5 级,变幅为 5.41%~94.74%,57.85% 的材料表现为极强和强,26.86% 的材料表现为弱和极弱,15.29% 的材料表现为中等耐旱性;耐冷性分为 4 级,变幅为 14.60%~39.87%,耐冷的材料占 25.62%,74.38% 的材料表现为中间型;草甘膦耐性分为 5 级,变幅为 3.00%~96.00%,其中 6.61% 的材料表现为 0 级,2.48% 的材料表现为 5 级,其余 90.91% 的材料表现为 1 级到 4 级(表 4-9)。

表 4-9 野生大豆资源耐逆性的统计分析

抗(耐)逆类型	抗感反应	资源份数	占资源总数百分比/%
耐盐性(相对盐害指数/%)	耐:0~20.0	9	3.72
	较耐:20.1~35.0	34	14.05
	中耐:35.1~65.0	118	48.76
	较敏感:65.1~90.0	70	28.93
	敏感:90.1~100.0	11	4.55

表 4-9（续）

抗（耐）逆类型	抗感反应	资源份数	占资源总数百分比/%
耐旱性 （干旱反复存活率矫正值/%）	极强(HR):70.0~100.0	89	36.78
	强(R):60.0~69.9	51	21.07
	中等(MR):50.0~59.9	37	15.29
	弱(S):40.0~49.9	26	10.74
	极弱(HS):0~39.9	39	16.12
耐冷性 （相对发芽势/%）	耐:30.1~100.0	62	25.62
	较耐:20.1~30.0	131	54.13
	较敏感:10.1~20.0	49	20.25
	敏感:0~10.0	0	0
草甘膦耐性 （枯叶面积比例/%）	0 级:0~10.0	16	6.61
	1 级:10.1~20.0	34	14.05
	2 级:20.1~40.0	73	30.17
	3 级:40.1~60.0	65	26.86
	4 级:60.1~80.0	35	14.46
	5 级:80.1~100.0	6	2.48

我们根据野生大豆资源的采集地按照北部、西部、东部和中南部地区统计分析耐逆性状的表型数据（表 4-10），结果表明耐盐性平均值西部地区最高，为 61.03%，北部地区最低，为 55.09%，变异系数中南部地区最高，为 38.42%，东部地区最低，为 34.76%，多样性指数北部地区最高，为 2.11，中南部地区最低，为 1.91；耐旱性平均值西部地区最高，为 52.17%，东部地区最低，为 41.82%，变异系数中南部地区最高为 44.31%，北部地区最低为 35.24%，多样性指数东部地区最高，为 2.18，中南部地区最低，为 2.00；耐冷性平均值北部地区最高，为 26.15%，西部地区最低，为 25.06%，变异系数西部地区最高，为 27.13%，中南部地区最低，为 21.44%，多样性指数东部地区最高，为 2.09，西部地区最低，为 1.95；草甘膦耐性平均值东部地区最高，为 49.41%，北部地区最低，为 35.22%，变异系数西部地区最高，为 64.71%，东部地区最低，为 49.26%，多样性指数东部地区最高，为 1.92，中南部地区最低，为 1.73。

表 4-10 野生大豆群体耐逆相关性状的多样性分析

性状	地区	平均值	最大值	最小值	标准差	变异系数 CV/%	多样性指数 H'
耐盐性 （相对盐害指数/%）	北部	55.09	98.00	12.00	21.13	38.35	2.11
	西部	61.03	98.00	17.00	19.44	35.22	2.07
	东部	55.19	98.00	14.00	21.21	34.76	1.99
	中南部	56.4	98.00	12.00	21.67	38.42	1.91

表 4-10(续)

性状	地区	平均值	最大值	最小值	标准差	变异系数 CV/%	多样性指数 H'
耐旱性 (干旱反复存活率 矫正值/%)	北部	50.42	91.58	18.57	18.38	35.24	2.06
	西部	52.17	85.33	8.33	18.16	43.42	2.06
	东部	41.82	94.74	6.67	21.26	42.16	2.18
	中南部	47.39	97.67	5.41	21.00	44.31	2.00
耐冷性 (相对发芽势/%)	北部	26.15	38.25	15.71	5.84	22.33	2.08
	西部	25.06	39.87	14.60	6.80	27.13	1.95
	东部	25.99	38.87	15.12	6.39	24.59	2.09
	中南部	25.42	37.74	15.71	5.45	21.44	2.06
草甘膦耐性 (枯叶面积比例/%)	北部	35.22	90.00	5.00	19.58	55.60	1.81
	西部	37.00	94.00	3.00	23.94	64.71	1.85
	东部	49.41	96.00	5.00	24.34	49.26	1.92
	中南部	43.69	94.00	4.00	23.06	52.78	1.73

第四节 寒地野生大豆抗病虫性状的遗传多样性

对野生大豆群体材料 4 个抗病虫性状进行统计分析(表 4-11),结果表明野生大豆抗病虫性状的变异系数为 26.06%~73.65%,平均为 43.30%,孢囊线虫抗性变异系数最大,腐霉抗性的变异系数最小,变异系数的大小表明,4 个抗病虫性状的变异程度依次为孢囊线虫抗性>疫霉抗性>蚜虫抗性>腐霉抗性。各性状的多样性指数变化较大,介于 1.72~2.13,其中蚜虫抗性类型较丰富,多样性指数为 2.13,多样性指数最小的是腐霉抗性,为 1.72,平均为 1.92。

表 4-11 野生大豆群体抗病虫相关性状多样性分析

性状	平均值	最大值	最小值	标准差	变异系数 CV/%	多样性指数 H'
疫霉抗性 (发病率/%)	45.91	91.36	3.70	19.00	41.00	2.07
腐霉抗性(级)	3.60	5.00	0.20	0.94	26.06	1.72
孢囊线虫病抗性 (根部雌虫数/个)	24.18	89	0	17.81	73.65	1.74
蚜虫抗性(级)	2.74	4.00	0.15	0.89	32.47	2.13

经鉴定分析(表4-12),疫霉抗性分为3级,变幅为3.70%~91.36%,11.20%的材料表现为抗,19.50%的材料表现为感病,69.29%的材料表现为中间型;腐霉抗性分为5级,变幅为0.20~5.00级,2.07%的材料表现为1级抗性,19.83%的材料表现为5级抗性,78.10%的材料表现为中等抗性;孢囊线虫抗性分为5级,变幅为0~89个,免疫的材料占2.48%,高感的材料占23.55%,74.97%的材料表现为中间型;蚜虫抗性分为9级,变幅为0.15~4级,其中3.72%的材料表现为0.5级,19.01%的材料表现为4级,其余77.27%的材料表现为1级到3.5级。

表4-12 野生大豆群体抗病虫相关性状统计分析

病虫抗性类型	抗感反应	资源份数	占资源总数百分比/%
疫霉根腐病抗性（发病率/%）	R(抗):0~30.0	27	11.20
	I(中间型):30.1~70.0	167	69.29
	S(感):70.1~10.0	47	19.50
腐霉根腐病抗性（主根及侧根腐烂减少率/%）	1级:0~10	5	2.07
	2级:11~20	22	9.09
	3级:21~50	77	31.82
	4级:51~80	90	37.19
	5级:81~100	48	19.83
孢囊线虫病抗性（根部雌虫数/个）	免疫(I):0	6	2.48
	高抗(HR):0.1~30	16	6.61
	抗(R):3.1~10.0	44	18.18
	感(S):10.1~30.0	119	49.17
	高感(HS):>30.0	57	23.55
蚜虫抗性（全株蚜虫数/头）	0级:0	0	0
	0.5级:1~10	9	3.72
	1级:11~100	5	2.07
	1.5级:101~150	7	2.89
	2级:151~300	27	11.16
	2.5级:301~500	36	14.88
	3级:501~800	43	17.77
	3.5级:>800,植株无霉层和少量蚜虫皮	69	28.51
	4级:>800,植株覆盖霉层和蚜虫皮	46	19.01

我们根据野生大豆资源的采集地按照北部、西部、东部和中南部地区统计分析抗病虫性状的数据(表4-13),结果表明疫霉抗性平均值中南部地区最高,为52.03%,西部地区最低为39.04%,变异系数北部地区最高,为51.42%,东部地区最低,为30.98%,多样性指数北部地区最高,为2.06,东部和中南部地区最低,为1.97;腐霉抗性平均值西部地区最高,为3.73,中南部地区最低,为3.40,变异系数中南部部地区最高,为31.24%,北部地区最低,为17.51%,多样性指数西部和中南部地区最高,为2.05,北部地区最低,为1.70;孢囊线虫抗性平均值东部地区最高,为26.00个,北部地区最低,为22.44个,变异系数西部地区最高,为77.60%,东部地区最低,为71.85%,多样性指数东部地区最高,为1.89,西部地区最低,为1.79;蚜虫抗性平均值东部地区最高,为3.0,西部地区最低,为2.51,变异系数西部地区最高,为43.52%,东部地区最低,为27.12%,多样性指数东部地区最高,为2.09,中南部地区最低,为1.81。

表4-13 各地区野生大豆抗病虫相关性状多样性统计分析

性状	地区	平均值	最大值	最小值	标准差	变异系数 CV/%	多样性指数 H'
疫霉抗性/%	北部	42.23	91.36	3.70	21.71	51.42	2.06
	西部	39.04	79.01	8.64	16.22	41.56	2.03
	东部	49.82	85.19	17.28	15.43	30.98	1.97
	中南部	52.03	90.12	7.41	16.99	32.66	1.97
腐霉抗性/级	北部	3.70	4.90	2.87	0.65	17.51	1.70
	西部	3.73	5.00	2.13	0.76	20.49	2.05
	东部	3.63	5.00	1.50	0.83	22.84	1.97
	中南部	3.40	5.00	0.20	1.06	31.24	2.05
孢囊线虫病抗性/个	北部	22.44	69.00	0.00	17.15	76.43	1.88
	西部	25.46	89.00	2.00	19.76	77.60	1.79
	东部	26.00	89.00	1.00	18.68	71.85	1.89
	中南部	23.70	65.00	0.00	17.08	72.04	1.85
蚜虫抗性/级	北部	2.60	3.92	0.28	0.78	30.14	1.98
	西部	2.51	3.89	0.15	1.09	43.52	1.84
	东部	3.00	3.94	0.67	0.81	27.12	2.09
	中南部	2.92	4.00	0.38	0.89	30.52	1.81

第五节　寒地野生大豆遗传多样性与遗传解析

栽培大豆是由一年生野生大豆进化而来的,经历了环境变化和人为选择,其表型尤其是很多和人们生产生活相关的性状发生了显著的变化——茎从匍匐转为直立,籽粒由小变大,种皮由黑色、有泥膜不易萌发变为黄色且无泥膜。野生大豆资源在漫长的对环境变化的适应过程和进化过程中虽然经历了突变、遗传漂移、选择和迁徙,却保存下来丰富的遗传多样性和变异,是拓宽大豆遗传基础和改良大豆重要的遗传资源。对野生大豆遗传多样性和遗传解析的研究可以揭示大豆的进化历史,为大豆育种和遗传改良奠定基础。

近年来,生物多样性研究迅速向生物学领域渗透,尤其是在种质资源评价和创新利用方面的应用。利用多样性对资源进行评价,能较真实地表现资源的综合性状,结果较稳定的可为育种取材提供基础依据。我们以黑龙江省野生大豆资源自然群体为研究对象,利用 SSR 分子标记对其进行遗传多样性和遗传解析研究,为后续开展相关研究提供分子数据。我们利用 51 对 SSR 引物在整个群体内共检测到 1 414 个等位位点,平均每个 SSR 位点有 27.72 个等位变异,每个位点的变化范围是 10(satt577)~57 个(satt434);等位基因的平均频率是 0.14,变化范围是 0.05(satt434)~0.28(sct-010);基因多样性的变化范围是 0.81(satt577)~0.97(satt434),平均为 0.92;多态性信息(PIC)的变化范围是 0.79(satt577)~0.97(satt434),平均为 0.91(表 4-16)。

表 4-16　遗传多样性分析

标记	主要等位位点频率	等位位点数目	基因多样性	多态性信息
平均	0.14	27.73	0.92	0.91
最大值	0.28	57	0.97	0.97
最小值	0.05	10	0.81	0.79
合计	7.28	1 414	46.84	46.53

基于 51 对 SSR 标记的多态性数据,应用软件 Structure version 2.2 分析试验材料的群体结构(Q),设定亚群数目 $K=1~10$,分析结果如图 4-2、图 4-3 所示。当 K 从 1 到 2 时 $\ln(D)$ 变异最大,当 $K=2$ 时 ΔK 最大,说明最优的亚群划分是当 $K=2$ 时将试验群体分为两个亚群。

当 $K=2$ 时,将试验材料分成两个亚群,第一亚群中有 87 份材料,第二亚群中有 162 份材料,图 4-4 表明了材料在两个亚群中的分布。

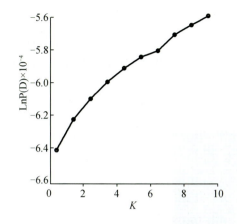

图 4-2 群体结构的 K 值估计

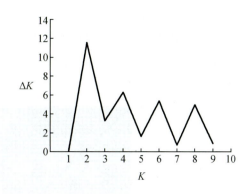

图 4-3 K 从 1 到 10 的 7 个重复平均的 ΔK 值

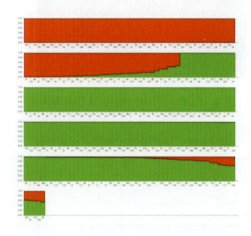

图 4-4 材料在两个亚群的分布及概率

分子方差分析结果表明,99.91% 的变异产生于亚群内,其余的 0.092% 是由两个亚群间的差异造成的(表 4-17)。试验结果表明度量群体间遗传差异程度的 Fst 值为 0.000 92,亚群间的遗传变异为 0.09%,而 99.91% 为群体内的遗传变异,两者比例悬殊,说明材料组成的群体间的变异绝大部分来自群体内,群体间的遗传分化程度不高。

表 4-17 野生大豆亚群间 SSR 变异的分子方差分析

Source of variation	自由度	均方	变异成分	变异比例/%
Between populations	1	50.20	0.02	0.09
Within populations	248	10 249.20	23.52	99.91
Total	249	10 299.40	23.54	

51 个 SSR 位点的连锁不平衡(LD)分布情况如图 4-5 所示,在 1 275 个 SSR 位点成

对组合中,LD 存在于共线性的位点组合和非共线性的位点组合(斜线上方非白色小格)。得到统计概率($P<0.05$)支持的 LD 成对位点 117 个,占全部位点组合的 9.2%,由 D' 的次数分布情况可以看出,LD 成对位点的 D' 值范围主要集中在 0.2~0.4 和 0.4~0.6,D' 平均值为 0.47,整体 LD 水平较高(表 4-18)。

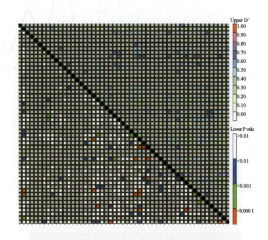

图 4-5　51 个 SSR 位点的 LD 分布情况

表 4-18　供试材料的连锁不平衡统计

D' 的次数分布($P<0.05$)	LD 的成对位点数
0.2~0.4	90
0.4~0.6	206
0.6~0.8	40
0.8~1.0	1

遗传多样性是物种生物多样性的重要组成成分,物种的遗传多样性的大小是长期进化的产物,是其生存、适应和进化的前提。物种遗传多样性的高低或遗传变异的丰富性,表明了其对环境的适应能力的强弱,遗传多样性高的种群容易扩展其分布范围并向新的环境拓展(Murray et al.,1980)。一个物种遗传多样性越高,抵御不良环境或者对环境的适应能力就越强(解新明等,2000)。在野生大豆进化的过程中会丢失也会获得遗传多样性,正确地分析野生大豆材料的遗传多样性水平、选择遗传变异水平高的材料,对于拓宽大豆资源的遗传基础、指导物种的生产和育种具有重要的理论及实际意义。

经过对四个农业生态区野生大豆资源材料的质量性状统计分析后发现,与其他地区的野生大豆资源相比较,在北部地区分布的野生大豆资源多表现为披针形叶、小粒、主茎不明显、百粒重最小,并具有最高的多样性指数,从进化类型看小粒种子和披针形叶是野生型的特征(燕雪飞,2014),我们认为北部地区分布的野生大豆原始类型比较多。北部地区位于大小兴安岭林区,山体浑圆广阔,气候冷凉,地广人稀,与黑龙江省其他的农业生态区域相比,本区域受地形和气候条件的限制,作物生育期短,人为因素对生态环境的影响相对较低,我们认为北部地区野生大豆在长期的适应性进化过程中产生了更多的适应性进化类型,并保留下来,从而使得本地区表现出更高的遗传多样性水平,因此对这一地区的野生大豆资源需要给予重点保护。西部地区、东部地区和中南部地区分布的野生大豆多为椭圆和卵圆形叶,大粒,出现白花,主茎明显,这可能是这些地区农业的快速发展以及人为活动干预比较多,加速了野生大豆的进化,这一结论与燕雪飞(2014)的野生大豆在叶形方面存在一个圆形叶和线形叶、白花为极端的连续进化谱,白花、大粒、种皮黄色为进化类型,小粒、有泥膜、主茎不明显为原始类型结论一致。

  植物在进化过程中为了适应不断改变的环境而产生可遗传的变异,表现出特定的表型性状,因此表型变异经常被作为遗传多样性调查和优异资源筛选的基本手段(Barrett et al.,2012)。研究人员分别对江苏、河南、山西和安徽等地的野生大豆资源的表型进行了研究(王颖,2011;王果,2006;王果等,2008),发现我国野生大豆资源丰富、地区间表型差异显著且变异丰富。我们选用6个质量性状、9个农艺性状、7个品质性状、4个耐逆性状和4个抗病虫性状对野生大豆表型性状的遗传多样性进行评价,结果表明其表型性状表现出丰富的变异和显著的遗传差异,即使同一地区的野生大豆材料其表型差异也很大。6个质量性状的多样性指数变幅为0.31(花色)~1.14(叶形),变幅略低于王果(2006)对305份河南野生大豆材料研究中的多样性指数的变幅(0.118 7~1.090 3)。9个农艺性状表现不同程度的连续性变异,平均变异系数为42.38%,变异系数的变化范围为13.85%(节间长)~83.41%(百粒重),高于王颖(2011)对江苏210份野生大豆材料表型研究中的平均变异26.68%、变异幅度10.00%~49.54%;多样性指数丰富,平均多样性指数为1.84,多样性指数的变化范围为1.28(百粒重)~2.06(节间长)。7个品质性状的变异系数为1.73%(不饱和脂肪酸含量)~40.07%(异黄酮含量),平均为12.30%,多样性指数丰富,平均为1.96,多样性指数的变化范围为1.85(油酸含量)~2.09(粗蛋白质含量)。4个耐逆性状的变异系数23.96%(耐冷性)~56.02%(草甘膦耐性),平均为39.03%,多样性指数丰富,平均为2.04,多样性指数的变化范围为1.89(草甘膦耐性)~2.19(耐旱性)。4个抗病虫性状的变异系数为26.06(腐霉抗性)~73.65%(孢囊线虫抗性),平均为43.30%,多样性指数丰富,平均为1.92,多样性指数的变化范围为1.72(腐霉抗性)~2.13(蚜虫抗性)。

  为了适应不同的生态环境,野生大豆在迁移、进化的过程中形成了不同的生态群体,这些生态群体间具有明显的遗传分化,形成了新的等位变异进而影响表型。本研究中的聚类分析将试验材料分为两个类群,第Ⅰ类群材料主要来自黑龙江省中南部和东部地区,野生大豆资源以紫花、椭圆形叶、黑色种皮、有泥膜为主,进化程度低,百粒重高,节数、节间长、单株粒数、单株粒重、有效荚数、叶形指数较低,脂肪、异黄酮、不饱和脂肪酸含量高,耐草甘膦除草剂,耐疫霉根腐病、腐霉根腐病和孢囊线虫病;第Ⅱ类群材料主要来自北部和西部地区,野生大豆资源以紫花、披针形叶、黑色种皮、有泥膜为主,单株粒数、单株粒重、叶形指数高,蛋白质、油酸、不饱和脂肪酸含量高,耐旱、耐盐、耐冷,蚜虫抗性强。许多研究结果显示,不同省内基本都是地区内遗传变异高于地区间,出现个别材料来源地与聚类组地理上不一致的现象,这些结果暗示除了在相当近的时间内野生大豆发生过远距离迁移的可能性外,还存在物种传播史上的"基因扩散",即使一个省内也是地区内遗传变异高于地区间(李向华,2020)。

本研究中利用SSR标记评估野生大豆的遗传多样性,证明了试验群体具有较高的遗传多样性水平。多态性信息PIC是衡量群体遗传多样性大小的一个重要指标,当PIC > 0.5时,该位点为高度多态性,标记可以提供合理的信息,本研究中PIC指数平均为0.91,变幅为0.79~0.97,高于张海平(2019)等研究中山西野生大豆的多态性信息(PIC)0.679 7、王颖(2011)研究中江苏野生大豆的多态性信息(PIC)均值0.744 0以及范虎(2009)对全国野生大豆材料的研究中多态信息含量(PIC)0.63。SSR评估的遗传多样性数据说明了野生大豆具有较高水平的遗传多样性,并蕴含着丰富的等位变异,能为后续开展目标性状的关联分析及育种应用提供优异的材料和丰富的变异。

LD是关联分析的前提和基础。计算研究群体的LD,能有效估算群体样本的大小和所需标记密度,对于成功进行关联分析并达到理想的作图分辨率是有益的。作为自花授粉的作物,野生大豆LD水平可能较高,Hyten等(2007)通过对大豆基因组不同区段的结构进行研究后指出,野生大豆LD低于100 kb,本研究中利用SSR标记计算了群体的LD值,证明了这一结果,D'的次数分布值为0.47(SSR),高于范虎(2009)研究中野生大豆的D'的次数分布值0.34和栽培大豆的0.28(文自翔,2008)。连锁不平衡衰减距离决定着关联分析所需使用的标记多少和关联分析的精度,从严格意义上来说,全基因组关联分析需要成千上万个标记和尽可能多的无亲缘关系个体。

有很多原因会导致不同算法间遗传距离有差异,如表型性状无法完全反应试验材料的遗传关系,表型性状数目的有限性以及基因和环境作用对表型性状的影响,DNA则是反映内在的稳定遗传(Sun et al.,2007)。因此,仅用一种方法对野生大豆资源进行遗传多样性分析无法真实反映材料的遗传差异,应综合多种方法对野生大豆材料进行遗传多样性分析。为了真实反映野生大豆试验群体的遗传多样性,我们把不同的分群结果按照农艺性状和SSR标记分群等方式进行了标注。两个类群中野生型和半野生型均有分布,比例不同,说明半野生大豆从野生大豆的进化中出现了明显的分化;农艺性状聚类的结果与SSR分群结果不完全一致,部分材料聚在一起,但是混杂的材料比较多,表明试验材料在适应环境的变化过程中发生的表型变异是受基因、环境、基因环境互作的调控,不能稳定地反映材料的遗传多样性,由于空间尺度以及取样大小的不同,可能会导致野生大豆种群的分化程度有所不同。虽然基于SSR标记的群体结构分析和基于表型农艺性状的聚类分析都将试验材料分为两个亚群,但表型鉴定与分子标记的分群结果不完全一致,既有相同也有偏差,说明表型变异不完全由基因型差异决定,也受环境因素的影响,也就是说表型是由基因型和环境共同作用的结果。秦君等(2009)利用表型性状和 SSR 标记相结合的方法分析黑龙江省大豆种质资源的遗传多样性,其研究结果表明两种方法的分析结果不一致,将分子数据和表型数据结合起来分析,认为地方品种的遗传多样性大于育成品种,但聚类结果显示地方品种与育成品种并不是两个相对独立的群体。我们从各种分析方法获得的信息表明,野生大豆资源具有丰富的遗传多样性,因此在对野生大豆材料进行分群研究时,应该综合分析遗传、生境、进化及人为因素对分群结果的影响,从更深层次研究野生大豆的遗传多样性。

参 考 文 献

段会军,褚素敏,张彩英,等,2003. 河北省不同生态区大豆品种的过氧化物酶同工酶分析[J]. 河北农业大学学报,26(4):42-46.

范虎,2009. 中国野生大豆的群体结构和连锁不平衡特点以及育种有关性状 QTL 的关联分析[D]. 南京:南京农业大学.

李向华,王克晶,2020. 野生大豆遗传多样性研究进展[J]. 植物遗传资源学报,21(6):1344-1356.

李英慧,袁翠平,张辰,2009. 基于大豆胞囊线虫病抗性候选基因的 SNP 位点遗传变异分析[J]. 遗传,31(12):1259-1264.

秦君,李英慧,刘章雄,等,2009. 黑龙江省大豆种质遗传结构及遗传多样性分析[J]. 作物学报,35(2):228-238.

王果,2006. 河南省野生大豆资源遗传多样性分析[D]. 杨凌:西北农林科技大学.

王果,胡正,张保缺,等,2008. 山西省野生大豆资源遗传多样性分析[J]. 中国农业科学(7):2182-2190.

王颖,2011. 江苏省野生大豆群落特征及遗传多样性的研究[D]. 南京:南京农业大学.

文自翔,2008. 中国栽培和野生大豆的遗传多样性、群体分化和演化及其育种性状 QTL 的关联分析[D]. 南京:南京农业大学.

解新明,云锦凤,2000. 植物遗传多样性及其检测方法[J]. 中国草地(6):51-59.

许东河,高忠,盖钧镒,等,1999. 中国野生大豆与栽培大豆等位酶、RFLP 和 RAPD 标记的遗传多样性与演化趋势分析[J]. 中国农业科学(6):16-22.

燕雪飞,2014. 中国野生大豆遗传多样性及其分化研究[D]. 沈阳:沈阳农业大学.

张海平,陈妍,王志,等,2019. 基于 SSR 标记的山西野生大豆种质资源遗传多样性分析[J]. 大豆科学,38(2):189-197.

赵洪锟,庄炳昌,王玉民,等,2000. 中国不同纬度野生大豆和栽培大豆 AFLP 分析[J]. 高技术通讯,10(7):32-35.

赵洪锟, 王玉民, 李启云, 等, 2001. 中国不同纬度野生大豆和栽培大豆 SSR 分析[J]. 大豆科学, 20(3): 172-176.

邹洪锋, 2005. 野生、半野生和栽培大豆的苷酸多态性[D]. 南昌: 南昌大学.

DEVINE T E, KIANG Y T, GORMAN M B, 1984. Simultaneous genetic mapping of morphological and biochemical traits in the soybean [J]. Journal of Heredity, 75(4): 311-312.

DONG Y S, ZHUANG B C, ZHAO L M, et al., 2001. The genetic diversity of annual wild soybeans grown in China [J]. Theoretical and Applied Genetics, 103(1): 98-103.

HYTEN D L, CHOI L K, SONG Q J, et al., 2007. Highly variable patterns of linkage disequilibrium in multiple soybean populations [J]. Genetics, 175(4): 1937-1944.

KIANG Y T, CHIANG Y C, KAIZUMA N, 1992. Genetic diversity in natural populations of wild soybean in Iwate Prefecture [J]. Japanese Journal of Heredity, 83(5): 325-329.

LEE J D, YU J K, HWANG Y H, et al. Genetic diversity of wild soybean (*Glycine soja* Sieb. and Zucc.) accessions from South Korea and other countries[J]. Crop Science, 2008, 48(2): 606-616.

LI Y H, LI W, ZHANG C, et al., 2010. Genetic diversity in domesticated soybean (*Glycine max*) and its wild progenitor (*Glycine soja*) for simple sequence repeat and single-nucleotide polymorphism loci [J]. New Phytologist, 188(1): 242-253.

MURRAY M G, THOMPSON W F, 1980. Rapid isolation of high molecular weight plant DNA [J]. Nucleic Acids Research, 8(19): 4321-4325.

SUN C, GAO X, FU J, et al., 2014. Metabolic response of maize (*Zea mays* L.) plants to combined drought and salt stress [J]. Plant and Soil, 12(5): 1-19.

WANG K J, TAKAHATA Y, 2007. A preliminary comparative evaluation of genetic diversity between Chinese and Japanese wild soybean (*Glycine soja*) germplasm pools using SSR markers[J]. Genetic Resources and Crop Evolution, 54(1): 157-165.

WEN Z X, DING Y L, ZHAO T J, et al., 2009. Genetic diversity and peculiarity of annual wild soybean (*G. soja* Sieb. et Zucc.) from various eco-regions in China [J]. Theoretical & Applied Genetics, 119(2): 371-381.

XU D H, GAI J Y, 2010. Genetic diversity of wild and cultivated soybeans growing in China revealed by RAPD analysis[J]. Plant Breeding, 122(6): 503-506.

第五章　遗传群体构建及基因挖掘

生物个体在自然界中所表现出的千变万化的形态和生理特征统称为性状。性状分为质量性状和数量性状两大类。质量性状不受环境因素影响，多受单基因调控，符合孟德尔遗传规律，在分离群体中变异呈现分布不连续性，简便的鉴定方法就可以将群体分成若干组。数量性状遗传基础较为复杂，往往受多基因调控，且容易受到环境条件的影响，在分离群体中呈现连续分布的状态，这种连续分布是由基因、环境以及基因与环境互作所共同调控的，应用简单方法不能进行明确分组，数量性状的多基因调控包括等位基因间的加性、显性效应以及非等位基因间的上位性效应，因此对数量性状的遗传基础进行剖析就不能应用经典遗传学。对野生大豆而言，荚数、粒数及粒重等产量性状；株高、分枝夹角、叶柄夹角等株型性状；初花期、盛花期等花期性状；籽粒脂肪含量、蛋白质含量等品质性状；抗病性等性状均属于数量性状。随着生物学研究的不断深入，尤其是飞速发展的生物技术带来了分子标记的大量开发，使得数量性状得以进一步深入剖析。进行分子标记试验的工作基础是遗传群体构建、性状表型鉴定及遗传图谱构建。

第一节　大豆构建遗传群体方法

一、遗传群体的种类及亲本选择

遗传群体分为初级群体和次级作图群体两大类，包含回交群体（BC）、F_2 群体和其衍生的 F_3 家系、加倍单倍体群体（DH）、重组自交系群体（RIL）、永久 F_2 群体、近等基因系（NILs）及单片段代换系（CSSLs）。

（一）初级群体

初级群体分为暂时性分离群体和永久性分离群体两类，其中回交群体（BC）、F_2 群体和其衍生的 F_3 家系统称为暂时性分离群体，其特征是每个个体的后代均可发生分离；优点是群体构建容易，群体基因型丰富，作图效率高，其中 F_2 群体可以同时分析加性效应和显性效应，多用于初步的 QTL 定位研究；缺点是表型鉴定仅能在单株中进行，缺乏准确性，群体中个体表型值偏差较大，不易通过有性繁殖下一代进行长期保存，不能进行多年多点的重复试验，在 F_2 群体中无法区分显性标记是显性纯合个体还是杂合型个体。回交作图群体不能长期保存，对于人工杂交困难的作物，建立较大的回交群体工作量较大，不易实现,同时容易出现伪杂交,从而引起作图误差。单倍体群体(DH)、重组自交系群体(RIL)以及永久 F_2 群体(IF_2)统称为永久性群体。DH 群体则是通过对 F_1 个体单株诱导产生单倍体植株,再对染色体加倍形成群体。永久 F_2 群体是在 RIL 系基础上两两随机组配产生的。这些群体的一个显著特征就是每个个体都是纯系个体,后代不会发生分离,可以连续供应。RIL 群体是在 F_2 群体基础上通过单粒传法对个体单株进行连续自交,直至各株系基因型片段在大部分位点纯合,家系间基因型组合各异,家系的重要目标性状基本稳定,基于 RIL 群体构建的遗传图谱有着较高的分辨率,但 RIL 群体构建年限较长,且对于异花授粉的作物由于存在自交衰退和不结实现象,所以建立 RIL 群体就会比较困难。DH 群体构建难度较大,在诱导、加倍过程中,技术环节的限制会造成 DH 群体数目减少,造成部分遗传信息丢失。对于花药培养困难的某些植物就无法通过花药培养建立 DH 群体,植物花药培养能力与基因型关系密切,因此花培过程会破坏 DH 群体的遗传结构,造成偏分离,影响作图的准确性。永久 F_2 群体的遗传变异丰富,表型鉴定可以重复进行,但不适于精细定位的研究。

(二)次级作图群体

次级作图群体分为初级作图群体衍生系群体和代换群体两大类。衍生系群体中常用的是近等基因系(NIL),即利用分子标记辅助选择,将供体亲本与轮回亲本多代回交构建的遗传群体。基因组背景部分与轮回亲本一致,群体内单株含有少量供体亲本片段。由于基因组背景的干扰导致微效基因消失,因此在 NIL 中主效位点/基因解释的表型变异率上升,有助于 QTL 位点的检出。但是 NIL 的构建需要数代回交,耗费时力。染色体片段代换系(CSSL)群体是在 F_1 代与轮回亲本进行多代的回交,并对供体亲本的染色体片段进行分子标记选择得到的高代回交群体。该群体后代自交遗传性状稳定,自交不分离。群体内整个染色体组只存在少数几个甚至一个代换片段差异,该群体与其受体亲本间在遗传背景上只有代换片段上的差异。永久性分离群体遗传背景简单,可以用来进行多点、多年、多重复的试验,可以研究位点与环境、位点之间等互作关系,QTL 定位时可以消除其他背景的干扰,将 QTL 定位到很小的片段上,精确度高,同时降低效应较大的 QTL 对效应较小的 QTL 的遮盖作用,减少 QTL 之间的互作,从而使微效 QTL 被检测出来。所以 CSSL 群体近年来被广泛用于 QTL 的精细定位及图位克隆。

(三)群体大小的确定

群体的大小决定了遗传图谱的分辨率和精准度,群体大,作图精度高,但群体太大就会带来试验工作量的增加和投入试验费用的增加,因此确定合适的作图群体十分重要。主要是从随机分离结果辨别最大图距及两标记间可以检测的重组最小图距,一般来说 $F_2 > RIL > BC > DH$。

(四)作图群体亲本的选择

在常规遗传作图群体中,应用于连锁分析的群体主要来源于两个亲本间的杂交群体

(Lander et al.,1987),在亲本选择上要求在目标性状上两近交系间存在较大差异,DNA 多态性在亲本间尽量多一些。双亲本杂交的衍生群体 QTL 仅涉及两个等位基因,其多态信息含量较低,只有在两个亲本间分离的 QTL 才可以被检测到(Blanc et al.,2006)。因此,大多数构建的遗传图谱仅包含一小部分基因组(Beibei et al.,2014),这种简单的杂交很少单独用于商业育种,因此这些单交试验的结果在育种实践中的作用有限(Verhoeven et al.,2006)。双交群体具有以下几个缺点:①双亲本杂交的衍生群体仅用到两个特定亲本之间的遗传多态信息,其结果只反映了两个特定亲本之间遗传关系,且双亲本杂交设计 QTL 作图结果不能推广到其他组合;②双亲本杂交的衍生群体的 QTL 仅涉及 2 个等位基因,其多态信息含量较低,统计推断空间非常狭窄,不利于检测更多的 QTL,若双亲杂交群体在特定的 QTL 上不分离,即使其效应再大,群体再大,该 QTL 也不能被检测到,并且易发生Ⅱ型错误(Hayashi et al.,2012)。四向杂交涉及四个自交系,具有更宽广的统计推断空间,可以反映更多亲本品系之间的遗传多样性,这就可以检测到比双亲杂交群体更多的 QTL 位点,更有助于提高 QTL 检测的效率(Qin et al.,2008),而且四交群体遗传结构与育种群体相同或相近,检测的 QTL 可直接用于辅助育种,它不会因为改变遗传背景或遗传结构而使定位的结果用于辅助育种时效率发生改变(李贤唐等,2008)。

四向杂交涉及四个自交系(L1、L2、L3 和 L4),类似于由两个不同的 F_1 亲本杂交产生的 F_2 群体。因此,四向杂交组成的表达方式为(L1×L2)×(L3×L4)。与双向杂交相比,四向杂交可以反映更多亲本的遗传多样性,相比双亲单交群体而言,四交群体可以提供更多的连锁信息(Beibei et al.,2014),可以检测更多的 QTL 位点,四向杂交比双亲杂交更有利于分析复杂性状遗传,因此用四向杂交群体直接构建遗传图谱既经济又实用(He et al.,2011)。四向杂交在农业上尤为重要,经常用于动、植物的商业育种。在复杂性状的遗传分析中,四向杂交群体比两个自交系之间杂交得到的分离群体更有价值,因为 QTL 研究和育种实践的结合可以确保育种计划中预期的选择响应(He et al.,2011)。四向杂交群体在棉花、拟南芥和玉米中已得到较好应用(Kover et al.,2009;Zhang et al.,2014)。

二、遗传图谱的构建

遗传图谱即遗传连锁图谱,是基因组研究中的一个重要组成部分,它是指基因组中基因以及专一的多态性标记之间相对位置的图谱,显示所知的基因和/或遗传标记的相对位置,而不是在每条染色体上特殊的物理位置。自从 19 世纪中期,孟德尔将形态学性状作为遗传标记应用以来,遗传标记得到迅速的发展和不断的丰富。形态学标记、细胞学标记、生化标记、免疫学标记等一直被广泛应用,然而这些标记只是间接反映遗传物质,受环境影响较大,不能直接反映遗传物质的特征,应用具有一定的局限性。20 世纪 80 年代以来,分子生物学和分子遗传学发展迅速,分子克隆及 DNA 重组技术不断完善,学者对基因结构和功能进行了更深入的研究,在分子水平上寻找 DNA 的多态性,并应用该标记进行遗传方面的分析研究。DNA 分子标记直接反映了 DNA 水平上的遗传变异,具有遗传稳定、信息量大、可靠性高、不受环境影响的特点,因此得到广泛应用。

遗传标记是指在遗传分析上用作标记的基因,也称为标记基因,在重组试验中多用于测定重组型和双亲型。作为标记基因,其功能不一定研究得很清楚,但因突变性状是明确的,所以容易测定。遗传标记包括形态学标记(morphological marker)、细胞学标记(cytological marker)、生物化学标记(biochemical marker)、免疫学标记(immune genetic markers)和分子标记(molecular marker)五种类型。分子标记是以个体间遗传物质内核苷酸序列变异为基础的遗传标记,是 DNA 水平遗传多态性的直接反映。与其他几种遗传标记(形态标记、同工酶标记、细胞标记)相比,DNA 分子标记具有的优越性有:大多数分子标记为共显性,对隐性的农艺性状的选择十分便利;基因组变异极其丰富,分子标记的数量几乎是无限的;在生物发育的不同阶段,不同组织的 DNA 都可用于标记分析;分子标记揭示来自 DNA 的变异;表现为中性,不影响目标性状的表达,与不良性状无连锁;检测手段简单、迅速。随着分子生物学技术的发展,现在 DNA 分子标记技术已有数十种,广泛应用于作物遗传育种、基因组作图、基因定位、植物亲缘关系鉴别、基因库构建、基因克隆等方面。用于作物育种的分子标记技术有 RFLP、RAPD、AFLP、SSR、CAPS 及 SNP 等。

(一)遗传作图法

遗传连锁图谱构建是对基因组进行研究的重要组成部分,是进行基因的定位、克隆及研究基因组结构与功能的基础保障(阮成江等,2002)。遗传作图即将通过遗传重组所得到的基因在具体染色体上线性排列作图,它是通过计算连锁标记之间的重组频率来确定其相对距离的,一般用厘摩(cM)来表示。三点测交法是连锁分析中较为有效的基因作图方法,它能直接提供在减数分裂过程中合子三个座位的基因发生重组的过程、产生各种重组配子数目及类型、由双交换类型及其频率提供所定位基因的排列顺序、染色体交叉干涉等作图信息,从而确定三个基因的排列及连锁距离。在番茄上应用此方法确定了第 2 条连锁群上的 3 个基因(S、O、P)的排列顺序及连锁距离(李宏,2000)。两点测交确定的连锁关系和连锁图距只能是 2 个基因的,而且它不能提供定位基因的排序和染色体交叉干涉等作图信息,当 3 个基因应用两点测交作图时需要进行测交试验 3 次才能完成,所以作图过程较为复杂。

两点自交是用极大似然法推导出 Fisher 单一观察信息,并证明极大似然法的 Fisher 单一观察信息量远大于自交频率法(莫惠栋,1984)。因有 MAPMAKER 作图程序和极大似然(ML)法使得两点自交的小样本制作分子标记连锁图谱得到广泛应用。

三点自交作图方法既保留了三点测交法能提供各种作图信息的优势,又具有不需选育隐性纯合基因亲本或品系的特点,可以极大提高作图功效(谭远德,2001)。

植物遗传连锁图谱构建的软件有 CRI-MAP、JoinMap2.0、MAPMAKER/EXP3.0、MAPQTL3.0 等。多位点连锁图谱的构建主要用 CRI-MAP。JoinMap2.0 适合 BC$_1$、F$_2$、RILs、DH、全同胞等群体遗传连锁图谱的构建,可处理 500 个标记/连锁组,但在计算机上不具备图形化输出功能。MAPMAKER/EXP3.0 是处理 BC、F$_2$、RILs、全同胞等类型群体的软件,可以进行遗传连锁图谱构建并进行复合性状基因定位。MAPQTL3.0 功能特别强大,可以对 BC_1、F_2、RILs、DH、全同胞等群体应用区间,MQM 和非参数法这三种不同方法进行遗传图谱构建。

(二)大豆遗传图谱的构建

最早的一张大豆遗传图谱是在 1998 年应用 Minsoy × Noir1 的 F_2 代群体构建的,是由 11 个 RFLP 标记构建包含 4 条连锁群,总长 197 cM 的遗传图谱。1990 年,Keim 等应用 A81 - 356022 × PI468916 的 F_2 代群体构建了一张含有 130 个 RFLP 标记的遗传图谱,全长 1 200 cM,包含 26 条连锁群。Lark 等于 1993 年应用 Minsoy × Noir1 的 F_2 代群体构建了一张含有 132 个 RFLP 等标记的遗传图谱,包含 31 条连锁群,全长 1 550 cM。Akkaya 等于 1995 年应用 Clark × Harosoy 的 F_2 代群体构建了一张包含 172 个 SSR、RFLP 及 RAPD 标记的遗传图谱,全长 1 468 cM,包含 29 条连锁群(Akkaya et al.,1995)。张德水等在 1997 年应用长农 4 号×新民 6 号的 F_2 代群体构建了一张包含 71 个 RFLP 和 RAPD 标记的遗传图谱,20 条连锁群全长 1 446.8 cM。Keim 等在 1997 年应用 BSR - 101 × PI437654 的 RIL 群体,构建了一张含有 840 个 RFLP、RAPD 和 AFLP 遗传标记的连锁图谱,包含 28 条连锁群,全长 3 441 cM。Cregan 等在 1999 年应用三个遗传群体(Minsoy × Noir1、Clark × Harosoy 和 A81 - 356022 × PI468916)构建图谱并进行整合,构建了一张包含 20 条连锁群,1 423 个遗传标记的连锁图谱。刘峰等在 2000 年利用 240 个标记(RFLP、SSR、AFLP、RAPD 等)对长农 4 号×新民 6 号的 RIL 群体进行遗传作图,构建了一张包含 20 条连锁群,全长 3 713.3 cM 的遗传图谱。吴晓雷等在 2000 年应用 792 的标记(RFLP、SSR、AFLP、RAPD)对科丰 1 号×南农 1138 - 2 的 RIL 群体进行遗传作图,图谱包含 24 条连锁群,全长 2 320.7 cM。Song 等于 2004 年在 Cregan 等构建的图谱的基础上,用 5 个 RIL 群体(Minsoy × Noir1、Minsoy × Archer、Archer × Noir1、Clark × Harosoy 和 A81 - 356022 × PI468916)对大豆遗传图谱进行整合补充加密,构建了一张包含 1 489 个标记(SSR、RFLP、RAPD、AFLP 等)的大豆遗传图谱,包含 20 条连锁群,两标记间平均距离 2.5 cM,全长 2 523.6 cM,是目前应用最为广泛的大豆"公共图谱"。此后,相继出现多张大豆图谱,其中密度相对较高的有 Zhang 等 2004 年应用科丰 1 号×南农 1138 - 2 的 RIL 群体构建的一张含有 452 个标记,全长 3 595.9 cM 的遗传图谱。Hisano 等 2007 年应用 Misuzudaizu × MoshidouGong503 的 RIL 群体构建了一张包含 935 个标记,全长 2 700 cM 的遗传图谱,Xia 等 2007 年在此基础上增加标记构建了一张包含 1 227 个标记,全长 3 080.5 cM 的遗传图谱。Hwang 等在 2009 年应用两个 RIL 群体构建了一张包含 1 810 个标记(EST - SSR、Genomic - SSR、STS)的遗传图谱,全长 2 442.9 cM。Hyten 等 2010 年应用 3 个 RIL 群体构建了一张包含 5 500 标记(SNP、SSR、RFLP 等),全长 2 296.4 cM 的遗传图谱。从早期的分子标记辅助育种(molecular marker - assisted breeding)和图位克隆(map - based cloning)到数量性状控制位点(quantitative trait locus,QTL)定位以及之后的全基因组测序、全基因组关联分析(genome - wide association study,GWAS)、群体遗传学(population genetics)分析思路与方法,国外研究者一直走在前面,例如在大豆遗传图谱的构建方面,国外科学家领先中国科学家10年,Apuya等利用RFLP构建了第一张大豆遗传图谱(Tian et al.,2010),随后Cregan等(1999)构建了包括1 423个标记的大豆整合遗传图谱,Song等(2004)随后对它进行了加密,增加426个标记,形成包括RFLP、RAPD、SSR、AFLP、同工酶标记和其他标记总长度为2 523.6 cM的遗传图谱。Hyten等(2004)使用北美大豆祖先种"Essex"和"Williams"杂交构建了包含131个个体的重组自交系,使用100个SSR标记对大豆油脂含量、蛋白质含量以及籽粒大小3个性状进行QTL分析,得到6个与油脂含量有关、4个与蛋白质含量有关、7个和籽粒大小有关的QTL位点。国内第一个大豆遗传图谱由陈受宜研究员的团队与吉林省农业科学院合作完成,作图群体是以长农4号(栽培大豆)和新民6号(半野生大豆)为亲本杂交形成的F_2群体,所选择的分子标记以RFLP为主,刘峰等(2000)以该群体的F_8重组自交系构建了更高密度的图谱。随后,中国科学家在大豆遗传图谱的构建、大豆产量与品质相关QTL、抗病性相关QTL定位、重要农艺性状QTL定位的研究工作中取得了一系列成果(邱丽娟等,2015)。郑永战等(2006)以高含油量品种Essex为母本,低含油量品种ZDD2315为父本构建的作图群体(含112个株系),构建了250个SSR标记和1个形态标记,在9个连锁群上定位到18个控制脂肪及脂肪酸组分含量的QTL。单大鹏等(2011)以Charleston×东农594的重组自交系群体为材料,在5个地点种植后分析种子蛋白质含量,共定位25个可能和蛋白质含量有关的QTL,逐一检测了每个标记与表型间的关联。Li等(2011)以55个SSR标记对159份大豆品种进行遗传多样性检测,以关联分析的方式分析这些标记与大豆抗孢囊线虫、抗盐、抗旱、抗花叶病毒、抗寒、脂肪含量、蛋白质含量等性状间的关系,结果表明一共有21个与上述性状中的一个或多个显著关联。Zhang等(2009)以85个SSR标记对190份育成大豆品种进行遗传多样性分析,以关联分析的方式分析这些标记与11个大豆农艺性状的关系,共找到45个存在关联的QTL。Zhang等(2014)以192份大豆为材料进行关联分析,找到一批与水溶性蛋白质、总蛋白质含量有关的SNP和单倍型。一些与大豆重要性状(包括生长发育、产量品质、抗病、抗逆等过程)相关的功能基因位点开始被逐渐找到,如Tian等分离克隆了控制大豆茎生长习性的Dt1基因(中国农业科学院为第二作者单位),与其同期发表的Liu等(2010)的研究也得到了相同的结论(中国农业科学院为第三单位);Dong等(2014)通过生物信息学、形态学、群体遗传学及启动子表达研究,确定SHAT1-5基因上启动子区的一个20 bp的缺失引起它在野生大豆和栽培大豆间表达量出现显著差异,并最终导致了野生和栽培大豆炸荚性的不同。Zhou等(2014)发现编码钾离子通道蛋白的GmAKT2基因与大豆对大豆花叶病毒的抗性有关系,该基因过表达可显著提高大豆的花叶病毒抗性。特别值得一提的是我国学者在大豆基因组研究中所做的工作,2003年首篇以SNP为分子标记描述大豆群体遗传多样性的论文由我国学者朱友林发表,至今被引频次已达343次;在栽培大豆和野生大豆基因组公布的同一年,即2010年,由香港中文大学、华大基因研究院等单位共同完成了对31份大豆材料的重测序工作(包括17份野生大豆和14份栽培大豆),得到一批重要的结果;2013年Li等重测序了25份大豆材料(包括8份野生大豆,8份地方品种大豆,9份育成品种大豆),利用所获得的新数据与之前30份材料重测序的数据一起进行分析,对大豆基因组中的驯化和育种的分子足迹进行了探讨;2014年Li等再次从头测序组装了7份野生大豆的基因组,在基因组角度上深入分析了野生大豆和栽培大豆的遗传差异;2015年Zhou等以大于11倍的深度对302份大豆材料(62份野生大豆,130份地方品种,110份栽培大豆)进行了重测序,并鉴别出了一批与人工选择有关的基因区域,找到13个之前未知的与含油量、株高和茸毛生成相关的新位点,结合从前的一些QTL信息,发现在230个选择区域中,有96个与报道的一些QTL有关联,21个区域包含脂肪酸生物合成基因。这些研究成果在很大程度上使我国大豆基因组的研究水平尽可能贴近国外,为中国大豆分子育种工作的开展提供了良好的基础。2010年,栽培大豆和野生大豆的基因组序列先后由国外科学家测序完成(Schmutz et al.,2010),目前Soybase网站(https://soybase.org/)整合了大量的大豆分子标记和QTL定位信息,Phytozome网站(https://phytozome.jg)提供了大豆基因组序列信息及对大豆功能基因的大量注释。

第二节　野生大豆构建遗传群体研究进展

野生大豆(*G. soja*)是栽培大豆的近缘野生种,栽培大豆是由野生大豆经过漫长的人工选择和驯化而来。由于野生大豆没有受到人为选择的影响,所以在漫长的进化过程中很多功能丰富的优质基因被保留下来。研究表明,野生大豆化学品质具有特异性,同时具有蛋白质含量高、抗逆性强、适应范围广、繁殖系数高等优点(Zhao et al.,2020)。近些年来,野生大豆遗传群体的研究取得了很大进展,主要集中在对产量、品质和抗逆性等重要农艺性状的研究上。野生大豆具有丰富的遗传变异类型,它所具有的优良基因可以通过种间杂交进行遗传,能够为大豆品质、丰产和抗性育种提供重要的基础材料。近年来,对野生大豆材料的应用研究也取得了很大进展。

Liu等(2007)通过栽培大豆和野生大豆杂交制成的重组自交系(共96个株系)和282个各类分子标记进行复合区间作图分析,检测了9个驯化相关性状(包括炸荚性、开花时间、株高、茎生长习性、株节数等),获得40多个QTL位点,发现大豆中大多数的驯化相关性状由一或两个主效QTL以及很多基因型相关的微效QTL控制。文自翔等(2009)以60个SSR标记,野生大豆196份和地方品种393份为群体,分析了中国野生大豆和地方品种大豆的遗传结构及连锁不平衡,并对16个农艺和品质性状进行了关联分析,发现野生大豆中有34个位点与性状相关,栽培群体有27个位点与性状相关,关联位点中24点(次)与QTL定位的结果一致。Prince等(2015)使用亲本V71-370(栽培大豆)和PI407162(野生大豆)构建的重组自交系群体(RILs),对控制野生大豆和栽培大豆根系形态的 QTL 进行了定位,在大豆 6 号和 7 号染色体上获得了一些与根系形态相关的位点。Manavalan 等(2014)也做了类似的工作,在野生大豆和栽培大豆中寻找控制根系形态的 QTL 位点。虽然研究者通过各种方式定位了大豆基因组中大量受到人工选择压力的区域,但通过这一途径实际获得并验证功能的基因数目并不多,据我们所知,主要仍旧是前文所提到的大豆茎生长习性基因 Dt1 和大豆抗炸荚基因 SHAT1-5(Zhang et al.,2014;Dong et al.,2014),而在定位和确定它们功能的过程中,研究者除了利用了群体遗传学的方法外,还利用了多种生物信息学手段(如在拟南芥中查找同源基因),这表明通过驯化和育种这一生物学过程发掘有用功能基因的研究还有巨大潜力可挖掘。

一、在产量相关性状中的应用

Lü 等(2017)对 192 份野生大豆材料进行基因分型,共获得了 1 536 个单核苷酸多态性标记,并对株高性状进行了 GWAS 分析,结果显示有 3 个 SNP 与生长后期植株高度相关,2 个 SNP 与生长前期植株高度相关。Jing 等(2019)以 185 份优良野生大豆种质为材料,利用简化基因组测序技术共获得 33 149 个 SNP,随后通过 GWAS 检测到 14 个与株高相关的 SNP 信号,在每个 SNP 位点附近的基因组区域发现了许多功能基因,根据转录分析预测了 6 个可能与株高相关的新基因。Chang 等(2018)以 368 个大豆种质资源为材料,基于两种算法模型对株高和主茎节数两个性状进行 GWAS 分析,共检测到 45 和 43 个位点分别与株高和主茎节数相关。

李延雨(2020)等以来自中国、俄罗斯、韩国和日本的 353 份野生大豆品种为材料,将其种植在广州市从化区田间试验基地,并对开花期表型进行连续两年的调查统计,并利用 GWAS 方法发掘与开花期性状显著关联的 SNP 位点,共获得 7 863 584 个高质量的 SNP 位点,可用于后续的关联分析;对连续两年的开花期数据进行 GWAS 分析,能够在 3 号染色体上稳定检测到 1 个 SNP 位点与开花期性状显著关联;利用野生大豆 W05 基因组的基因注释信息,在显著关联的 SNP 位点所在的 LD 区间内,共筛选出 5 个可能与野生大豆开花期性状相关的候选基因,分别为 Glysoja.03G005993、Glysoja.03G005994、Glysoja.03G005995、Glysoja.03G005996 和 Glysoja.03G005997;筛选并获得开花期相关候选基因,研究结果将为进一步挖掘野生大豆关键开花基因,加速大豆遗传改良育种进程奠定理论基础。

二、在大豆品质相关性状研究的应用

种质资源是培育作物新品种,发展农业生产的物质基础。通过发掘野生资源中的优良基因可以提高作物抵御不良环境的耐受性。野生大豆是栽培大豆的近缘野生种,与栽培大豆相比,野生大豆具有更多的遗传多样性。野生大豆中蛋白质含量高达 55.4%,这种高蛋白质优良种质是未来育种最需要的。野生大豆在逆境下具有很强的抗逆能力,包括对盐碱、干旱、低氮等环境胁迫表现出更强的适应性和耐受性。野生大豆在适应其不同的生长环境中,产生了不同的生态类型,比如在干旱环境下生长的野生大豆其抗旱性显著增强,从而形成抗旱型野生大豆。野生大豆单株荚数多,一般为 400~500 个,最高超过 3 500 个(Samanfar et al.,2016)。野生大豆种质资源还存在着许多其他优异的品质。我国现已在野生大豆资源中鉴定筛选出高异黄酮含量、高亚麻酸含量等的珍贵种质。目前,在世界范围内,栽培大豆品种都存在遗传基础薄弱的问题,一旦病虫害流行将会造成大豆生产损失严重,而加大对野生大豆种质资源的研究是拓宽栽培大豆遗传基础的重要途径(李向华等,2005)。野生大豆优异种质资源的开发对于拓宽大豆遗传基础多样性、改良农作物的品质性状、选育大豆新品种起到巨大作用。

徐豹等的研究显示,我国栽培大豆蛋白质的平均含量为 42.15%,而野生大豆蛋白质的平均含量达 46.8%,在某些基因型中最高含量可达 55.37%(庄炳昌,1999d)。陈丽丽等(2013)将内蒙古通辽草甸野生大豆与当地栽培大豆品种大白眉进行杂交,经过选育,已经筛选出营养成分含量高、适应性强的新品系。王转斌(2001)采用直接导入的方法,通过花粉管将野生大豆的 DNA 转入栽培大豆组织,结果发现外源基因能够在受体中找到,并且表现出多种变异性状,包括分枝结荚数的增加以及蛋白质含量的显著提高。来永才等(2004)以野生大豆 ZYD355 为父本,大豆黑农 35 为母本进行杂交、回交,筛选并培育出了具有高蛋白质和高脂肪含量的优异新品系龙品 8807,该品系百粒重高达 19 g,打破了野生大豆杂交后代蛋白质含量高而籽粒较小的困境。由此可见,对野生大豆资源的合理和有效利用,可提高栽培大豆的农艺性状和生理特性。野生大豆中保留的包括高抗性等优良性状的开发,将有助于扩宽大豆的遗传基础,提高其适应贫瘠土壤的能力。因此,野生大豆耐低氮胁迫机理的研究对耐低氮作物的培育以及抗性基因的挖掘具有重要意义。

三、在大豆抗逆相关性状研究的应用

野生大豆种皮的过氧化物酶活性普遍较高,而过氧化物酶是重要的植物保护酶系之一,与植物的抗病性密切相关(蒋选利等,2001)。徐明等人以野生大豆和栽培大豆为试验材料,分析它们在盐胁迫下株高、根长等生物量的变化以及游离脯氨酸代谢的响应过程,结果显示野生大豆抵抗盐胁迫的能力显著强于栽培大豆,这与张婧等(2017)的研究结果一致。纪展波等(2012)研究了干旱胁迫下,野生大豆、半野生大豆和栽培大豆的光合特性、可溶性糖以及脯氨酸含量等指标的变化,结果表明野生大豆在干旱条件下的生理指标均优于半野生大豆和栽培大豆,因此表现出更高的抗旱性。低温弱光胁迫下,野生大豆能够通过维持更高的磷脂酰甘油的不饱和度以及抗氧化酶活性,来减缓不利环境对光合结构的伤害,从而表现出比栽培大豆更强的抗逆能力(任丽丽等,2007)。张小芳等研究了干旱胁迫下的野生大豆转录组的差异表达基因,发现了干旱胁迫条件下变化明显的转录因子家族基因 WRKY 和 bZIP,分别为 118 个和 104 个。周启政等(2020)利用野生大豆遗传群体发现 GsPIP1-4 在调控水分平衡等方面具有重要功能,抗逆转基因大豆的培育不仅具有科学理论意义,而且也有巨大的应用价值。卫培培等(2017)以栽培大豆

(G. max)N23674 品种和寒地野生大豆(G. soja)品系为研究对象,分离出对盐胁迫有明显缓解作用的基因 GmCLC1 和 GmCLC-c2。王金陵等(1986)利用种间杂交或回交改良获得产量潜力大的多荚丰产型、强分枝丰产型、多节丰产型的育种中间材料;吴晓雷等(2001)获得每花序着生 10 个荚以上的长花序类型材料;姚振纯(1993)选育出较对照品种增产 12% 以上的高产品系 2 个;杨光宇等(1999)利用种间杂交或一次广义回交的方法创造出一批百粒重 10 g 左右、单株荚数大于 300 个、有效节位多于 25 个、直立型和百粒重 20 g 左右、单株荚数大于 150 个、主茎有效位多于 25 个的中间材料。中国农业科学院作物品种资源研究所利用一年生野生大豆与栽培大豆杂交,培育出新品种中野 1 号。该品种为亚有限型,百粒重 20 g 左右,表现出一定的耐旱、耐盐碱、丰产、稳产特性,于 1999 年通过北京市新品种审定。

美国大豆育种界也十分重视利用一年生野生大豆提高栽培大豆产量。自 20 世纪 60 年代起,一年生野生大豆育种利用一直是美国大豆育种的一部分工作。通过杂交选育,培育了 S1346、IVR1120 和 N7001 等代表性高产中间材料,通过回交转育,将 PI407720、PI68658、PI436684、PI253665D、PI283331 和 PI297544 等一年生野生大豆高产基因导入栽培大豆优良品种里,并选育出高产后代。

第三节 寒地野生大豆遗传群体构建

通过对野生大豆基因组研究发现,野生大豆特有基因遗传变异十分丰富,在应对环境恶化、拓宽遗传基础、创制新型种质上有着巨大的潜力,是适应未来大豆产业需求、发展大豆遗传改良的重要基因资源。黑龙江省地处高寒地区,是中国大豆主产区,有着丰富独特的野生大豆资源,这里的野生大豆具有高品质(高蛋白、高异黄酮)、多花荚、抗逆等优良性状,是我国优质、高产、多抗大豆育种的基因宝库,其适应能力强、优异基因丰富、应用潜力大。深入挖掘和利用寒地野生大豆资源开展种质创新,对全面提升我国大豆育种水平具有重要的战略意义。深入挖掘野生大豆优异资源和优异基因,并利用其创制具有重要特定性状的种间材料作为桥梁亲本,将仍然是野生大豆研究与利用的重要方向。黑龙江省农业科学院自 1979 年开展野生大豆全面考察以来,已收集野生大豆资源近万份,并陆续在生态学、光温特性、遗传多样性、性状与进化等方面开展研究工作(刘淼等,2021)。研究表明,野生大豆可供利用的性状主要有以下几方面:产量株型类性状,如多花、多荚等;品质加工类性状,如高蛋白质、高异黄酮含量等;光周期不敏感特性;抗病虫性状,如抗大豆花叶病毒病、抗大豆孢囊线病、抗灰斑病、抗锈病、抗蚜虫等;抗逆性状,如耐旱、耐盐碱、耐瘠薄等。

一、寒地野生大豆产量性状遗传群体构建与利用

高产、稳产是育种人员致力于品种改良的主要目标,大豆产量与许多性状和产量构成

因子有关,其中与单株荚数、每荚粒数、单株粒重密切相关。大豆产量是一个综合性状,也是复杂的数量性状。通过改良大豆产量构成因子可达到提高产量的目的。目前从大豆粒重入手进行种质改良的研究较多,但单株荚数偏少也严重制约了大豆产量的提高。寒地野生大豆由于具有单株荚数多的特点,是开展大豆产量育种的重要资源。如 ZYD598 单株荚数 3 458 个,约是栽培大豆平均荚数的 30 倍。

为发掘产量性状新基因,黑龙江省农业科学院耕作栽培研究所以综合性质优良的大豆品种为父本,以寒地野生大豆 ZYD598 为母本配置杂交组合,对获得的杂交组合 F_1 代群体进行 SSR 真实性鉴定。本研究成功构建了两个能用于多花荚新基因定位的遗传分离群体,为今后的高产遗传分析、遗传图谱构建和高产基因定位及开发与其紧密连锁的分子标记提供了科学的参考数据。有研究人员构建的回交导入系,以绥农 14 为轮回亲本,以野生大豆 ZYD00006 为供体亲本,经杂交、回交、标记辅助选择构建获得一套覆盖野生大豆全基因组的染色体片段导入系(代换系),在大豆产量、品质及大豆与微生物互作的重要基因定位及上位性效应研究方面也开展了大量的工作,获得系列候选位点及优异育种中间材料(蒋洪蔚等,2020;曾庆力等,2012;毛彦芝等,2014;陈庆山等,2014;Xin et al.,2016;魏思明等,2016;Jiang et al.,2018;尹燕斌等,2016;马占洲等,2014;Qi et al.,2018a;Qi et al.,2018b;Huang et al.,2019;Yu et al.,2019;Wang et al.,2019;Li et al.,2018)。该群体共 192 个株系,包含野生大豆目标导入片段 237 个,平均每个连锁群的导入片段个数为 11.85 个;导入片段总长度 1 865.17 cM,覆盖整个基因组的 82.43%,其中 L 连锁群野生大豆基因组覆盖率最高,为 100%,N 连锁群覆盖最低,为 53.17%;最长导入片段 43.30 cM,最短导入片段 0.22 cM。高度一致的遗传背景对大豆重要基因及野生大豆特有优异基因挖掘具有重要意义。同时,野生资源的引入极大丰富了栽培大豆的遗传基础,进而使得导入系后代表型变异丰富,为大豆遗传育种提供重要的材料基础。该套材料由于导入片段少、遗传背景相对一致,是开展遗传研究的理想材料;同时,野生大豆基因组的导入大大扩展了栽培大豆的遗传基础,丰富的表型变异为育种材料的选择提供了更大的可能。

利用野生大豆 ZYD7 和栽培大豆 HN44(黑农 44)建立的 1 036 份重组自交系群体,首次克隆了大豆百粒重基因 PP2C-1,鉴定了优异等位变异,利用该基因单倍型进行辅助选择获得了高产种质 Z245;克隆了异黄酮合成过程中的关键基因 IFS1、IFS2 和 F3H,测序分析其序列多态性,挖掘了与异黄酮含量显著相关的 SNP 位点,并应用于高异黄酮大豆分子辅助选择。上述 QTL/基因为大豆分子辅助选择提供了理论依据和技术支撑。

二、寒地野生大豆品质性状遗传群体构建与利用

为了培育高蛋白质栽培大豆,大豆高蛋白质含量一直是大豆品质育种的重要研究方向。大豆蛋白质含量受遗传效应影响较高且由多基因控制,对其相关位点进行深入研究具有重要的理论意义和应用价值。张琦等(2019)利用栽培大豆绥农 14 作为轮回亲本,野

生大豆 ZYD00006 作为供体亲本构建了野生大豆染色体片段代换系(CSSL),在 2014 年和 2015 年这两年间共检测到 21 个与大豆籽粒蛋白质含量相关的 QTL。其中 2014 年在 GM20 连锁群上加性效应值变化范围为 1.51~2.18,在 2015 年加性效应值变化范围为 2.13~2.66。在上述初步定位的基础上,构建了三套残留杂合株系(RHL)群体,对不同的杂合区间进行了筛选,并以此为基础进行精细定位,定位到控制大豆籽粒蛋白质性状的 GM20 染色体约 9.13~9.98 Mb 处。同初步定位结果相比,将 QTL 区间由 12.3 Mb 精细定位到 852 kb。我们对该区段 15 个基因进行注释,研究发现 Glyma20g07060、Glyma20g07280 作为关键候选基因,可能与控制大豆籽粒蛋白质性状含量相关。上述研究结果为大豆蛋白质含量 QTL 精细定位研究提供了材料支持,关键候选基因的发现为进一步提高大豆蛋白质的含量提供了数据参考。来永才等利用性状优良的品种垦丰 16、黑农 44、黑农 37 和合丰 50 为母本,ZYD491、ZYD175 和 ZYD737 为父本建立重组自交系,研究发现 IFS1、IFS2、F3H 作为关键候选基因,可能与控制大豆籽粒异黄酮含量性状相关。黑龙江省农业科学院耕作栽培研究所创制了一批品质好、耐逆性状优良的具有重大利用前景的优异种质 100 余份。以此为基础,选择综合性状优良的黑龙江省大豆主栽品种为母本,根据不同的育种目标和科研需要构建了重组自交系群体,获得了一系列大豆高产、耐逆和品质相关基因,为大豆遗传改良提供了重要的基因资源和材料来源,为分子标记辅助选择育种提供了依据。

寒地野生大豆具有高异黄酮和高蛋白含量的品质特性,因此我们建立了一批具有野生血缘的高异黄酮重组自交系群体和高蛋白质重组自交系群体。

(一)含有野生血缘的高异黄酮重组自交系遗传群体

选择具有代表性母本材料,垦丰 16 是黑龙江省农垦科学院农作物开发研究所 2006 年育成的大豆品种,具有高产稳产、抗病性强、适应性广的特点,是我省密植主推品种。黑农 44 是黑龙江省农业科学院大豆研究所 2002 年育成的大豆品种,具有耐瘠薄、抗灰斑病、抗倒伏、结荚密、高产稳产的特性,是我省主要的减灾品种。黑农 37 是黑龙江省农业科学院大豆研究所 1992 年审定的大豆品种,是我省第一积温带高产、稳产、抗病虫品种,尤其抗大豆食心虫病。合丰 50 是黑龙江省农业科学院合江农业科学研究所 2007 年审定的大豆品种,具有秆强、抗倒伏、抗病虫能力强的高油、高产品种,脂肪含量 22.57%,是我省第二积温带东部对照品种。绥农 26 是黑龙江省农业科学院绥化分院 2008 年审定的大豆品种,该品种具有高产、抗病、秆强、抗倒伏、通风透光性好的特点,是我省第二积温带中部对照品种。寒地野生大豆资源 ZYD491 采自鸡西市鸡西镇,异黄酮含量高达 5 492.8 μg/g。ZYD175 采自绥化市农业科学院园区,异黄酮含量高达 4 362.8 μg/g。ZYD737 采自牡丹江市东宁市绥阳镇,异黄酮含量 4 682.5 μg/g。01-680 采自绥化市,异黄酮含量达 3 945.7 μg/g 栽培大豆材料与野生大豆材料杂交,获得重组自交系群体材料 1476、1482、1483、1486 和 1585,分别包含 130,69,63,163,194 个株系,目前已繁殖到 F_6~F_7 代(表 5-1)。

表 5-1　含有野生血缘的高异黄酮重组自交系遗传群体材料

编号	母本♀	父本♂	数量/个	世代数
1476	垦丰 16	ZYD491	130	F_7
1482	黑农 44	ZYD491	69	F_7
1483	黑农 37	ZYD175	63	F_7
1486	合丰 50	ZYD737	163	F_7
1585	绥农 26	01-680	194	F_6

(二) 含有野生血缘的高蛋白质重组自交系遗传群体材料

选择具有代表性母本材料,黑农 48 和黑农 51 是黑龙江省农业科学院大豆研究所于 2004 年和 2007 年审定的大豆品种,黑农 48 具有高产优质、高蛋白质含量特性,是我省第二积温带推广种植的高蛋白质大豆主栽品种之一。黑农 51 具有高产、稳产、抗病、优质、广适应性的特点。02 考 6 的蛋白质含量为 54.2%,02 考 25 的蛋白质含量为 54.0%,均为寒地野生大豆种质资源中的高蛋白质资源。栽培大豆材料与野生大豆材料杂交,获得重组自交系群体材料 1479 和 1592,分别包含 153,214 个株系,目前已繁殖到 $F_6 \sim F_7$ 代(表 5-2)。

表 5-2　含有野生血缘的高蛋白质重组自交系遗传群体材料

编号	母本♀	父本♂	数量/个	世代数
1479	黑农 51	02 考 6	153	F_7
1592	黑农 48	02 考 25	214	F_6

(三) "双高"野生大豆群体

"双高"优异种质龙品 8807 来源于优选的野生大豆资源 ZYD355 与黑农 35 杂交衍生的后代,其蛋脂总量高达 66.16%,蛋白质含量 48.29%,被农业农村部评为一级优异种质。以合丰 50 为母本,龙品 8807 为父本,杂交衍生的蛋脂双含有野生血缘的重组自交系群体 1940,包含 743 个株系,目前已繁殖到 F_3 代(表 5-3)。

表 5-3　含有野生血缘的"双高"的重组自交系遗传群体材料

编号	母本♀	父本♂	数量/个	世代数
1940	合丰 50	龙品 8807	743	F_3

三、寒地野生大豆耐逆性状遗传群体构建与利用

袁翠平等(2019)为发掘野生大豆优异基因资源,利用 SLAF-seq 技术,以杂交组合

绥农 14×ZYD03685 的亲本、126 个 F_2 单株及其衍生的 $F_{2:3}$ 家系为试验材料,进行了 SLAF 标签的开发、遗传图谱的绘制和 QTL 分析。共获得 7 783 个 SLAF 标签用于遗传图谱绘制,遗传图谱总长度为 2 664.2 cM,20 个连锁群的平均长度为 133.21 cM。两个 SCN 抗性 QTL(qSCN-1 和 qSCN-2)分别位于 Chromosome 18(Chr 18)的 4.25~4.31 Mb 和 13.50~13.81 Mb,分别解释了 22.96% 和 10.96% 的抗性(孢囊指数)变异,QTL 区段内分别包含了 6 个和 14 个基因。qSCN-2 区段未见有前人关于 SCN 抗性 QTL 的报道,为新的 QTL。黑龙江省农业科学院耕作栽培研究所筛选获得的耐草甘膦寒地野生大豆材料 C69 和种间材料 E11128-T,以及栽培大豆材料齐农 17 为父本,黑河 43、合农 76、合丰 50 以及黑农 86 为母本,创建了一批抗逆重组自交系群体。黑河 43 是黑龙江省农业科学院黑河分院 2007 年审定的大豆品种,具有早熟、高产、稳产、优质、抗病等特性,是目前黑龙江省种植面积最大的品种,其选育及推广获得了黑龙江省科技进步一等奖。合农 76 是黑龙江省农业科学院佳木斯分院与黑龙江省合丰种业有限责任公司于 2015 年共同审定的大豆品种,具有耐密植、抗病等特性。黑农 86 是黑龙江省农业科学院大豆研究所 2019 年审定的大豆品种,属于高产、高蛋白质型品种。野生大豆材料 C69 和种间材料 E11128-T 耐草甘膦抗性等级为 0 级。齐农 17 是黑龙江省农业科学院齐齐哈尔分院审定的大豆品种,秆强、抗倒伏特性突出。杂交构建的抗逆性状重组自交系群体材料为 1487、1933、1939 和 1943,包含 118、810、754、823 个株系(表 5-4)。

表 5-4 抗逆性状重组自交系遗传群体材料

编号	母本♀	父本♂	性状	数量/个	世代数
1487	黑河 43	C69	耐草甘膦	118	F_7
1933	合农 76	E11128-T	耐草甘膦	810	F_3
1939	合丰 50	E11128-T	耐草甘膦	754	F_3
1943	黑农 86	齐农 17	抗倒伏	823	F_3

第四节 寒地野生大豆优异基因挖掘

南京农业大学利用黑龙江省农业科学院提供的野生大豆材料与栽培大豆研制了世界首个包含野生大豆基因组信息的 355K 高密度基因芯片,挖掘产量、品质、耐逆、开花期及生育期调控的相关 QTL/基因 145 个。利用野生大豆资源 ZYD7068 克隆获得了异黄酮合成过程中的关键基因 IFS1、IFS2 和 F3H,测序分析其序列多态性,挖掘了与异黄酮含量显著相关的 SNP 位点,并应用于高异黄酮大豆分子辅助选择。黑龙江省农业科学院与中国科学院遗传与发育生物学研究所利用野生大豆 ZYD7 和栽培大豆 HN44(黑农 44)建立的

1 036份重组自交系群体,克隆了大豆百粒重基因 PP2C-1,鉴定了优异等位变异,利用该基因进行辅助选择获得了高产种质 Z245。利用鉴定的优异野生大豆材料克隆了 2 个异黄酮合成相关转录因子基因 MYB115 和 bHLH;2 个花期调控基因 GsLFY 与 GsAP1 基因和 3 个耐盐相关基因 GsNAC73、GsNAC73 和 GsHSFB2b,研究发现 GsLFY 与 GsAP1 基因对植物花期有明显的调控作用,过表达 GsLFY 或 GsAP1 基因可使植物开花期提前,过表达 GsNAC73、GsNAC73 和 GsHSFB2b 可提高转基因植株的耐逆性,其生物学功能及在育种中应用潜力有待进一步开发。上述 QTL/基因为大豆分子辅助选择提供理论依据和技术支撑。利用优异资源鉴定的重要性状 QTL/基因见表 5-5。

表 5-5 利用优异资源鉴定的重要性状 QTL/基因

性状		利用资源	QTL/基因数	QTL/基因名称	种质创制应用
产量	百粒重籽粒大小	ZYD7、ZYD6893 等 127 份	39/4	PP2C-1,WRKY15a,Satt521,Satt516,Satt641,Satt316,sw20-1,sw20-3 等	龙哈 15-016、Z245 等
	荚粒数	ZYD6872 等 14 份	17/0	qEPP-H-1,qEPP-Lb-1,qSWP-Lb-1 等	龙哈 13-409 等
品质	异黄酮含量	ZYD7068、ZYD6890 等	4/3	IFS1、IFS2、F3H 等	龙品 01-122、龙哈 10-325 等
	油脂含量	ZYD7116、ZYD7125 等 11 份	0/3	GmZF351、GmGA20OX、GmNFYA	龙品 16-184
	蛋白质含量	ZYD6948 等	2/0	Satt316、Satt239	龙品 17-218
抗逆性	耐盐性	LY20(Y20)、LY55(Y55)、LY0532(Y0532)等 115 份	31/3	HSFB2b、GsNAC73、GsNAC74、Satt521、Satt022、Satt516、Satt251、Satt285 等	龙哈 17-034、龙哈 17-237 等
	耐旱性	LY367(Y367)	0/2	GmWRKY27、GmMYB174	龙哈 16-292 等
	耐酸雨	ZYD7099 等 162 份	16/0	Satt567_118 等	NN-17-73 等
	抗斜纹夜蛾	W1、W99 等 121 份	4/0	AX-94083016 等	

表 5-5(续)

性状		利用资源	QTL/基因数	QTL/基因名称	种质创制应用
生育期	开花期	LY-5	0/2	GsLFY、GsAP1	龙哈10-021、龙哈10-815等
	生育期	LY-5	15/0	qVP-H-1、qWGP-H-1	龙哈12-106等

一、寒地野生大豆产量性状相关基因的挖掘

黑龙江省农业科学院与中国科学院遗传与发育生物学研究所利用野生大豆 ZYD7 和栽培大豆 HN44(黑农 44)建立的 1 036 份重组自交系群体,克隆了大豆百粒重基因 PP2C-1,鉴定了优异等位变异,利用该基因进行辅助选择获得了高产种质 Z245。对绥农 14、ZYD00006 和 121 份野生近缘大豆材料进行 QTL 分析,筛选出 1 个可以调控种子大小的基因 GsWRKY15a。南京农业大学利用黑龙江省农业科学院提供的野生大豆材料与栽培大豆研制了世界首个包含野生大豆基因组信息的 355K 高密度基因芯片,挖掘产量、品质、耐逆、开花期及生育期调控的相关 QTL/基因 145 个。对 113 份野生大豆的 11 个性状与 85 个 SSR 在 3 个环境和 BLUP 预测值中进行了关联分析和优异等位基因的挖掘,结果显示 11 个性状在年份间受环境影响较大,群体结构对生育期性状的影响在 30% 左右,对其他性状影响较小,11 个性状均存在一定的变异,共有 19 个标记位点与野生大豆 8 个农艺性状显著关联,它们分布于 C2、F、G、H、J、K、L 和 N 连锁群上。有 9 个标记与百粒重相关联,其中 Satt521、Satt516、Satt641、Satt316 的表型变异解释率较大,分别为 24.29%、40.10%、33.86%、41%;Satt102 与开花期显著关联,表型变异解释率为 16.53%;Satt521 在两个环境中检测到与成熟期显著关联,表型变异解释率为 18.21%;sct-10 在两个环境中与单株产量稳定关联,表型变异解释率大于 14.55%。这 19 个位点当中,10 个位点能够在两个环境以上检测到,但在年份间不稳定。以野生大豆江浦野生豆-5 为母本,栽培大豆南农 06-17 为父本杂交所得的 316 个 F_2 单株及其衍生 $F_{2:3}$ 和 $F_{2:4}$ 家系为材料,利用混合线性模型复合区间作图方法,对 2008 年、2009 年 $F_{2:3}$ 家系及 2009 年 $F_{2:4}$ 家系的单株有效荚数、单株粒重、百粒重 3 个荚粒相关性状进行 QTL 分析。结果表明,复合区间作图法检测到 27 个 QTL,混合线性模型复合区间作图法检测到 18 个加性显性 QTL 和 13 对上位性 QTL,两种方法共同检测到 17 个 QTL,其中 12 个 QTL(qEPP-H-1、qEPP-Lb-1、qSWP-La-1、qSWP-Lb-1、qSW-B1-1、qSW-B2-1、qSW-D1b-1、qSW-H-1、qSW-H-2、qSW-I-2、qSW-Lb-1 和 qSW-Ma-1)在两年或两个世代稳定表达,qEPP-H-1、qEPP-Lb-1 和 qSWP-Lb-1 的增效等位基因来源于野生大豆。

二、寒地野生大豆品质性状相关基因的挖掘

黑龙江省农业科学院与中国科学院遗传与发育生物学研究所利用鉴定的优异野生大

豆材料克隆了两个异黄酮合成相关转录因子基因 MYB115 和 bHLH。中国科学院遗传与发育生物学研究所通过对 10 个栽培大豆资源和 10 个野生大豆资源不同发育阶段籽粒进行 RNA 测序，鉴定了两个栽培大豆特异的基因共表达调控网络。通过比较网络节点基因与相应籽粒性状 QTL 的重叠性，鉴定出了调控大豆油脂合成的 GmZF351、GmNFYA 及调控粒重的 GmGA20OX 基因。南京农业大学利用野生大豆资源 ZYD7068 克隆获得了异黄酮合成过程中的关键基因 IFS1、IFS2 和 F3H，测序分析其序列多态性，挖掘了与异黄酮含量显著相关的 SNP 位点，并应用于高异黄酮大豆分子辅助选择。张琦等（2019）利用栽培大豆绥农 14 作为轮回亲本，野生大豆 ZYD00006 作为供体亲本构建了野生大豆染色体片段代换系（CSSL），共检测到 21 个与大豆籽粒蛋白质含量相关的 QTL。

三、野生大豆耐逆性状相关基因的挖掘

野生大豆是国家第一批重点保护野生植物，多生于盐碱地和盐碱滩涂，是典型的耐盐植物。野生大豆作为栽培大豆近缘种，二者没有生殖隔离，因而挖掘利用野生大豆优异资源进而培育栽培大豆新品种已成为当前大豆育种重要途径之一。黑龙江省农业科学院与中国科学院遗传与发育生物学研究所利用鉴定的优异野生大豆材料克隆了 3 个耐盐相关基因 GsNAC73、GsNAC74 和 GsHSFB2b。南京农业大学以 113 份野生大豆为试验材料，进行芽期耐盐性状的鉴定，结合群体的分子标记对包括 2 年平均值在内的 3 个环境下的 3 个耐盐指数进行全基因组关联分析，共检测到与野生大豆芽期耐盐相关的位点 26 个，6 个 SSR 标记 Satt521、Satt022、Satt239、Satt516、Satt251 和 Satt285 在 2 个或 3 个环境下均被检测到，4 个 SSR 标记 Satt516、Satt251、Satt285 和 GMES4990 与 2 个或 3 个耐盐指数显著相关。对这些 SSR 标记进行分析，挖掘了最优的等位基因及其载体材料。Zhang 等（2016）通过 RNA-Seq 分析了耐碱野生大豆（N24852）根和叶在 90 mmol·L^{-1} $NaHCO_3$ 处理下的转录组数据，发现碱处理 12 h 和 24 h 后大量 bHLH、ERF、C2H2 和 C3H 转录因子差异表达。Luo 等（2013b）发现 GsWRKY20 过表达显著降低气孔密度，增强气孔对脱落酸（ABA）的敏感性，促使干旱胁迫下气孔关闭，降低失水速率，提高转基因拟南芥的抗旱性。此外，GsWRKY20 能够促进角质层加厚，减少非依赖气孔的水分散失，提高植株的抗旱性。Yu 等（2016）研究发现，GsERF6 过表达会特异性提高转基因拟南芥对 HCO_3^- 胁迫的耐受性。GsERF71 在拟南芥中过表达能提高碱胁迫下 AHA2 基因的表达，并促进过表达拟南芥根部酸化，提高对 HCO_3^- 胁迫的耐受性（Yu et al.，2017）。朱延明等（2019）研究表明，GsRAV3 受碱和 ABA 诱导表达，其过表达可降低拟南芥对 ABA 的敏感性。此外，研究人员还报道了 NAC（GsNAC20 和 GsNAC019）、bZIP（GsbZIP33 和 GsbZIP67）以及 MYB（GsMYB15）家族转录因子等参与野生大豆逆境应答过程。这些研究证实了转录因子在野生大豆逆境应答中发挥重要作用，但转录因子参与的逆境应答分子机制及调控网络仍需进一步研究。

四、寒地野生大豆开花期及生育期调控相关基因的挖掘

黑龙江省农业科学院与中国科学院遗传与发育生物学研究所利用鉴定的优异野生大豆材料克隆了 2 个花期调控基因:GsLFY 与 GsAP1 基因。南京农业大学参考这篇综述利用黑龙江省农业科学院提供的野生大豆材料与栽培大豆研制了世界首个包含野生大豆基因组信息的 355K 高密度基因芯片,挖掘产量、品质、耐逆、开花期及生育期调控的相关 QTL/基因 145 个。利用野生大豆资源 ZYD7068 克隆获得了异黄酮合成过程中的关键基因 IFS1、IFS2 和 F3H,测序分析其序列多态性,挖掘了与异黄酮含量显著相关的 SNP 位点,并应用于高异黄酮大豆分子辅助选择。以野生大豆江浦野生豆-5 为母本,栽培大豆南农 06-17 为父本杂交所得的 316 个 F_2 单株及其衍生 $F_{2:3}$ 和 $F_{2:4}$ 家系为材料,利用 JoinMap3.0 软件,构建了一张包含 210 个标记(分子标记 207 个、形态标记 3 个),共 24 个连锁群的大豆分子连锁图谱,覆盖基因组长度 2 205.85 cM,标记间平均距离为 11.09 cM。利用混合线性模型复合区间作图方法,对 2007 年 F_2 单株、2008 年 $F_{2:3}$ 家系及 2009 年 $F_{2:4}$ 家系的全生育期、营养生长期、生殖生长期和生育期结构 4 个生育期相关性状进行联合世代 QTL 分析,共检测到 15 个加性显性 QTL 和 9 对上位性 QTL;存在 QTL 共位性(同一标记区间存在不同性状的 QTL)以及 QTL 互作网络(1 个 QTL 可以与多个 QTL 互作)的现象;贡献率最大的 3 个 QTL 为 qVP-H-1、qWGP-H-1 和 qRV-H-1,加性效应解释的遗传变异分别为 21.31%、13.14% 和 9.37%,qWGP-H-1 和 qVP-H-1 的增效等位基因来源于江浦野生豆-5,qRV-H-1 的增效等位基因来源于南农 06-17。

参 考 文 献

陈丽丽,2013. 野大豆与栽培大豆杂交后代的鉴定评价研究[D]. 呼和浩特:内蒙古农业大学.

陈庆山,蒋洪蔚,孙殿君,等,2014. 利用野生大豆染色体片段代换系定位百粒重 QTL[J]. 大豆科学,33(2):16-22.

程林梅,孙毅,刘少翔,等,1998. 大豆不同外植体植株再生的研究[J]. 中国油料作物学报,20(2):22-25.

纪展波,蒲伟凤,李桂兰,等,2012. 野生大豆、半野生大豆和栽培大豆对苗期干旱胁迫的生理反应[J]. 大豆科学,31(4):94-100.

蒋洪蔚,李灿东,李瑞超,等,2020. 野生大豆 ZYD00006 回交导入系构建[J]. 中国油料作物学报,42(1):8-16.

蒋选利,李振岐,康振生,2001. 过氧化物酶与植物抗病性研究进展[J]. 西北农林科技大学学报,29(6):124-129.

来永才, 林红, 方万程, 等, 2004. 野生大豆资源在大豆种质拓宽领域中的应用[J]. 沈阳农业大学学报, 35(3): 184-188.

雷勃钧, 李希臣, 卢翠华, 等, 1994. 外源野生大豆 DNA 导入栽培大豆及 RAPD 分子验证[J]. 中国科学(B 辑 化学 生命科学 地学), 24(6): 596-601.

李海燕, 朱延明, 冯莹莹, 等, 2002. 大豆幼胚子叶胚性悬浮细胞系的建立与次生胚诱导[J]. 大豆科学, 21(2): 123-126.

李宏, 2000. 基于三点测交的双标记-QTL 基因定位的相关方法[J]. 生物数学学报, 15(1): 93-98.

李贤唐, 丁俊强, 王瑞霞, 等, 2011. 玉米株型相关性状的 QTL 定位与分析[J]. 江苏农业科学, 39(2): 21-25.

李向华, 王克晶, 李福山, 等, 2005. 野生大豆(*Glycine soja*)研究现状与建议[J]. 大豆科学, 24(4): 305-309.

刘峰, 庄炳昌, 张劲松, 等, 2000. 大豆遗传图谱的构建和分析[J]. 遗传学报, 27(11): 1018-1026.

刘淼, 来永才, 毕影东, 等, 2021. 黑龙江省寒地野生大豆在大豆育种中的应用现状及成果[J]. 黑龙江农业科学(2): 119-122.

马占洲, 孙殿君, 蒋洪蔚, 等, 2014. 野生大豆回交导入系蛋白质含量性状的 QTL 分析[J]. 中国油料作物学报, 36(3): 316-322.

毛彦芝, 蒋洪蔚, 刘春燕, 等, 2014. 用高世代回交群体定位大豆荚粒性状的 QTL 及上位性分析[J]. 大豆科学, 33(4): 467-472.

莫惠栋, 1984. 最大似然法及其应用[J]. 遗传, 6(5): 42-48.

邱丽娟, 郭勇, 常汝镇, 2015. 2014 年中国大豆基因资源发掘的主要进展[J]. 作物杂志(1): 1-5.

任丽丽, 李海雷, 高辉远, 2007. 一年生野生大豆对低温弱光胁迫抗性的研究[J]. 山东农业科学(4): 50-52.

阮成江, 何祯祥, 钦佩, 2002. 中国植物遗传连锁图谱构建研究进展[J]. 西北植物学报, 22(6): 246-256.

单大鹏, 刘春燕, 蒋洪蔚, 等, 2011. 两种方法定位 5 个地点大豆蛋白质含量 QTL[J]. 中国油料作物学报, 23(1): 9-14.

苏彦辉, 王慧丽, 俞梅敏, 等, 1999. 苏云金芽孢杆菌杀虫晶体蛋白基因导入大豆的研究[J]. 植物学报, 41(10): 23-28.

谭贤杰, 吴子恺, 程伟东, 等, 2011. 关联分析及其在植物遗传学研究中的应用[J]. 植物学报, 46(1): 108-118.

谭远德, 2001. 构建分子标记连锁图谱的一种新方法: 三点自交法[J]. 遗传学报, 28(1): 83-94.

王金陵,孟庆喜,杨庆凯,等,1986. 回交对克服栽培大与野生和半野生大染交后代蔓生倒伏性的效应[J]. 大豆科学,5(3):181-187.

王克晶,李福山,2000. 我国野生大豆(*G. soja*)种质资源及其种质创新利用[J]. 中国农业科技导报,2(6):69-72.

王荣焕,王天宇,黎裕,2016. 关联分析在作物种质资源分子评价中的应用[J]. 植物遗传资源学报,7(3):366-372.

王转斌,2001. 将杨树和野生大豆DNA直接导入栽培大豆的研究[J]. 东北林业大学学报,29(3):93-94.

魏思明,陈庆山,蒋洪蔚,等,2016. 利用野生大豆染色体片段代换系定位单株粒重QTL[J]. 大豆科学,35(5):742-747.

卫志明,许智宏,1988. 大豆原生质体培养再生植株[J]. 植物生理学通讯(2):53-54.

文自翔,赵团结,丁艳来,等,2009. 中国栽培及野生大豆的遗传多样性、地理分化和演化关系研究[J]. 科学通报,54(21):3301-3310.

吴晓雷,贺超英,王永军,等,2001. 大豆遗传图谱的构建和分析[J]. 遗传学报,28(11):1051-1061.

杨光宇,1997. 东北地区野生、半野生大豆在大豆育种中利用研究进展[J]. 大豆科学,16(3):259-263.

杨光宇,纪锋,1999. 中国野生大豆资源的研究与利用综述Ⅰ. 地理分布、化学品质性状及在育种中的利用[J]. 吉林农业科学(1):12-17.

尹燕斌,潘校成,蒋洪蔚,等,2016. 野生大豆导入系对蛋白质含量相关位点的上位性分析[J]. 大豆科学,35(3):354-358.

袁翠平,齐广勋,李玉秋,等,2019. 野生大豆抗胞囊线虫QTL定位[J]. 中国油料作物学报,41(6):887-893.

曾庆力,蒋洪蔚,刘春燕,等,2012. 利用高世代回交群体对大豆小粒性状的基因型分析及QTL定位[J]. 中国油料作物学报,34(5):473-477.

张春兰,秦孜娟,王桂芝,等,2012. 转录组与RNA-Seq技术[J]. 生物技术通报(12):51-56.

张德水,董伟,惠东威,等,1997. 用栽培大豆与半野生大豆间的杂种F_2群体构建基因组分子标记连锁框架图[J]. 科学通报,42(12):1327-1330.

张婧,2017. 盐胁迫下野大豆(*Glycine soja*)和栽培大豆(*Glycine max*)幼苗叶片代谢组学比较研究[D]. 长春:东北师范大学.

张琦,尹彦斌,蒋洪蔚,等,2019. 大豆子粒蛋白质含量QTL的精细定位[J]. 分子植物育种,17(24):8152-8157.

郑惠玉,杨光宇,韩春凤,等,1992. 黄豆出口新品种吉林小粒1号[J]. 作物品种资源(1):26.

郑永战，盖钧镒，卢为国，等，2006. 大豆脂肪及脂肪酸组分含量的QTL定位[J]. 作物学报，32(12)：1823-1830.

庄炳昌，1999. 中国野生大豆研究二十年[J]. 吉林农业科学（5）：4-11.

AKKAYA M S, SHOEMAKER R C, SPECHT J E, et al., 1995. Integration of simple sequence repeat DNA markers into a soybean linkage map [J]. Crop Science, 35(5)：1439-1445.

ARANZANA M J, KIM S, ZHAO K, et al., 2005. Genome-wide association mapping in Arabidopsis identifies previously known flowering time and pathogen resistance genes [J]. PLoS Genetics, 1(5)：e60.

BLANC G, CHARCOSSET A, MANGIN B, et al., 2006. Connected populations for detecting quantitative trait loci and testing for epistasis：an application in maize [J]. Theoretical and Applied Genetics, 113(2)：206-224.

BRADBURY P J, ZHANG Z, KROON D E, et al., 2007. TASSEL：software for association mapping of complex traits in diverse samples [J]. Bioinformatics, 23(19)：2633-2635.

CHIN F H, YEN F C, FU T C, et al., 2006. Genome-wide linkage analysis of lipids in nondiabetic Chinese and Japanese from the SAPPHIRe family study [J]. American Journal of Hypertension, 19(12)：1270-1277.

CREGAN P B, 1999. An integrated genetic linkage map of the soybean genome [J]. Crop Science, 39(5)：1464-1490.

DONG Y, YANG X, LIU J, et al., 2014. Pod shattering resistance associated with domestication is mediated by a NAC gene in soybean [J]. Nature Communi Cations, 5(2)：3352-3362.

DU J, WANG S, HE C, et al., 2017. Identification of regulatory networks and hub genes controlling soybean seed set and size using RNA sequencing analysis [J]. Journal of Experimental Botany, 10.1093/jxb/erw460.

GAUT B S, 2003. The lowdown on linkage disequilibrium [J]. The Plant Cell, 15(7)：1502-1506.

HAYASHI T, OHYAMA A, IWATA H, 2012. Bayesian QTL mapping for recombinant inbred lines derived from a four-way cross [J]. Euphytica, 183(3)：277-287.

HE X H, QIN H, HU Z, et al., 2011. Mapping of epistatic quantitative trait loci in four-way crosses [J]. Theoretical and Applied Genetics, 122(1)：33-48.

HISANO H, SATO S, ISOBE S, et al., 2007. Characterization of the soybean genome using EST-derived microsatellite markers [J]. DNA Research, 14(6)：271-281.

HUANG S Y, YU J Y, LI Y Y, et al., 2019. Identification of soybean genes related to soybean seed protein content based on quantitative trait loci collinearity analysis[J]. Journal of Agricultural & Food Chemistry, 67(1)：258-274.

HWANG T Y, TAKASHI S, MASAKAZU T, et al., 2009. High-density integrated linkage map based on SSR markers in soybean [J]. DNA Research, 16(4): 213-225.

HYTEN D L, PANTALONE V R, SAMS C E, et al., 2004. Seed quality QTL in a prominent soybean population [J]. Theor Appl Genet, 109(3): 552-561.

HYTEN D L, CHOI I Y, SONG Q, et al., 2010. A high density integrated genetic linkage map of soybean and thedevelopment of a 1536 Universal Soy Linkage Panel for QTL mapping [J]. Crop Science, 50(3): 960-968.

JIANG B, YU S, XIAO B, et al., 2014. Constructing linkage map based on a four-way cross population [J]. Journal of Zhejiang University, 40(4):387.

JIANG H, LI Y Y, QIN H T, et al., 2018. Identification of major QTLs associated with first pod height and candidate gene mining in soybean[J]. Front Plant Sci(9): 1280.

JING Y, ZHAO X, WANG J, et al., 2019. Identification of loci and candidate genes for plant height in soybean (*Glycine max*) via genome wide association study [J]. Plant Breeding, 138(6): 721-732.

JOHN W, MICHAEL M C, 1990. Fingerprinting genomes using PCR with arbitrary primers [J]. Nucleic Acids Research, 18(24): 7213-7218.

JOSHI T, VALLIYODAN B, WU J H, et al., 2013. Genomic differences between cultivated soybean, *G. max* and its wild relative *G. soja* [J]. BMC Genomics, 14(S1): S5.

KEIM P, DIERS B W, OLSON T C, et al., 1990. RFLP mapping in soybean: association between marker loci and variation in quantitative traits[J]. Genetics, 126(3): 735-742.

KEIM P, SCHUPP J M, TRAVIS S E, et al., 1997. A high-density soybean genetic map based on AFLP markers[J]. Crop Science, 37(2): 537-543.

KHOURY M J, YANG Q, 1996. The future of genetic studies of complex human diseases[J]. Science, 273(3): 350-354.

KONIECZNY A, AUSUBEL F M, 1993. A procedure for mapping *Arabidopsis* mutations using co-dominant ecotype-specific PCR-based markers[J]. The Plant Journal, 4(2): 403-410.

KOVER P X, WILLIAM V, JOSEPH T, et al., 2009. A multiparent advanced generation intercross to fine-map quantitative traits in Arabidopsis thaliana [J]. PLoS Genetics, 5(7): e1000551.

LAM H M, XU X, LIU X, et al., 2010. Resequencing of 31 wild and cultivated soybean genomes identifies patterns of genetic diversity and selection [J]. Nature Genetics, 42(12): 1053-1059.

LANDER E S, GREEN P, 1987. Construction of multilocus genetic linkage maps in humans [J]. Proceedings of the National Academy of Sciences, 84(8): 2363-2367.

LARK K G, WEISEMANN J M, MATTHEWS B F, 1993. A genetic map of soybean (*Glycine* max L.) using an intraspecific cross of two cultivars: "Minosy" and "Noir 1" [J]. Theoretical and Applied Genetics, 86(8): 901-906.

LI C, CHANG H, WANG J, et al., 2018. Genetic analysis of nodule traits in soybean via wild soybean background population and high generation recombination inbred lines [J]. Int J Agric Biol, 20(11): 2521-2528.

LI Y H, SMULDERS M, CHANG R Z, et al., 2011. Genetic diversity and association mapping in a collection of selected Chinese soybean accessions based on SSR marker analysis [J]. Conserv Genet, 12(5): 1145-1157.

LI Y H, ZHAO S C, MA J X, et al., 2013. Molecular footprints of domestication and improvement in soybean revealed by whole genome re-sequencing [J]. BMC Genomics, 14 (1): 579.

LI Y H, ZHOU G Y, MA J X, et al., 2014. De novo assembly of soybean wild relatives for pan-genome analysis of diversity and agronomic traits [J]. Nature Biotechnology, 32(10): 1045-1052.

LIU B H, FUJITA T, YAN Z H, et al., 2007. QTL mapping of domestication-related traits in Soybean (*Glycine max*) [J]. Annals of Botany, 100(5): 1027-1038.

LIU B H, WATANABE S, UCHIYAMA T, et al., 2010. The soybean stem growth habit gene Dt1 is an ortholog of *Arabidopsis* TERMINAL FLOWER1 [J]. Plant Physiology, 153(1): 198-210.

LIU J, QIN W T, WU H J, et al., 2017. Metabolism variation and better storability of dark- versus light-coloured soybean (*Glycine max* L. Merr.) seeds [J]. Food Chemistry, 223: 104-113.

LÜ H Y, LI H W, FAN R, et al., 2017. Genome-wide association study of dynamic developmental plant height in soybean [J]. Canadian Journal of Plant Science, 97(2): 308-315.

MANAVALAN L P, PRINCE S J, MUSKET T A, et al., 2014. Identification of novel QTL governing root architectural traits in an interspecific soybean population [J]. PLoS One, 10 (3): e0120490.

PRINCE S J, SONG L, QIU D, et al., 2015. Genetic variants in root architecture-related genes in a *Glycine soja* accession, a potential resource to improve cultivated soybean [J]. BMC Genomics, 16(1): 132.

QI X, LI M W, XIE M, et al., 2014. Identification of a novel salt tolerance gene in wild soybean by whole-genome sequencing [J]. Nature Communications, 5(5): 4340.

QI Z M, ZHANG Z G, WANG Z Y, et al., 2018. Meta-analysis and transcriptome profiling reveal hub genes for soybean seed storage composition during seed development [J]. Plant

Cell Environ, 41(9): 2109-2127.

QIN H, LIU Z, WANG Y, et al., 2018. Meta-analysis and overview analysis of quantitative trait locis associated with fatty acid content in soybean for candidate gene mining [J]. Plant Breeding, 137(2): 181-193.

QIN H D, ZHANG T Z, 2008. Genetic linkage mapping based on SSR marker with a four-way cross population in *Gossypium hirsutum* L. [J]. Journal of Nanjing Agricultural University, 31(4): 13-9.

SAMANFAR B, MOLNAR S J, CHARETTE M, et al., 2016. Mapping and identification of a potential candidate gene for a novel maturity locus, E10, in soybean [J]. Theoretical and Applied Genetics, 130(2): 1-14.

SCHMUTZ J, CANNON S B, SCHLUETER J, et al., 2010. Genome sequence of the palaeo polyploid soybean [J]. Nature, 463 (7294): 178-183.

SEVERIN A J, WOODY J L, BOLON Y T, et al., 2010. RNA-Seq Atlas of Glycine max: a guide to the soybean transcriptome [J]. BMC Plant Biolgy, 10(1): 160.

SHEN Y, ZHOU Z, WANG Z, et al., 2014. Global dissection of alternative splicing in paleopolyploid soybean [J]. The Plant Cell, 26(3): 996-1008.

SONG Q J, ET A L, SHOEMAKER R C, et al., 2004. A new integrated genetic linkage map of the soybean [J]. Theoretical and Applied Genetics, 109(1): 122-128.

TIAN Z X, WANG X B, LEE R, et al., 2010. Artificial selection for determinate growth habit in soybean [J]. Proceedings of the National Academy of Sciences of the United States of America, 107(19): 8563-8568.

VERHOEVEN K J F, JANNINK J L, MCINTYRE L M, 2006. Using mating designs to uncover QTL and the genetic architecture of complex traits [J]. Heredity, 96 (2): 139-149.

WANG X Y, LI Q Y, ZHANG Q, et al., 2019. Identification of soybean genes related to fatty acid content based on a soybean genome collinearity analysis [J]. Plant Breeding, 138(6): 696-707.

WANG Y L, WANG H, FAN R, et al., 2014. Transcriptome analysis of soybean lines reveals transcript diversity and genes involved in the response to common cutworm (*Spodoptera litura* Fabricius) feeding [J]. Plant Cell and Environment, 37(9): 2086-2101.

WEI W, LI Q T, CHU Y N, et al., 2015. Melatonin enhances plant growth and abiotic stress tolerance in soybean plants [J]. Journal of Experimental Botany, 66(3): 695-707.

XIA Z, YASUTAKA T, MASAKO H, et al., 2007. An integrated high-density linkage map of soybean with RFLP, SSR, STS, and AFLP markers using a single F_2 Population [J]. DNA Research, 14(6): 257-269.

XIN D W, QI Z M, JIANG H W, et al., 2016. QTL location and epistatic effect analysis of 100-seed weight using wild soybean (*Glycine soja* Sieb. & Zucc.) chromosome seg-ment substitution lines [J]. PLoS One, 11(3): e0149380.

YU J Y, ZHANG Z G, HUANG S Y, et al., 2019. Analysis of miRNAs targeted storage regulatory genes during soybean seed development based on transcriptome sequencing [J]. Genes, 10(6): 408.

ZENG Z B, 1994. Precision mapping of quantitative trait loci [J]. Genetics, 136(4): 1457 – 1468.

ZHANG D, KAN G Z, HU Z B, et al., 2014. Use of single nucleotide polymorphisms and haplotypes to identify genomic regions associated with protein content and water-soluble protein content in soybean [J]. Theoretical and Applied Genetics, 127(9): 1905 – 1915.

ZHANG J, 2009. Association analysis of agronomic trait QTLs with SSR markers in released soybean cultivars [J]. Acta Agronomica Sinica, 34(12): 2059 – 2069.

ZHANG Z L, LIU P F, FENG J, et al., 2014. QTL mapping for leaf angle and leaf orientation in maize using a four-way cross population [J]. Journal of China Agricultural University, 19(4): 7 – 16.

ZHAO M L, GUO R, LI M X, et al., 2020. Physiological characteristics and metabolomics reveal the tolerance mechanism to low nitrogen in *Glycine soja* leaves [J]. Physiologia Plantarum, 168(4): 819 – 834.

ZHOU L, HE H L, LIU R F, et al., 2014. Overexpression of GmAKT2 potassium channel enhances resistance to soybean mosaic virus [J]. BMC Plant Biology, 14(1): 154.

ZHOU Z K, JIANG Y, WANG Z, et al., 2015. Resequencing 302 wild and cultivated accessions identifies genes related to domestication and improvement in soybean [J]. Nature Biotechnology, 33(4): 408 – 414.

ZONDERVAN K T, CARDON L R, 2004. The complex interplay among factors that influence allelic association [J]. Nature Reviews Genetics, 5(2): 89 – 100.

第六章 寒地野生大豆的种质创新与育种应用

第一节 种质创新的意义与方法

一、种质创新的意义

自人类有选择地驯化植物起,就已经无意识地开始种质创新。随着遗传学、农艺学的发展,逐渐形成了以新品种选育为目标的作物育种学,而种质创新(germplasm enhancement)则成为创造新材料、新类型的种质资源学的重要内容,种质创新又称作前育种(pre-breeding),是指将育种中不易利用的种质资源变成易利用的材料,将不适应的外来种质变成本地能利用的育种材料的一系列相关科研活动。种质创新不仅能够创造新的育种材料,而且还可以拓宽育种遗传基础,是种质资源利用与育种的重要环节,具有持续周期长,人力、物力、财力消耗量大等特点,这使注重短期目标的育种人员望而却步,也导致种质创新具有很强的公益性。我国于20世纪80年代初提出种质创新这一概念。狭义的种质创新是指对种质做较大难度的改造,如通过远缘杂交进行基因导入,利用基因突变形成具有特殊基因源的材料,综合不同类型的多个优良性状而进行聚合杂交。除了上述含义外还应包括种质拓展(germplasm development),指使种质具有较多的优良性状,如将高产与优质结合起来;以及种质改进(germplasm improvement),泛指改进种质的某一性状。种质资源研究中所进行的种质创新,一般指的是狭义的种质创新。种质创新的主要目的是增加种质资源的遗传多样性。随着生产中新品种的大面积推广和应用,作物育种所利用的基因集中到少数种质上,导致作物种质遗传多样性严重耗失,使得遗传基础愈来愈窄,导致培育突破性品种的难度愈来愈大。我国拥有丰富的种质资源,但作物育种又缺乏遗传多样性丰富的亲本。因此,只有加强种质资源的深入鉴定、进行以拓宽遗传基础为主要目的的种质创新,丰富其遗传多样性才能解决种质资源丰富与育种材料贫乏的矛盾,使作物育种和农业生产取得突破性进展。从这个意义上讲,种质创新是作物育种的材料工程,材料的数量与质量将是作物育种能否取得突破性进展、农业生产能否飞跃的关键所在。作物种质资源不仅是作物遗传改良及现代种业发展的物质基础,更是保障粮食安全及实现农业可持续发展的战略性资源。拥有作物种质资源的数量和质量,直接影响到种质资源创新利用效率和现代种业的可持续发展。谁掌握了资源,谁就掌握了主动权。因此，种质资源保护和创新利用已成为世界各国农业科技创新驱动战略的重要组成部分。

二、大豆种质创新的方法

（一）有性杂交

有性杂交仍是目前最有效的方法，是迄今为止大豆育种最主要、最通用、最有成效的途径，在种质创新研究中更应注意遗传基础的拓宽。采用有性杂交开展种质创新亲本选择尤为重要，亲本选配得当，可以获得符合选育目标的大量的变异类型，从而提高育种工作的效率。亲本选配不当，即使选配了大量杂交组合，也不一定能获得符合选育目标的变异类型，造成不必要的人力、物力和时间浪费。当目标性状为显性时至少一个亲本具有这种显性性状，可以不必双亲都具有。当目标性状为隐性时虽双亲都不表现该性状，但只要有一亲本是杂合性的，后代仍有可能分离出所需的隐性性状，需要事先肯定至少一个亲本是杂合性的。大豆是严格的自花授粉作物，花器小、发育快，受精过程对环境有较高要求，给杂交工作带来一定难度，所以大豆杂交成活率也是影响育种效率的重要因素之一。而大豆杂交成活率的高低除与外界环境条件及父母本材料的亲和力有关外，杂交技术也起着十分重要的作用。及时总结各种做法的优缺点及其产生的背景和原因，以便在不同条件下采用最佳方案，对提高杂交成活率具有重要意义。传统有性杂交方法需要深入研究不同性状遗传变异规律，积累经验，多选配一些组合增加预期变异类型出现的机会，获得理想的种质资源。

（二）诱变育种技术

诱变育种技术是指在人为作用下，利用各种物理、化学等因素，在一定条件下诱导生物体发生变异，再通过选择可遗传的目标性状而培育出种质资源或新品种的方法，是继杂交育种技术之后的又一项新型育种技术。诱变育种技术主要包括物理诱变、化学诱变、航天诱变等方法，与常规育种相比，诱变育种操作简单，突变频率显著提高，可在较短的时间内获得更多的变异类型，丰富了遗传变异范畴，扩大了突变体资源库，为育种工作者筛选和创制种质、品种提供了崭新的平台及手段。如今，诱变育种技术广泛地应用在大豆育种的过程中，不但方法简单、育种时间短而且效果突出，也被运用于改良大豆品种、培育新型大豆上，成为大豆育种的重要技术手段。

1.物理诱变育种

物理诱变育种是诱变育种技术的重要方式之一，应用较多的主要有辐射诱变，通过运用一些物理因素如α射线、β射线、γ射线、X射线、紫外线辐射等促使农作物产生变异，引发农作物的种子、花粉、器官、组织等通过物理因素处理引起植株产生可遗传的变异，进行作物新品种培育。物理诱变育种主要包括电离辐射诱变、离子束注入诱变、激光诱变、微波诱变、磁诱变等方法。电离辐射诱变和激光诱变在大豆物理诱变育种上应用较多，其余方法在大豆上的应用相对较少。电离辐射诱变利用能引起物质电离、能量较高、穿透能力强γ、β、X的射线和中子进行诱变处理。激光诱变技术也被广泛应用于新品种培育过程中，通过产生的光、电、压力及电磁效应综合作用于农作物品种培育的过程中，致使农作物的DNA发生突变，引发农作物品种的变异。

2. 化学诱变育种

化学诱变育种主要是使用化学剂对植株的种子、花粉、花药、单细胞等组织进行处理，引起植被内部结构、染色体发生变异，引起基因突变。采用化学制剂对植物进行育种诱变，其效率比物理电离射线高，因此越来越引起人们的重视。目前，比较常见的化学诱变剂主要有三类：一类是烷化剂，这类诱变剂通过置换其他分子中的氢原子使某些碱基烷基化，代表物有甲基磺酸乙酯（EMS）、乙烯亚胺（EI）、亚硝基甲基脲烷（NMU）等。一类是核酸分子碱基类似物，这类诱变剂分子结构与DNA碱基类似，DNA复制时会产生错配，导致产生变异。一类是嵌入剂，这类诱变剂可以嵌入生物体DNA分子，造成密码子编组的改变，从而影响正常的转录和翻译过程，造成生物体的突变。

（三）现代生物技术

1. 分子标记辅助选择

分子标记辅助选择的核心是借助与目标基因紧密连锁的分子标记，选择目标基因型个体。该技术不受环境影响，可在低世代进行准确、稳定的选择，可以克服利用隐性基因时识别难的问题，并能同时聚合多个目标基因，可大大提高选择效率和水平。随着现代生物技术的高速发展，越来越多的重要性状相关基因被定位或克隆，这将极大地促进分子标记辅助选择技术的应用。在种质资源的应用工作中，以种质资源的鉴定评价、种质创新和优异基因挖掘等工作为基础，通过分子标记辅助选择，有目的地将野生近缘种属、地方农家品种和国外引进优异种质中的有益基因导入栽培种中，从而对栽培种进行性状改良，创造出一批更适合育种需要的中间材料。

2. 分子设计

种质创新和基因挖掘是种质资源研究的重点，对种质资源充分挖掘和利用则是种质创新的最终目的。技术的不断迭代和更新大幅提高了基因发掘的速度及数量，极大加深了我们对基因调控作用的了解，从而分子设计的概念开始出现，将挖掘到的优异基因导入当前应用广泛、综合性状优良的某一品种，构建包括高产、优质和高抗等基因的一系列近等基因系，通过基因的定向组装达到性状的协调改良的目的。分子设计育种的核心是基于对控制作物各种重要性状的关键基因及调控网络的认识，利用生物技术等手段获取或创制优异种质资源作为分子设计的元件，根据预定的育种目标，选择合适的设计元件，通过系统生物学手段，实现设计元件的组装，培育目标新品种。与传统育种技术相比较，分子设计育种将实现在基因水平上对农艺性状的精确调控，解决传统育种易受不良基因连锁影响的难题，大幅度提高育种效率，缩短育种周期。与分子标记辅助育种技术相比较，其精准性和可控性极大提升。目前，分子设计以全基因组选择技术和寡核苷酸定点突变（ODM）技术等新一代育种技术为核心。同时，我们也可以充分利用植物基因组学和生物信息学等前沿学科的重大成就，及时开展分子设计育种的基础理论研究。

3. 转基因技术

转基因技术就是将目的基因整合到受体基因组中，使之产生目标变异而获取目标性状。转基因技术可以突破生殖隔离，利用其他物种的有利基因进行重组增加人们所期望的新性状，实现作物种质资源创新。转基因技术的出现，弥补了传统杂交育种技术的缺陷，可把从其他植物、动物或微生物中分离到的目的基因，转移到目标植物的基因组中，这样不仅能解决基因转移和重组效率较慢等问题，而且能把非近缘物种基因转移至目标植物，使新植物具有抗虫、抗病、抗逆、高产、优质等原来没有的优良性状，并且使之稳定遗传。转基因棉花、玉米、大豆、油菜、小麦等已在全世界范围内广泛种植，其中商业化最为成功的例子当数抗除草剂大豆和抗虫棉花的大面积推广应用。虽然转基因技术相对于传统杂交育种缩短了时间，克服了传统杂交育种技术的不确定，且突破了不同物种之间的生殖隔离，使原来难以实现的远缘杂交成为可能，使人们可根据需要赋予植物新的特性，而给农业生产带来了一场新的革命，但转基因技术作为一项新兴的科学技术，在给人类带来巨大的社会、经济、生态效益的同时，其安全性一直受到人们的质疑，比如转基因植物导致生物多样性减少，损耗基因库，使人类所依托的、丰富的农作物遗传多样性受到巨大的威胁。转基因植物比传统植物有更强的特性，必然会挤压生物群落中传统物种的生存空间，并通过食物链间接影响其所在生物群落的结构，对群落中的植物、动物产生伤害，进而威胁生物多样性。转基因植物可能会通过花粉、种子、无性繁殖器官等产生基因"逃逸""飘移"，从而引起"基因污染"，导致种子纯度下降，改变农作物与野生近缘种杂种各世代的生态适应度、入侵能力，并可能会通过湮灭效应、选择性剔除效应、遗传同化作用等影响野生群体的遗传完整性和遗传多样性。另外，外源转基因也可能导致具有更强特性的超级杂草产生，威胁非靶标有益生物。也可能通过抗虫、抗草、抗逆境、抗病毒等特性，在攻击或消灭特定目标的同时，通过食物链，直接或间接地威胁非靶标有益生物的生存、繁殖，从而引起生态风险问题。但总体来说，转基因技术是一项具有经济价值和应用前景的核心生物科学技术，全球许多国家转基因作物的种植面积逐年增加，转基因作物的产业化生产是大势所趋，对于促进农业的可持续发展以及确保粮食安全方面都发挥着至关重要的作用。转基因食品入市前都要通过监管部门严格的安全性评价和审批程序，转基因作物的安全问题不必过于担心，相信随着科学技术和现代社会的不断发展，转基因作物会造福人类社会。

4. 基因编辑技术

基因编辑(gene editing)是对生物体基因组特定目标基因进行修饰的一种基因工程技术。其主要原理是借助序列特异核酸酶(SSN)对目标基因进行精确定点修饰，可以使靶位点的碱基发生替换、缺失、插入等的改变。目前序列特异核酸酶主要有4种类型，即归巢核酸酶(MN)、锌指核酸酶(ZFN)、类转录激活因子效应物核酸酶(TALEN)和成簇的规律间隔的短回文重复序列及其相关系统(CRISPR/Cas9 system)。这些序列特异核酸酶可以在靶位点切割序列，产生DNA双链断裂，激活细胞内的两种DNA损伤修复途径：非同源末端连接(NHEJ)及同源重组(HR),从而实现精确的基因组编辑。由此发展出3种主要基因编辑技术:锌指核酸内切酶(ZFN)技术,类转录激活因子样效应物核酸酶(TALEN)技术,RNA引导的CRISPR/Cas核酸酶技术。因ZFN和TALEN技术存在脱靶效应或组装复杂等缺陷,限制了这类技术在基因编辑领域中的广泛应用。近年来,以CRISPR/Cas9系统为代表的基因编辑技术迅速发展。CRISPR/Cas9系统始于1987年CRISPR序列的发现。1987年,Ishino等科学家在E. coli中发现串联间隔重复序列,Horvath等在2002年对嗜热链球菌全基因序列测序后提出了CRISPR的概念,猜测它可能与噬菌体感染的免疫反应有关。到2007年,Barrangou等(2017)最先证明CRISPR序列确实能够抵御外来噬菌体的入侵。Jinek等在2012年取得重大进展,他们将crRNA与tracrRNA整合后形成一条sgRNA以切割DNA,使CRISPR/Cas9系统的构建更加简单,到此CRISPR/Cas9系统基本成型。2013年Cong等利用特异性RNA将Cas9带到靶位点进行切割,再加上Mali等(2013)发现CRISPR/Cas9经过改造后可对人类细胞进行切割,能使目标基因发生定点突变、定点插入外源基因,基因组的定向编辑技术进一步发展,同年11月张锋与珍妮佛·杜德娜联合创建了Editas Medicine(EDIT)公司,CRISPR/Cas9技术开始走向市场。2014年,比尔·盖茨基金会投资Editas Medicine公司,从此开始了CRISPR研究高潮。目前通过传统杂交育种进行遗传改良周期长且需大量的材料,物理或化学诱变虽能产生大量的突变位点,但很难掌握突变的方向,导致鉴定不易。基因组编辑技术的优势在于:①操作简单,成本较低,适用于任何物种,目前已在拟南芥、烟草、玉米、小麦、水稻等多种模式植物中成功应用;②效率高,不需要像杂交育种那么长的周期;③精确度高,通过设计sgRNA便能特异性识别目标基因的序列,对任意靶位点进行编辑,而T-DNA插入突变等技术则很难从具有特殊结构的基因中获得突变体;④可同时进行多基因编辑,突变不同的靶位点时只用重新构建与靶序列互补的sgRNA,将其与Cas9亚克隆于同一转化载体中即可,大大提高了基因编辑的效率。随着研究的深入,基因编辑技术在基因研究和遗传改良等方面展示出了巨大的潜力。

三、大豆种质创新的概况

栽培大豆与野生大豆不存在生殖隔离,细胞学和分子生物学证据均支持栽培大豆从野生大豆驯化而来这一结论。首先,栽培大豆与野生大豆的染色体均为20对,互相杂交易于成功,并能获得正常的杂种后代。其次,它们对环境条件的要求基本相同。所以严格地讲,栽培大豆与野生大豆实质上同属一个种,它们之间在遗传性状上虽有差别,但没有种间隔离性。人类选育栽培大豆是以获得高产和优良品质为目的的。到目前为止,对大豆驯化的研究主要集中在栽培大豆起源地和起源时间的探讨上。由于研究手段、分析问题角度和供试材料的不同,得到的结论也存在差异。盖钧镒等(2000)对中国不同地区代表性栽培和野生大豆生态群体进行形态、农艺、等位酶、细胞质(线粒体和叶绿体)、核分析,结果发现南方野生群体多样性最高,各栽培大豆群体与南方野生群体遗传距离近于各生态区域当地的野生群体,认为南方原始野生大豆可能是目前栽培大豆的共同祖先亲本,并由南方野生大豆逐步进化成各地原始栽培类型,再由各地原始栽培类型相应地进化为各种栽培类型,性状演化表现为从晚熟到早熟的趋势。

(一)大豆种质资源的多样性研究

从植物分类上来看,大豆属(*Glycine*)是豆科植物中最为重要的一个属,其中包括两个亚属,分别是 *Glycine* 亚属和 *Soja* 亚属。*Glycine* 亚属包含最少有 15 个多年生种,它们主要分布在澳大利亚及南太平洋岛均。*Soja* 亚属在大豆属中更为重要,包括两个一年生种,即人工种植的栽培大豆(*G. max*)和它的野生近缘种野生大豆(*G. soja*)。遗传多样性是生物多样性的基本组成部分,是遗传信息的总和,蕴藏在地球上的植物、动物和微生物个体的基因中,它决定着物种的发生、进化和变异,从群体遗传学角度讲,遗传多样性主要指种内的群体间和群体内的遗传变异,是蕴藏在植物核心种质材料中遗传信息的总和,是形成数以百万计的植物物种的根本所在,是人类赖以生存和繁衍的基础。目前大豆种质资源遗传多样性相对丰富,而育成品种遗传多样性水平较低,遗传基础狭窄。

大豆种质资源的种皮色和籽粒大小是大豆品种分类的重要性状,其遗传变异也非常丰富,栽培大豆的种皮色除了黄、青、黑、褐、双色五种类型外,根据颜色深浅,黄大豆可细分为黄、淡黄、白黄、浓黄和暗黄;青大豆分为淡绿、绿、暗绿;黑大豆分为黑、乌黑;褐大豆分为茶、淡褐、褐、深褐、紫红等。对我国青大豆、褐大豆、黑大豆等研究均表明除种皮色的差异外,同一种皮色大豆种质资源的其他表型的变化也非常复杂。有研究表明,不同种皮色大豆种质资源抗冷性的频率也有差异,以具有原始类型性状大豆品种抗冷性比较强。不同种皮色的蛋白质含量也有明显差异。在中国大豆品种资源目录中,共收集 2 万多份大豆种质,对其主要的表型性状包括粒色、子叶色、种脐色、花色、茸毛色、生长习性、结荚习性、叶形、株高、生育日数基本都进行了调查,结果表明不同的地理环境、环境的恶劣与否、人工选择的影响导致大豆在表现性状形态多样性的体现上有很大差异。我国长江流域大豆以直立型为主,黄淮海流域大豆以直立和半直立型为主,蔓生和半蔓生型大豆也占不少比例。大豆结荚习性北方地区以无限型、亚有限为主,向南有限型所占比例不断增加,南方地区已经是有限结荚型占主体。大豆叶形东北地区以椭圆形为主,黄淮海地区却以卵圆形为主,长江流域以椭圆形为主。刘小敏(2014)采用均匀分布于大豆 20 个连锁群的 126 个 SSR 分子标记,对 345 份中国大豆育成品种进行遗传多样性和遗传结构分析,发现 1 776 个等位变异数,各位点平均等位变异数是 14.10,多态性信息数值为 0.84,变化范围是 0.625~0.927。三大大豆产区多态性信息数值由大到小依次是黄淮海、南方和东北地区,分别为 0.81,0.74,0.64。遗传丰富度由大到小依次是东北、黄淮海和南方地区,其分别为 24,20,14,遗传丰富度最大的黑龙江省为 9.25,其次为河南省,最小的省为河北省。利用 SSR 标记进行中国大豆育成品种遗传关系无根树状聚类,结果表明南方地区与黄淮海地区大豆亚群的遗传关系较近,与东北地区遗传关系较远,各省份亚群中江苏亚群与河南亚群遗传关系最近。研究表明随着时间的推移,新的等位变异不断取代旧的等位变异,增加的大于消失了的。群体遗传结构研究表明,亚群Ⅰ中由湖北和湖南品种组成;亚群Ⅱ中以北京、江苏和安徽大豆为主;亚群Ⅲ以湖北和四川大豆为主;亚群Ⅳ和Ⅴ中全部为东北大豆,亚群Ⅴ中的品种和数量是最少的;亚群Ⅵ主要含有河南和江苏大豆;亚群Ⅶ中含有的河南大豆最多。

许多农艺性状与大豆的产量和品质密切相关,对控制这些性状相关基因等位变异进行研究,对大豆遗传多样性及育种具有十分重要的意义。截至目前,在大豆产量性状、品质性状及品质组分含量、抗病性、抗虫性和抗逆性等多方面已经开展了大量的研究,并积累了一定的成果。

影响大豆的产量的最直接因素就是种子百粒重,种子长度、宽度和厚度决定种子的形状与大小,与种子大小和形状相关的巨大经济重要性要求生物学家对其遗传基础进行深入研究。研究表明种子形状与种子的大小是独立的性状,种子形状的遗传力为59%~79%,而种子大小的遗传力为19%~56%,种子形状和种子大小受多基因控制。目前对大豆种子大小和形状的研究主要集中在三个方面。Liang 等(2005)研究不完全双列杂交设计中每个杂交组合的 F_1 和 F_2 群体,发现百粒重、粒长、长宽比、长厚比和宽厚比主要受细胞质效应控制,而种子宽度和厚度主要受母体效应控制。徐宇(2011)采用多QTL联合分析和复合区间定位技术,对利用溧水中子黄与南农493-1作为亲本正交和反交得到的 $F_{2:3}$、$F_{2:4}$ 和 $F_{2:5}$ 群体进行了种子大小性状的数量性状位点检测,得到了121个主效QTL、6个环境效应、8个环境与QTL互作、5个细胞质效应和92个细胞质与QTL互作。Lu 等(2017)利用大豆栽培品种 HN44 和野生大豆 ZYD7,构建了一个重组自交系(RIL)的群体,然后进行QTL定位分析,得到22个候选基因,但经过栽培品种和野生大豆的序列比对,发现只有4个基因的编码区存在差异,但只有2个基因编码的蛋白质发生了改变。其中一个基因 Glyma17g33690 可以编码磷酸酶2C蛋白,所以将其命名为 PP2C-1(野生大豆)和 PP2C-2(栽培品种),进一步研究发现 PP2C-1 可以通过促进细胞的变大和激活种子相关形状基因来增加种子的大小和质量。他们发现 PP2C-1 与 Gm BZR1 基因相关联,Gm BZR1 是拟南芥的 BZR1 在大豆中的同源基因,并且该基因是 BRs 信号转导的重要转录因子,可以促进去磷酸化的 Gm BZR1 的积累。而且他们发现在转基因植株中 Gm BZR1 可以促进种子增大。Zhang 等(2004)利用 RIL 群体发现了4个百粒重QTL,位于 A2、B1、D2 连锁群上,其中在 D2 连锁群上的能解释变异的11.4%。关荣霞(2004)用郑92116和商951099杂交得到的 $F_{3:4}$ 家系定位了3个百粒重QTL,分别位于 G、B1、I 连锁群,其中在 G、B1 连锁群的贡献率都超过了10%。汪霞等(2010)利用正交和反交群体为材料,对百粒重、株高、结荚高度、茎粗、分枝数、收获指数、粒茎比7个性状进行了主效定位、细胞质效应和环境效应分析、细胞质互作和环境互作检测,共检测到10个相同的百粒重主效QTL,其中 qSW-6-2、qSW-20、qSW-10-4 在不同的群体中被检测到2~3次,贡献率分别是6.41%、14.68%、8.06%。两种方法检测到6个共同的株高主效QTL,2个分枝数主效QTL,2个茎粗比主效QTL。

许多研究证实株高、主茎节数、分枝数和茎粗均与产量相关,说明产量相关性状之间存在着相互影响的关联关系。选择株高的目的是增加节数和分枝数,进而提高产量。王连铮等(1990)总结了前人的研究结果,认为株高的遗传力在45%～75%之间。Yang等(1995)认为株高的加性基因效应比非加性基因效应更重要,显性效应比上位性效应重要。Luis等(2004)对2组杂交材料的研究结果表明,株高的广义遗传力高达80%,而狭义遗传力只有38%,与产量呈极显著正相关。李莹的研究结果指出株高与产量在一定范围呈正相关。Soy Base数据库目前已显示研究者定位到20个连锁群上的约200个株高QTL。结合全基因组测序技术进行株高基因的定位结果中,19号染色体也被频繁定位到与大豆株高有关的基因座位。Zhang等(2004)的定位区间在大豆结荚习性基因Dt1基因上游约18.6 kb的位置,约在47,206,860 bp附近;Wen等(2009)定位区间在37,391,及47,392,861 bp附近;Sonah等(2014)定位的遗传位点在47,558,095 bp附近。因此推断,在19号染色体上32,194,361 bp—38,837,787 bp以及44,761,515 bp—47,558,095 bp区段内至少存在2个与大豆株高性状相连锁的基因座位。

大豆分枝数及茎粗也是影响大豆产量的重要因素。陈庆山利用重组自交系的154个株系为试验材料,确定了与分枝数有关的7个QTL位点,位于B1、C2等3条连锁群,可解释的变异大小范围为6.04%～21.88%。王珍检测到6个有关分枝数的QTL,连锁群C1和G上各分布有2个位点,其余的位点分布于连锁群C2和L2上,其中分布于C1和C2上的位点效应较强。有研究认为粒茎比与产量性状主茎荚数和结荚密度正相关;大豆不同类型品种的粒茎比差异较大,粒茎比的大小与品种的生育期长短、植株高度、叶面积指数、粒茎产量呈显著的负相关,粒茎比与籽粒大小无关,与籽实产量呈不显著的正相关;表观收获指数和粗茎比在F_2代均呈广泛分离,多数组合表现出超亲现象,其遗传属于数量性状遗传,无母体效应。大豆粒茎比是关系到大豆育种与栽培的主要经济性状。周蓉(2007)认为茎粗与倒伏级别呈负相关,茎秆越粗植株越抗倒伏。有关研究表明控制茎粗的QTL位点与控制株高和倒伏性的位点处于同一区域或相邻区域。王珍(2004)检测到与茎粗有关的QTL位点共有6个,分布于连锁群B1、C1、C2、K2和M上。周蓉(2007)通过两年试验检测出5个与茎粗有关的QTL位点,位于A2、C2、L连锁群,但是没有检测到两个年份均能表达的茎粗QTL。在作物改良与选育的过程中,如果目标性状表型表现得不够明显,就需要利用其他的相关性状对目标性状进行间接选择。

大豆是植物油脂和蛋白质的重要来源,同时富含异黄酮、寡聚糖、磷脂等多种生理活性物质,许多学者对蛋白质含量、脂肪含量等品质性状相关基因定位做了大量研究。Keim等(1990)利用栽培大豆和野生大豆为亲本杂交得到的含有60个家系的$F_{2,3}$群体,以及252个标记对蛋白质含量和油分进行QTL定位,结果共鉴定到8个与蛋白质含量相关的QTL,分布于B2、E、G、I和L连锁群,其表型解释率为12%～42%。后来随着分子标记的应用,越来越多关于大豆蛋白质含量的QTL被鉴定到。Lee等(1996)利用F_4群体使用单因素方差分析和区间作图来检测QTL,检测到3个蛋白质QTL。Lu等(2017)利用301个分子标记对含有212个家系的 RIL 群体多年多点对水溶性蛋白质含量进行 QTL 分析,共鉴定到11个 QTL,其表型解释率为4.5%~18.2%,其中有2个 QTL 在多个环境中都被检测到与水溶性蛋白质含量相关联,暗示着它们是与水溶性蛋白质相关的关键 QTL。梁惠珍等(2009)利用 F_{13} 代大豆重组自交系群体检测到6个蛋白质 QTL;葛振宇等(2011)利用 F_{10} 代群体定位到2个蛋白质 QTL;刘硕(2010)根据前人的研究结果,选择蛋白质含量 QTL 重复次数较高的最小置信区间(Sat_219 – Satt496)预测基因,对25份大豆材料重测序并结合表型性状鉴定1个蛋白质含量相关的候选基因 Gly – ma20gl7550。根据大豆蛋白质 QTL 定位的结果,大豆中拥有效应较大的主效 QTL 位点,有助于通过标记辅助开展大豆种质创新。例如,位于20号染色体(I 连锁群)、15号染色体(E 连锁群)和6号染色体(2 连锁群)上的 QTL 区段 A688 – Satt239、Satt151 – Satt045、Satt281 – Satt291 在多个环境和多个群体中均检测到,且最高贡献率达56%。暗示着通过标记辅助选择将有些位点的有利等位变异聚合于低蛋白质亲本中,提高其蛋白质含量,开展种质创新是可行的。

国内外学者对大豆脂肪、脂肪酸含量的 QTL 定位已进行了大量的研究。Mansur 等(1993)首次采用区间作图法来定位大豆蛋白质和油分含量的 QTL,他们在 T153a – A111 之间定位了1个油分含量 QTL,还在构建的连锁群外定位了1个油分含量 QTL,解释了20%的性状变异率;ORF 等(1999)利用3个 RIL 群体在4个连锁群上检测到6个脂肪 QTL;AKNOD 等利用 $F_{5,8}$ 群体检测到11个脂肪 QTL;朱明月等(2017)利用 BC2F5、BC2F6 群体,采用完备区间作图方法,共检测到9个脂肪 QTL,其中 Satt445 – Sat303 连续2年被检测到与脂肪含量相关。宁海龙等(2017)通过构建四向重组自交系,检测到39个与脂肪含量相关的 QTL;盛英华等(2020)利用2个 F_2 分离群体开展大豆脂肪酸组分 QTL 定位研究,定位到39个和18个与脂肪酸组分相关的 QTL,结果发现4对与亚麻酸含量相关的 QTL 既与前人定位结果一致,又在2个群体中被重复检测到。邹筱等(2014)以100个 $BC2F_2$ 家系为作图群体构建了遗传连锁图谱,采用完备区间作图法检测到5种脂肪酸组分相关的 QTL 26个,3个区间在不同年份被检测到与同一脂肪酸组分相关,sat_294 – satt228 连续3年被检测到与棕榈酸含量相关,sat_253 – satt323 和 sat_292 – satt397 连续2年被检测到与油酸含量相关;4个区间被检测到与2种脂肪酸组分相关,其中 sat_294 – satt228 与棕榈酸、油酸相关,satt308 – sat_422 与硬脂酸、亚油酸相关,sat_292 – satt397 与油酸、亚油酸相关,satt374 – satt269 与油酸、亚麻酸相关。上述研究表明,不同的遗传背景检测到的 QTL 结果差异性很大,对于种质创新来说,找到不受环境影响可稳定表达的 QTL,才能真正有效利用分子标记达到辅助选择的目的。

(二)我国大豆种质创新现状

我国大豆种质资源的保存、研究与创新取得显著进展。我国国家种质库保存的大豆种质资源有2.3万余份,是世界保存大豆种质资源数量最多的国家。为了便于育种者对种质资源进行深入的研究和有效的利用,邱丽娟等(2019)以23 587份中国栽培大豆为试验材料,根据农艺性状,用20种方法构建了大豆初级核心种质,明确了栽培大豆核心种质构建的适宜取样方法和取样比例。不同取样方法与总体都进行了品种分类数、各性状符合度、数量性状平均数、各性状多样性指数方差和平均品种距离共 5 个指标的比较分析,最终明确利用品种分类法进行分层,用比例法确定取样数目,根据聚类结果进行个体选择的方法构建了我国大豆初级核心种质。在构建大豆初级核心种质的基础上依据所获得的农艺性状和分子数据相结合的方法构建了微型核心种质。

种质创新泛指人们利用各种变异,通过人工选择的方法,根据不同目的而创造出新作物、新品种、新类型、新材料,是作物遗传育种发展的基础和保证。大豆在数千年的栽培过程中,形成了多种多样各具特色的大豆种质资源,即农家品种,是较早的创新种质,在大豆育种等研究方面发挥了重要作用。从中国大豆品种系谱分析来看,少数优良品种如黄宝珠、紫花 4 号、小金黄、铁荚四粒黄、齐黄 1 号等成为现代中国大豆品种的骨干亲本,少数品种的集中应用也形成了遗传基础趋于狭窄的问题,这就需要通过种质创新,创造性状优良、适应性强、遗传基础广泛的优异新种质,事实上育种家们在选育新品种的同时,也在进行着种质的创新,也就是把某些具有突出特点的品系保留下来,用作育种亲本。

1. 高产种质创新与应用

张磊等(2001)利用优良品种皖豆 16 号经等离子处理后的突变高产株系为母本与豫豆 10 号有性杂交,育成了根系特别发达,高抗倒伏,株形收敛紧凑,具有特异株型的夏大豆超高产种质 MN413,有效地把等离子诱变技术应用在大豆育种上,在黄淮地区获得 315.08 kg/667 m^2 的籽粒产量。郑伟等(2013)利用美国半矮秆耐密植、高油大豆种质资源 Hobbit 与黑龙江省优良种质北丰 11 号配置杂交组合,进行半矮秆耐密植大豆种质资源创新研究,育成半矮秆大豆新品种合农 60 号,株高 50~65 cm,窄行密植条件下适宜密度为 50 万~60 万株,具有 5 467.95 kg/hm^2 的超高产潜力。李凯等(2020)以新六青为母本,南农 95C-13 为父本杂交选育而成的抗病优质高产鲜食夏大豆新品种南农 413,口感香甜柔糯,人工接种鉴定对大豆花叶病毒 SC3 和 SC7 株系均表现抗病,丰产和稳产性均较好,抗倒伏,籽粒大,落叶性好,不裂荚,适宜在江苏省淮河以南地区作鲜食夏大豆种植。

2. 优质种质创新与应用

胡喜平等(2008)1994 年从美国引入 Hobbit 优异种质,利用单交、回交、梯级杂交的方法成功育成适宜密植的半矮秆高油大豆品种(系)和超高产半矮秆大豆合 98-1667,以及高油、高产大豆新品系合辐 04-4、合辐 04-38、合辐 04-46、合辐 04-52、合辐 04-60,这些高油品系脂肪含量在 23.1%~24.2%,为高油大豆育种提供了丰富的种质资源。吴秀红等(2010)利用美国高油大豆种质资源 Hobbit 与本单位自主创新的高油大豆品种合丰 42 杂交,对其后代材料 F_2 进行辐射诱变处理,经过多年连续定向选择和利用先进的品质分析与病害鉴定技术,创新出既高油又高产、抗病的大豆新品种合丰 57,该品种油分含量 22.87%,黑龙江省区域试验平均产量 2 431.4 kg/hm^2,较对照品种合丰 47 平均增产 13.8%;生产试验平均产量 2 119.7 kg/hm^2,较对照品种合丰 50 平均增产 11.6%。刘广阳(2005)分析了克 4430-20 的来源、特征特性及其衍生品种的生产应用情况,研究结果表明克4430-20是黑龙江省衍生品种最多的大豆种质资源之一,以其作直接或间接亲本共衍生42个高产大豆品种。克4430-20在育种中的成功应用,说明优异大豆种质资源的创新对大豆育种至关重要,选择配合力高的亲本进行杂交组配可有效提高大豆的育种效率。齐黄1号是中国衍生品种最多的大豆种质之一,在全国11个省市衍生出92个高产优质品种和优异品系,蛋白质含量45%以上的品种23个,其中46%的品种5个,47%的品种2个,48%的品种3个,51%的品种2个;脂肪含量22%以上的品种6个,其中23%的品种1个;抗大豆花叶病毒病品种27个,其中抗霜霉病品种7个。齐黄1号在育种中的成功应用,说明优异种质对大豆育种至关重要,筛选配合力高的优异杂交组合可有效地提高大豆育种效率,种质创新是大豆育种的重要组成部分。合丰50是黑龙江省推广面积大、综合性状好、适应性强、高产稳产的优良品种,具有国内品种、农家品种和国外美国品种等优良基因和育种目标要求的目标性状基因,既具有当地的适应性,又具有地理远缘的差异性,为基因的累加和目标性状的选择提供了保证,目前以合丰50作为亲本材料育成的大豆新品种包括合农67、合农68、合农72、合农75、合农77、合农114、黑农87、垦豆65、合农80、东农68、佳豆6号等。

第二节　野生大豆研究与育种利用价值

一、野生大豆的多样性研究

野生大豆具有极高的蛋白质含量,并且对环境具有较强的适应性和抗逆性,能通过一般的杂交育种方式将优异基因转移到食用大豆中去,因此开展野生大豆遗传多样性研究,实施野生大豆资源创新策略,改良其不利基因,对整个世界有很大的实践价值。遗传多样性一般来说指的是地球上所有生物遗传参数的总和,但是从狭义上说,多指种群内所有不同个体之间或一个种群内不同个体之间可遗传变异的遗传系数的总和。遗传多样性有着多种层次的多态性,包括表型、蛋白质、基因、染色体等。

(一)表型的多态性

野生大豆在形态上有多种性状,如花的颜色、种皮的颜色、荚果的数量和大小、籽粒大小、豆荚皮的颜色、叶形性状、有无泥膜等都是很容易观察的特征。根据中国科学院林业土壤研究所付沛云等(1986)进行的分类鉴定方法,吴冈梵等(1984)将辽宁地区的野生大豆分为6种类型,即一般野生大豆、狭叶野生大豆、白花野生大豆、狭叶白花野生大豆、宽叶蔓豆(半野生大豆)、白花宽叶蔓豆,并发现宽叶蔓豆的生长习性、表观形态、遗传特征与野生大豆明显不同。杨金玲等(2020)通过用扫描电镜对 *Soja* 亚属的叶表皮进行微形态观察,对叶上下表皮细胞形态、气孔、表皮毛等特征进行观察,发现野生大豆与大豆既有相同的特征,也有种间的不同特征,这为 *Soja* 亚属的进化与起源提供了依据。徐豹等

(1995)对全国各地的野生大豆种质进行了采集,从种子体积大小、百粒称重、种皮颜色等宏观层面进行了分析讨论,也证明了中国野生大豆类型的多样性。

(二)品质性状的多态性

野生大豆的形态特征相似,但是由于种子中所含氨基酸的种类和数目不同,导致所含蛋白质类型也不同。王岚等(2010)对我国野大豆、半野生大豆和栽培大豆的蛋白质含量进行了统计。我国栽培大豆平均蛋白质含量约40%,而野生大豆平均含量达45.4%,最高达到55.4%。我国现已鉴定筛选出蛋白质含量超过53%,且油分含量达到9%以上,含硫氨基酸含量高于3 g/16 gN、亚麻酸含量23.12%,以及亚油酸含量61.24%,11S/7S值高达4.4等化学品质优异的珍贵种质。野生生大豆具有花多、荚多、分枝多以及种子繁殖系数较高等丰产特性。如野生大豆的单株荚数一般都可达到500个以上,较多的有1 000个左右,最多可达到4 000个。

(三)基因的多态性

Lam 等(2010)使用 Illumina – GA Ⅱ 测序平台,以平均5×的深度重测序了17个野生大豆品种(来自以东北为主的7个省)和14个栽培大豆品种(育成品种),发现631.8万个 SNP 位点和18.6万个 PAV 位点,野生大豆和栽培大豆的 π 值分别为 2.97×10^{-3} 和 1.89×10^{-3},功能基因内的 π 值分别为 1.67×10^{-3} 和 1.10×10^{-3},小于基因间区,确认了470个基因组区域(100 kb 的非重叠区域)可能与驯化相关,约占全基因组的5%。为进一步加强材料的代表性,Li 等(2013)对8份野生大豆和17份栽培大豆(包括8份地方品种和9份育成品种)进行全基因组重测序,与之前30份材料的测序数据共同进行分析,一共鉴定了510.2万个高质量的 SNP 位点,其中129.9万个(25.5%)是新报道的,采用比较野生大豆和地方品种间 π 值以及 Tajima'S D 值的方式筛选出928个可能在驯化过程中受到人工选择的基因,占基因总数的2.0%左右,采用群体分支统计(PBS)法来检测近期选择印迹,找到1 106个可能在育种过程中受到人工选择的基因,占基因总数的2.4%左右。

二、野生大豆的育种利用价值

(一)野生大豆农艺性状相关优异基因的挖掘与利用

野生大豆具有丰富的基因库,在利用其进行杂交育种的过程中会得到大量的单一性状较突出的株系,如多分枝、多花荚等中间材料。虽然这些中间材料可能不是符合育种目标的株系材料,但因其具备的某一优良性状,便可以作为杂交亲本进行进一步的杂交、回交,实现有效利用。文自翔等(2009)获得与开花期、全生育期、株高、百粒重4个农艺性状显著关联($P<0.001$)的 SSR 位点63个。开花期关联位点的等位变异中,从野生 ZYD4425 和 ZYD0796 检出的 Sat_312 – A253 与 Sct_190 – A221 分别以增效(+22.1 d)与减效表型效应(-34.2 d)最大。全生育期关联位点的等位变异中,从野生群体检出的 Sct_190 – A221(-31.1 d)与 Satt522 – A244(+38.5 d)分别以减效与增效表型效应最大。

株高关联位点的等位变异中,从野生群体检出的 Satt316 - A210(+60.8 cm) 与 Satt373 - A222(-40.9 cm)分别以增效与减效表型效应最大。与百粒重关联位点的等位变异中,从野生群体检出的 Satt046 - A240 以减效表型效应最大(-5.2 g)。闫龙(2013)以中国野生大豆与不同栽培大豆构建遗传群体,将百粒重位点 qSWT131 精细定位在 13 号染色体 Satt663 和 Satt114 之间物理距离 3.27 Mb 范围内,为利用野生大豆优异基因拓宽栽培大豆遗传基础奠定了理论和材料基础。要燕杰(2020)利用野生大豆和栽培大豆构建了重组自交系(RIL)群体,并利用 SLAF - seq 测序技术开发 SNP 位点标记,构建了大豆的高密度遗传图谱。对大豆茎秆化学成分、粒重和粒形等相关性状进行 QTL 定位分析,并结合 RNA - seq 分析,鉴定了可能的候选基因,共鉴定到 24 个稳定的 QTL,其中 5 个与粒长相关,3 个与粒宽相关,4 个与粒厚相关,4 个与粒长、粒宽比相关,3 个与粒长、粒厚比相关,4 个与百粒重相关。

(二)野生大豆品质性状相关基因的挖掘与利用

杨光宇等(2005)研究表明,在全国现已入库、编目的 6 172 份野生大豆种质中,蛋白质含量最高的为 55.70%,最低的为 29.04%,平均含量是 44.90%,明显高于全国栽培大豆的平均值,充分利用野生大豆资源对高蛋白质品种育种具有重要意义。张琦等(2019)利用栽培大豆绥农 14 作为轮回亲本,野生大豆 ZYD00006 作为供体亲本构建了野生大豆染色体片段代换系(CSSL),在初步定位的基础上,构建了三套残留杂合株系(RHL)群体,对不同的杂合区间进行了筛选,并以此为基础进行精细定位,定位到控制大豆籽粒蛋白质性状的 GM20 染色体处约 9.13~9.98 Mb 处。对该区段 15 个基因进行注释,发现 Glyma20g07060、Glyma20g07280 作为关键候选基因,可能与控制大豆籽粒蛋白质性状相关。王永军等(2004)利用重组自交系群体 NJRIKY 和重组回交自交系群体 NJBIEX,探讨蛋白质含量、11S 和 7S 组分相对含量的遗传机制并进行 QTL 定位,筛选相关的分子标记,对全国 138 份野生大豆、409 份地方品种和 148 份育成品种以及 83 份国外引进品种的蛋白质组分有关性状进行分析,结果表明野生大豆驯化为栽培大豆并经人工选育后油脂含量和蛋脂总含量有大幅增加,而蛋白质含量平均数和变异度则有减小,说明以往人工进化着重在油脂含量的改进。利用 CIM 法进行 QTL 检测,结果在 NJRIKY 中发现蛋白质含量 2 个 QTL(B1pr 和 Epr1),累计贡献率为 16.5%;11S 组分相对含量 2 个 QTL(A211S 和 D1a11S),累计贡献率为 13.3%;11S/7S 1 个 QTL(Erat),贡献率为 14.3%。4 个 11S 亚基组 QTL 贡献率为 8.7%~21.9%,其中 11S - 1 的 QTL(M11S - 11)贡献率最高(21.9%),6 个 7S 亚基组 QTL 贡献率为 8.2%~16.3%。在 NJRIKY 的 D1a 连锁群上的分子标记 GMKF008b—GMKF008a 之间和在 NJBIEX 群体的 E 连锁群上的分子标记 sat380—satt263 之间各检测到 3 个 QTL,GMKF008b—GMKF008a 与 11S 组分的 OTL D1a11S、11S/7S 的 QTL D1arat 和 7S - 2 亚基组的 QTL D1a7S - 2 相关联,sat380 - satt263 与 11S 组分的 QTL E11S、7S 组分的 QTL E7S1 和 11S/7S 的 QTL Erat 相关联,它们是重要的分子标记。遗传分析和 QTL 分析说明在蛋白质组分有关性状的遗传中多基因具有重要作用,在提高蛋白质含量和改善蛋白质组分时既要利用主基因又要注意多基因的积累。上述研究结果为大豆蛋白质含量QTL精细定位研究提供了材料支持。

(三)野生大豆耐逆性状相关优异基因的挖掘与利用

野生大豆是国家第一批重点保护野生植物,是典型的耐盐植物。野生大豆作为栽培大豆近缘种,二者没有生殖隔离,因而挖掘利用野生大豆优异资源进而培育栽培大豆新品种已成为当前大豆育种重要途径之一。唐俊源(2013)对我国11个沿海省(直辖市、自治区)906份野生大豆资源进行耐盐碱性鉴定,筛选出284份耐盐材料,占比高达31.27%,为我国耐盐碱野生大豆种质资源利用提供了重要材料。葛瑛等(2009)利用采集于盐碱地345份野生大豆,经不同浓度盐碱胁迫,自播种开始进行耐盐碱鉴定,筛选出耐盐碱材料3份。正常情况下,野生大豆体内活性氧系统处于动态平衡状态,当受到盐碱胁迫时,其体内活性氧的产生和清除机制被破坏,打破系统平衡,影响其正常生长发育,造成植株损伤。据报道,野生大豆体内活性氧调节机制对抵抗外界盐碱胁迫具有重要作用。一般来说,野生大豆体内活性氧清除系统酶类主要包括超氧化物歧化酶、抗坏血酸过氧化物酶、过氧化氢酶及过氧化物酶等,而非酶类主要包括类胡萝卜素、谷胱甘肽及抗坏血酸等。另外,膜脂过氧化物丙二醛也可反映细胞过氧化水平。Duanmu等(2015)采用RNA-Seq技术对50 mmol·L^{-1} NaHCO$_3$处理的野生大豆(G07256)根进行分析,发现处理1 h后有1 443个差异表达基因,说明野生大豆对碱胁迫的响应非常迅速。此外,该研究组还发现WRKY、NAC、bZIP和TIFY家族的转录因子以及氧化还原相关基因参与碱胁迫应答。Zhang等(2016)通过RNA-Seq技术分析了耐碱野生大豆(N24852)根和叶在90 mmol·L^{-1} NaHCO$_3$处理下的转录组数据,发现碱处理12和24 h后大量bHLH、ERF、C2H2和C3H转录因子差异表达。除了对mRNA测序外,研究人员还对逆境胁迫下野生大豆的microRNA表达进行了分析。Chen等(2009)以3周龄野生大豆为材料获得了2 880个高质量小RNA序列,共鉴定出15个属于8个不同家族的保守miRNA,为野生大豆miRNA的功能鉴定奠定了基础。Zeng等(2012)对铝胁迫下野生大豆幼苗根进行了高通量测序,鉴定出128个miRNA,其中30个miRNA的表达响应铝胁迫。随着野生大豆中越来越多的miRNA和靶基因被发现,miRNA参与的调控网络将会逐步完善,这对人们进一步了解野生大豆抵御逆境胁迫的作用机制大有助益。Ji等(2016)采用同位素标记相对和绝对定量(iTRAQ)技术分析了盐处理12 h大豆叶片和根的蛋白质组,获得50个差异表达蛋白;并分析了GsCBRLK过表达大豆和野生型叶片盐胁迫的蛋白质组,获得了941个差异表达蛋白,其中574个依赖GsCBRLK (Ji et al.,2016b)。Pi等(2016)分析了盐胁迫下大豆耐盐和盐敏感品种根的磷酸蛋白质组,鉴定了1 163个差异磷酸化位点,并发现磷酸化的MYB转录因子介导的查尔酮代谢途径参与盐胁迫应答。Sun等(2013)分离了1个受逆境胁迫诱导的野生大豆RLCK基因GsRLCK,研究发现该基因在拟南芥中过表达可降低对脱落酸的敏感性,提高耐盐性和耐旱性。后续,Sun等(2019)进一步鉴定获得了4个GsCBRLK互作蛋白。其中,GsBET11a编码1个SNARE转运蛋白,通过C端跨膜结构域与GsCBRLK互作,GsBET11a过表达可提高转基因拟南芥和大豆的耐盐性。GsCBRLK通过N端可变结构域与GsMSRB5a(methionine sulfoxide reductaseB5a)互作,并通过调控ROS稳态参与盐碱胁迫应答(Sun et al.,2016)。另外,Sun等(2012)获得1个受脱落酸、盐和干旱胁迫诱导表达的G型凝集素RLK基因GsSRK,该基因过表达促进转基因拟南芥盐胁迫下的种子萌发、幼苗生长和种子产量。Luo等(2013)发现GsWRKY20过表达显著降低气孔密度,增强气孔对脱落酸的敏感性,促使干旱胁迫下气孔关闭,降低失水速率,提高转基因拟南芥的抗旱性。此外,GsWRKY20能够促进角质层加厚,减少非依赖气孔的水分散失,提高植株的抗旱性。王岩岩等(2019)从野生大豆中克隆了基因Gs-WRKY57,该基因超表达能够提高转基因拟南芥的抗旱性。Yu等(2016)研究发现,GsERF6过表达会特异性提高转基因拟南芥对HCO_3^-胁迫的耐受性。GsERF71在拟南芥中过表达能提高碱胁迫下AHA2基因的表达,并促进过表达拟南芥根部酸化,提高对HCO_3^-胁迫的耐受性。朱延明等(2019)研究表明,GsRAV3受碱和脱落酸诱导表达,其过表达可降低拟南芥对脱落酸的敏感性。此外,研究人员还报道了NAC(GsNAC20和GsNAC019)、bZIP(GsbZIP33和GsbZIP67)以及MYB(GsMYB15)家族转录因子等参与野生大豆逆境应答过程。这些研究证实了在野生大豆中有诸多逆境应答中发挥重要作用的重要基因,其在育种中的应用仍需进一步研究。

第三节 寒地野生大豆利用与种质创新

寒地野生大豆是指生长在高寒地区的野生大豆,包括黑龙江省、吉林省北部地区和内蒙古自治区东北部。黑龙江省地跨10个纬度,境内分布有黑龙江、松花江、乌苏里江等河流和大小兴安岭、张广才岭等山脉,地形地貌复杂,寒地野生大豆资源十分丰富。野生大豆是大豆遗传改良的重要基因库,深入挖掘和利用寒地野生大豆资源对全面提升我国大豆育种水平意义重大。但由于缺乏精准评价和高效利用技术体系,致使资源有效利用率低、潜力未能充分发挥。在国家科技支撑项目、国家自然基金等项目支持下,项目组自1979年以来历时四十余年通过自主创新,持续开展野生大豆资源利用研究,在野生大豆资源精准评价体系建立、高效利用技术创新以及种质创制与品种选育等方面取得重要突破。

一、寒地野生大豆资源考察与评价

野生大豆的初次全面考察始于1979年,考察工作主要集中在重点生态区和北部高寒地区。1980年,王连铮等再次对黑龙江省野生大豆资源开展全面的考察工作,考察的重点为野生大豆的分布边界,初步确定北纬52°55′的塔河市为中国野生大豆分布北界,乌苏里江和黑龙江汇合处的抚远市为中国野生大豆分布的东界。2002—2005年,林红等又一次对黑龙江省野生大豆资源进行了全面的考察,此次考察不仅明确了黑龙江省野生大豆分布的生境,还进一步详细确定了其分布范围,即北纬44°43′~53°29′,东经122°19′~134°32′,海拔42~464 m。2010年以后,在原有工作的基础上,来永才等通过对黑龙江省寒地不同土壤类型和积温带相结合的野外定位考察,全面调查了寒地野生大豆的分布,考察范围包括了黑龙江省下辖12个地级市、1个地区,共54个市辖区、21个县级市、45个县和1个自治县。采集地点覆盖了黑龙江省野生大豆主要分布的地区及生境,且生态与土壤条件均有明显差异。考察发现寒地野生大豆在黑龙江省每种土壤类型及各种生境条件下均有分布;探明了资源数量和多样性向北逐渐减少的分布特征;总结了野生大豆生育期、单株荚数、生物量等性状的变化随活动积温从低到高呈由短、少、小到长、多、大的变化规律;在黑土、白浆土、暗棕壤和草甸土上分布的野生大豆资源与在盐渍土、沼泽土、黑钙土和火山灰土上分布的资源相比在生育期、单株荚数、生物量等性状呈长、多、大的变化趋势。将已知分布北界从大兴安岭地区塔河县伊西肯乡(北纬52°55′)向北推至漠河县北极村(北纬53°29′),东界从佳木斯市抚远市通江乡东辉村(东经134°32′)向东推至抚远市黑瞎子岛(东经134°41′)。针对黑龙江省不同积温带及土壤类型,对黑龙江省寒地野生大豆资源进行了有目的的全面系统考察与采集。探明了黑龙江境内寒地野生大豆资源本底信息,为国家在黑龙江建立原生境保护区提供了理论依据;发现野生大豆自然居群16个(面积3 000 m^2 以上),收集资源单株28 145株,规范了取样策略、数据采集和整理标准,改写了寒地野生大豆的分布记录,探明了野生大豆资源的本底多样性,系统收集与整理了资源6 573份,其中1 350份分三次送入国家种质资源库保存(编号为ZYD00001~ZYD00739;ZYD05282~ZYD05331、ZYY00001~ZYY00060;ZYD06773~ZYD07273),并参与编写了《中国野生大豆资源目录》。根据资源形态特征、地理分布、遗传多样性,构建了249份寒地野生大豆核心种质,对黑龙江省不同地域的野生大豆资源的表型及品质性状做了总结和归类,弥补了野生大豆资源表型、品质信息不全的缺陷,为深入开展利用研究奠定了基础。

二、寒地野生大豆保存体系及数据库建立

依托"黑龙江省寒地野生大豆资源利用研究工程技术中心"建立系统的异地保存、种质活力动态监测、繁殖更新的资源保存技术体系,利用计算机技术和网络技术,建立了寒地野生大豆资源空间数据库和属性数据库,实现了寒地野生大豆资源数据管理、统计分析和信息发布等多功能于一体的可视化、网络化、动态化管理,极大地提高了资源管理的科学化、规范化、信息化水平。出版了国内外第一部《中国寒地野生大豆资源图鉴》,对中国寒地野生大豆的分布特点和形态特征进行了整理,对寒地野生大豆的遗传性状进行了评价和分析,围绕寒地不同地域野生大豆的形态和品质特征,阐明了不同生态环境种质之间差异,系统介绍了寒地野生大豆的生境特点和形态特征,填补了野生大豆图鉴类书籍的空白。创建了国内首个省级寒地野生大豆表型数据库和资源共享平台,数据库包含资源生

境、表型、特性3大类52项信息,在"全国农业科学数据共享中心"(http://crop.agridata.cn/A010113.asp)实现在线查询,建立和创新了种质资源交换与共享机制,建立了"开放合作"的共享模式,累计向中科院遗传所、南京农业大学、富尔农艺有限公司等65家高校、科研院所提供优异资源1 267份(次)作为基因挖掘和种质创新的原始材料,为系统开展种质创新利用研究提供了资源保障。实现了资源共享,为寒地野生大豆资源的深入研究与高效利用奠定了良好的基础。

三、寒地野生大豆优异资源评价与筛选

在大豆种质资源鉴定规范的基础上,经过多年的摸索和改进,创新了寒地野生大豆资源特性精准鉴定评价技术体系,实现了资源的精准鉴定。建立了以实验室模拟与田间验证相结合的"一模一验"耐旱、耐盐筛查,盆栽人工接种病源与病圃自然发病检验抗性相结合的"一接一检"抗病虫鉴定,外观、营养、加工品质筛选与综合评价相结合的"三筛一评"品质分析为主的资源精准鉴定评价技术体系,明确了资源特性鉴定的技术要求和规范,可对野生大豆资源重要性状进行全方位、批量、精准、高效鉴定,提高了资源鉴定准确率。

李炜等(2015)对黑龙江省野生大豆资源进行农艺和品质性状的遗传多样性分析结果表明,240份黑龙江省野生大豆资源中以紫花为主,叶形主要为卵圆形和披针形,种皮以黑色为主且有泥膜;节数为20~77个;单株荚数多为400~500个,少者有20~200个,多者可达1 000余个,各性状均表现出丰富的多样性;百粒重为0.54~13.0 g,其中70.88%的资源百粒重为1.1~2.0 g;叶面积为2.16~27.65 cm^2,叶柄长为1.0~11.7 cm,叶形指数的变异系数为2.52%~9.17%;根长为11.00~74.00 cm,根表面积为24.30~580.10 cm^2。刘明等(2015)研究寒地野生大豆涵盖了百粒重0.54~13.0 g的各种类型,其中也包括前人研究所提出的野生大豆和栽培大豆之间的过渡类型,过渡类型的野生大豆植株形态特征多样性极为丰富。百粒重为2.1~3.0 g的野生大豆植株形态特征尤其是在根系、茎长和叶宽等性状上变异系数最大,植株形态特征多样性最丰富。在不同百粒重类型的野生大豆中,百粒重增加,植株表型特性发生变化,表现为叶片变大、变宽,叶柄长度增加,叶片颜色变深;单株荚数、节数、分枝数减少,茎长变短,百粒重越大,其植株表型特性越接近栽培大豆。野生大豆的根量较少,根系较细,主根不明显,在向栽培大豆的过渡过程中,百粒重大的野生大豆根干重、根鲜重、根体积、根表面积、根长度、根直径也大,须根系减少,主根逐渐明显。在品质方面,大部分寒地野生大豆资源的粗蛋白质含量分布在40%~50%,粗脂肪含量分布在10%~20%,异黄酮含量分布在1 000~5 000 μg/g。其中高蛋白质资源ZYD7234的籽粒粗蛋白质含量为56.1%,高异黄酮资源ZYD7068的籽粒异黄酮总量达7 149.5 μg/g。在抗逆性方面,来永才等依据大豆耐逆性状鉴定评价标准对收集的2 556份寒地野生大豆种质资源进行抗逆性评价,结果表明大部分野生大豆资源在低温条件下的相对发芽势为15%~30%,最高的为38.2%;在盐条件下的相对发

芽势为20%~90%；在干旱条件下，干旱反复存活率校正值为20%~80%。通过苗期离体叶片接种大豆疫霉菌1号、3号、4号生理小种对620份黑龙江省野生大豆资源进行了抗病性鉴定，共获得169份单一抗性资源，其中55份资源对1号生理小种表现出抗性，52份资源对3号生理小种表现出抗性，62份资源对4号生理小种表现出抗性；同时获得27份兼抗资源，其中23份资源同时对两个生理小种表现出抗性，4份资源对3个生理小种均表现出抗性。本研究所涉及的不同百粒重野生大豆类型中，还蕴藏着高蛋白质、多花荚、耐盐碱、抗除草剂、抗旱、抗病虫、适应性强等多种类型，利用上述技术对资源进行了全面评价，从6 573份资源中筛选优异资源71份，即早熟资源4份，高蛋白质资源26份，高异黄酮资源14份，抗病资源17份，耐旱资源4份，耐盐资源6份，其中蛋白质含量高达56.1%，异黄酮含量高达7 149.5 μg/g。这些优异资源被国内多家科研和育种单位引进作为基因挖掘和种质创新的原始材料，将对扩大大豆遗传基础和大豆种质创新具有重要的意义。

四、寒地野生大豆资源种质创新应用

(一)寒地野生大豆资源种质创新

野生大豆在利用过程中，其蔓生性和小粒性等不利基因常与有益基因存在着较强的连锁，直接利用存在一定的困难。利用野生大豆创制种间种质是利用野生大豆进行大豆品种改良的快速有效的途径。要获得突破性高产、优质、多抗的新品种，必须在现有品种水平基础上进一步发现、创制、利用优异亲本资源。从20世纪90年代起在野生大豆资源的利用方面进行了多项研究。中国农业科学院利用百粒重较大，蛋白质、油分含量更高的野生亲本ZYD3576和两种栽培亲本察隅1号、大湾大粒采用三交方式进行杂交，培育出具有一定耐性及丰产特性的新种质中野1号和中野2号。获国家一等发明奖的铁丰18的亲本之一铁5621，就是栽培大豆与半野生大豆杂交的后代。以铁丰18为亲本育成了铁丰号系列品种约有30个。姚振纯等选用野生大豆ZYD355与栽培大豆优良品种黑农35为亲本，利用种间杂交与回交技术，选育了蛋白质含量48.29%，蛋脂总量高达66.16%的新品系龙品8807，被农业农村部评为一级优异种质，2002年被黑龙江省评为省科技进步二等奖。该品系先后提供给中国农业科学院、吉林农业科学院等20余家科研院所与高校进行育种和资源创新应用，并取得了很好的进展。利用龙品8807的高蛋白质特性，创制了种质龙品9310和龙品9501。来永才等通过种间杂交、回交、复合杂交等方法，通过世代定向选择，创制出多分枝、多花荚、抗病虫、秆强、单株结荚80~120个的新种质8个，丰富了大豆遗传育种的优异亲本源。利用外源DNA导入技术首次将半野生大豆龙79-3433-1的DNA导入受体黑农35中，选育出新品系黑生101，拓宽了大豆种质遗传基础，丰富了大豆种质基因库。经过多年研究，研究团队通过集成"野生父本、严选母本"组配技术、"分批去雄、集中授粉"杂交技术、"回交一次、自交纯化"回交技术、"单点初筛、多点测试"鉴

定技术和"遗传分析、分子辅助"选择技术,形成了高效完整的种间杂交技术体系,杂交成功率提高30%,育种效率提高20%,提高了资源利用效率,将优异种间种质创制周期从8~10年缩短到3~5年。利用开发的分子标记和基因型分型系统,对种间杂交获得的大量底盘材料进行选择,实现了种质规模化定向创制,获得了含有目标育种性状的桥梁亲本,并利用桥梁亲本精准转移重要目标基因,对含有目标基因的后代株系进行快速锁定,创制早熟、优质、高产、抗逆、小粒(或特用)五大类优异种间种质21份,其中龙品8807、龙哈08-21、龙品01-122等系列优异种质在大豆育种中潜力巨大,已成为早熟、优质加工型、营养保健型大豆品种选育的骨干亲本,为拓宽大豆遗传基础提供了广泛的桥梁亲本利用野生大豆资源创制的新种质见表6-1。

表6-1 利用野生大豆资源创制的新种质

种质性状	指标	种间杂交组合	代表性创新种质
产量性状	多花荚:单株130荚以上	合丰55×ZYD6872 黑交75-861×黑河野生豆3-A 黑农10号×勃利野生大豆	龙品05-78、龙品05-584、Z245、龙哈13-409; 黑交85-1033*、黑交92-1544*、黑交98-1744、黑交93-2262、黑交92-1526; 钢8073
品质性状	高蛋白质:干基44%以上	黑农26×ZYD665 黑农35×ZYD355 满仓金×野生大豆小粒黄 黑农35×LY79-3434 黑农35×ZYD7118	龙品806*、龙品03-311; 龙品9310、龙品9501、龙品85-1-10、龙品8807*; 克5501-3*; 合82-728*; 龙哈08-21; 龙品04-296、龙品02-512
	高异黄酮:含量6 000 μg/g以上	绥农14×ZYD450 黑农35×ZYD6994 黑农35×ZYD355 勃利野生大豆×克75-5194-1	龙品03-461、龙品0444、龙品0446; 龙品01-122、龙哈10-325; 龙品9501; 合82-728*
抗病性状	抗疫霉根腐病:死亡率<30%	合丰50×ZYD7004 黑农35×ZYD7017 黑交75-861×黑河野生豆3-A 黑农35×ZYD355	龙品9504; 龙品9543; 黑交92-1544*; 龙品9501

表 6-1(续)

种质性状	指标	种间杂交组合	代表性创新种质
抗病性状	抗灰斑病:病斑型级数 0 级	绥农 26×ZYD3 黑交 75-861×黑河野生豆 3-A 黑农 35×ZYD355	龙品 09-21、龙品 07250、龙品 07-483、龙品 01-122*; 黑交 7718、黑交 85-1033*、黑交 92-1544*、黑交 93-2262、黑交 92-1526; 龙品 9310、龙品 9501
	抗孢囊线虫病:单株雌虫数≤0.1~3.0	嫩丰 16×ZYD7133 1906-4×ZYD566	龙品 01745、龙品 01757; ZYY5310*
抗虫性状	抗蚜虫:蚜害指数 DI≤30%	黑农 63×ZYD15 合丰 50×410	龙品 01982; 龙品 0235*
耐逆性状	耐旱:Ⅰ级耐旱	黑农 51×ZYD7235	龙哈 05-478、龙哈 05-94、龙哈 16-292
	耐盐:1.2% NaCL、盐害指数 0 级	黑农 48×ZYD7197 合丰 55×LY55	龙哈 05-18、龙哈 05-106; 龙哈 17-034、龙哈 17-237
特用性状	百粒重 7~11 g	黑农 35×龙野 79-3434 黑农 26×龙野 79-3434 合丰 47×ZYD491	龙品 8601*、龙哈 08-21*; 龙品 9777*、龙品 03-123; 91-205、91-125、90-1097、龙哈 15-016

(二)代表性创新种质资源

1. 种质资源 1

种质名称:龙品 8807

资源特点:双高

特征特性:龙品 8807 系利用栽培大豆与野生大豆经种间杂交、回交,系统选育出的蛋白质、脂肪总含量达 66.16% 高蛋白质种间杂交种质,其中蛋白质含量 48.2%,脂肪含量 17.87%。该品系母本是北方春大豆优良品种黑农 35,父本为原产于黑龙江省佳木斯市的野生大豆 ZYD355。种间杂交种质龙品 8807 既含有野生大豆血缘,又综合了父母本一些有益的特征特性,直立,株高 95 cm,分枝 2~3 个,椭圆黄粒,淡褐脐,百粒重 19 g,紫花,圆叶,棕色茸毛,荚弓形,成熟时呈深褐色。在适应区,出苗至成熟生育日数 120 天左右,需≥10 ℃活动积温 2 500 ℃左右(图 6-1)。

图 6-1　龙品 8807

2. 种质资源 2

种质名称:IS34

资源特点:高蛋白质

特征特性:IS34 系利用黑农 35 与野生大豆 01-555 经种间杂交、回交,系统选育出的高蛋白质种间杂交种质,其中蛋白质含量 47.2%,脂肪含量 15.3%。亚有限结荚习性,株高 95 cm,分枝 2~3 个,椭圆黄粒,淡褐脐,百粒重 18 g 左右,白花,尖叶,荚弓形,成熟时呈深褐色。在适应区出苗至成熟生育日数 115 天左右,需≥10 ℃活动积温 2 450 ℃左右(图 6-2)。

图 6-2　IS34

3. 种质资源 3

种质名称:IS30

资源特点:高蛋白质

特征特性:IS30 系利用龙品 03-195 与野生大豆 5331 经种间杂交、回交,系统选育出的高蛋白质种间杂交种质,其中蛋白质含量 45.2%,脂肪含量 15.5%。亚有限结荚习性,株高 95 cm,分枝 1~2 个,椭圆黄粒,淡褐脐,棕色茸毛,百粒重 18 g 左右,白花,尖叶,荚弓形,成熟时呈深褐色。在适应区出苗至成熟生育日数 120 天左右,需≥10 ℃活动积温 2 450 ℃左右(图 6-3)。

图 6 – 3　IS30

第四节　寒地野生大豆育种应用与品种创新

遗传基础狭窄导致大豆栽培品种的遗传脆弱性增高,作物的抗性降低,不能很好抵御生物及非生物产生的胁迫,从而引起大范围的产量降低。我们应以野生大豆为研究对象进行栽培种大豆的培育,运用杂交、基因工程等手段进行大豆品种的创新,培育具有抗病耐逆性状功能基因的高蛋白、高产大豆品种,拓宽现有栽培品种的遗传基础,丰富我国食用大豆的种类。

一、寒地野生大豆育种应用方法研究

克服大豆遗传的单一性和狭窄性,提高基础群体的异质性。将不同种质的优点结合起来,合成创造出新的种质。田佩占认为:轮回选择在理论上,应与具有共同亲本的不同交配方法相比较,才是合理全面的,才能肯定其效果。几十年的育种过程也可以看作是轮回选择过程,问题是如何加速这个过程。杨庆凯等选用不同的栽培品种与野生大豆进行回交,谓之广义回交,即(栽培×野生)×栽培,看似回交,但回交亲本则随育种目标的需要而改变。这种方式既可更多地融合栽培品种的遗传性,聚合其优点,又可随时根据种间杂交群体表现的特点,尤其是对新暴露的缺点进行有计划有针对性的改良。用野生资源直接改良栽培大豆的后代,虽然具备地方种质不具有的特异的优良基因,但一般不适应本地的生态、生产条件,因此直接转育的育种材料是很难在短周期内选育出优异品种的。Shener 认为最好的品种是来源于具有 75% 适应基因的遗传基础。胡国华研究大豆高产育种,遵照选择—推广—重组和选择这样一种无止境的循环,而每一次循环都能补充与改变种质的血缘,并改进有关性状。在育种实践中,有效地把生态远缘的半野生种质逐步渗入到适应品种中去,通过目标性状选择、基因重组、广义回交、聚合组配、强度选择等方法,创造出具有野生大豆血缘的优良品系。来永才等创新性地建立了"定点限次回交"技术,即针对不同育种目标性状在不同的世代选择不同回交次数,再进行自交纯化的技术,如针对高蛋白质种质的创制,选择在 F_2 回交一次;针对耐盐种质的创制,选择在 F_2 开始连续

回交两次,通过限定回交世代及回交次数,在有效保留野生大豆高蛋白质、抗逆等育种目标性状的基础上,使后代植株快速恢复直立性状,有效解决了种间杂交过程中"剔除不利连锁难"这一长期困扰大豆育种工作者的技术难题,以具有自主知识产权的分子标记为基础,借助适于快速、规模化筛查的基因型分型系统,建立了"种质规模化定向创制"与"桥梁亲本精准转移重要目标基因"相结合的种质高效利用新模式。

二、寒地野生大豆育种应用

王金陵等利用野生大豆选育出蛋白质含量50%以上的株系6个;利用半野生大豆选育出蛋白质含量45%以上的株系7个。姚振纯等利用龙品8807的高蛋白质特性选育了大豆品种龙豆1号。目前选育含有野生大豆血缘的大豆新品种32个,实现了寒地野生大豆资源优异性状精准转移和高效利用的新突破。来永才等利用外源DNA导入技术首次将半野生大豆龙79-3433-1的DNA导入受体黑农35中,选育出新品系黑生101,黑龙江省农业科学院绥化分院利用半野生大豆高蛋白质特性还选育了小粒高蛋白质品种绥小粒1号和绥小粒2号,拓宽了大豆种质遗传基础。以黑农26为母本,野生大豆龙野79-3434为父本,创制了小粒种间种质龙品8601和龙品9777,并选育了合丰54、合农58、中龙小粒豆1号等多个小粒特用品种。利用黑河野生豆3-A早熟和多花荚的特性,创制了兼具高产和抗病性的种间种质黑交85-1033和黑交92-1544,并选育了克山1号、东生7号、黑河18、黑河43等11个大豆品种。其中,高产、优质、广适品种黑河43和克山1号自2011年起在黑龙江、吉林、内蒙古和新疆等地广泛种植,是目前我国大豆年推广面积前两位的品种,连续多年被农业农村部指定为东北地区农业主导品种。高产优质品种东生7号,2015—2016年被黑龙江省农业农村厅指定为农业主导品种。黑河系列早熟品种不仅改变了我国高纬度山区和半山区大豆品种稀缺的局面,也丰富了大豆救灾补种品种。

自主选育推广了高产、高油、纳豆、豆豉专用特用系列含有野生血缘的大豆新品种20个,成为东北地区特用豆的主导品种,实现了聚合多个野生大豆优良性状的突破。自主培育的高蛋白质、小籽粒、抗病虫、高产稳产品种中龙小粒豆1号、中龙小粒豆2号、中龙黑大豆1号、中龙黑大豆2号等系列专用大豆新品种聚合了优异种间种质龙品806、龙品8807等资源的高蛋白质、多抗等特性,是加工纳豆、芽豆的理想原料,该品种已成为东北地区特用豆的主导品种。在高蛋白质方面,龙豆1号、黑生101等品种平均蛋白质含量43.6%,比东北大豆平均蛋白质含量高出3个百分点,高于美国大豆近8个百分点。在特用方面,中龙小粒豆1号、绥小粒1号、龙黑大豆1号、中龙黑大豆1号、中龙青大豆1号等小粒、特用品种满足了市场对优质加工型、营养食用型、功能保健型大豆品种的需求。选育的大豆品种有助于满足市场多元化需求,尤其是小粒豆、黑大豆等专(特)用大豆品种将带动纳豆、豆豉等特色健康食品产业发展,引领大豆育种的新方向。项目组成为黑龙江省首批"头雁"团队、"中医药防治慢病创新研究及产品开发团队"的成员单位,专门致力于保健食品功能型大豆新品种的培育,目前项目组与黑龙江省中医药科学院签约开展科技成果转化战略合作,进一步延伸了产业链。

三、含野生大豆血缘代表性品种简介及系谱解析

(一)龙豆1号

品种来源:黑龙江省农业科学院作物育种研究所选育,以合交98-1004为母本,龙品9310为父本,经有性杂交,系谱法选育而成。龙豆1号系谱图如图6-4所示。审定编号:黑审豆2010006。

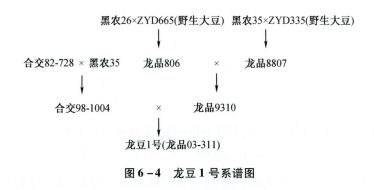

图6-4　龙豆1号系谱图

特征特性:该品种为亚有限结荚习性。株高90 cm左右,无分枝,紫花,尖叶,灰白色茸毛,荚弯镰形,成熟时呈褐色。种子圆形,种皮黄色,种脐黄色,有光泽,百粒重20 g左右。蛋白质含量44.44%,脂肪含量18.41%。接种鉴定中抗灰斑病。在适应区出苗至成熟生育日数116天左右,需≥10 ℃活动积温2 350 ℃左右。

产量表现:2006—2007年区域试验平均产量2 277.9 kg/hm², 较对照品种合丰47增产6.7%;2008年生产试验平均产量2 114.2 kg/hm², 较对照品种合丰50增产11.4%。

栽培技术要点:该品种在适应区5月上旬播种,选择中等肥力地块种植,采用垄作栽培方式,公顷保苗株数22万~25万株。秋施肥,施磷酸二铵150 kg/hm²左右,尿素30 kg/hm²左右,钾肥50 kg/hm²左右。三铲三趟或化学除草,大豆生育期和鼓粒期注意防治大豆蚜虫和食心虫。秋季人工或机械收获。

适宜区域:黑龙江省第二积温带。

(二)龙豆3号

品种来源:黑龙江省农业科学院作物育种研究所选育,以龙品9501为母本,龙0116为父本,经有性杂交,系谱法选育而成。龙豆3号系谱图如图6-5所示。审定编号:黑审豆2012014。

特征特性:该品种为无限结荚习性。株高90 cm左右,有分枝,紫花,尖叶,灰色茸毛,荚弯镰形,成熟时呈褐色。种子圆形,种皮黄色,种脐黄色,有光泽,百粒重23 g左右。蛋白质含量37.42%,脂肪含量22.39%。接种鉴定中抗灰斑病兼抗疫霉病。在适应区出苗

至成熟生育日数118天左右,需≥10 ℃活动积温2 350 ℃左右。

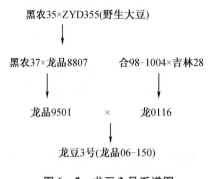

图6-5　龙豆3号系谱图

产量表现:2009—2010年区域试验平均产量2 739.2 kg/hm²,较对照品种合丰50增产7.5%;2011年生产试验平均产量2 493.0 kg/hm²,较对照品种合丰50增产11.8%。

栽培技术要点:该品种在适应区5月上旬播种,选择中等以上肥力地块种植,采用垄作栽培方式,公顷保苗22万株。秋施肥,施磷酸二铵150 kg/hm²左右,尿素30~40 kg/hm²,钾肥50~60 kg/hm²。三铲三趟或化学除草,生育后期拔大草1次。大豆生育期和鼓粒期注意防治大豆蚜虫和食心虫。成熟后于9月下旬至10月初人工或机械收获。

适宜区域:黑龙江省第二积温带。

(三)龙小粒豆2号

品种来源:黑龙江省农业科学院作物育种研究所选育,以龙8601为母本,以种间杂交创新种质ZYY5310为父本,经有性杂交,系谱法选育而成。龙小粒豆2号系谱图如图6-6所示。审定编号:黑审豆2008019。

特征特性:该品种为亚有限结荚习性。株高80 cm左右,有分枝,白花,尖叶,灰白色茸毛,荚弯镰形,成熟时呈褐色。种子圆形,种皮黄色,种脐黄色,有光泽,百粒重10.6 g左右。平均蛋白质含量42.65%,脂肪含量18.27%,可溶糖含量8.73%。接种鉴定中抗灰斑病。在适应区,出苗至成熟生育日数116天左右,需≥10 ℃活动积温2 300 ℃。

产量表现:2006—2007年区域试验平均产量2 098.6 kg/hm²,较对照品种绥小粒豆1号增产11.5%;2007年生产试验平均产量2 091.7 kg/hm²,较对照品种绥小粒豆1号增产13.1%。

栽培技术要点:在适应区5月上旬播种,选择中等肥力地块种植,采用垄作栽培方式,公顷保苗25万~28万株。秋施肥,施磷酸二铵150 kg/hm²,尿素40 kg/hm²,钾肥50 kg/hm²。三铲三趟或化学除草,大豆生育期和鼓粒期注意防治大豆蚜虫和食心虫。秋季人工或机械收获。

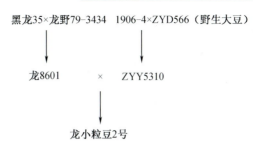

图6-6 龙小粒豆2号系谱图

适宜区域:黑龙江省第三积温带上限。

(四)中龙小粒豆1号

品种来源:黑龙江省农业科学院耕作栽培研究所以龙品8601为母本,ZYY39为父本,经系谱方法选育而成。中龙小粒豆1号系谱图如图6-7所示。原代号:龙哈0821。2016年通过黑龙江省农作物品种审定委员会审定,品种审定编号:黑审豆2016018。

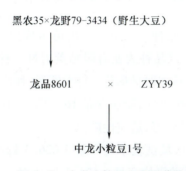

图6-7 中龙小粒豆1号系谱图

特征特性:小粒高蛋白质品种。在适应区出苗至成熟生育日数114天左右,需≥10 ℃活动积温2 260 ℃左右。该品种为亚有限结荚习性,株高70 cm左右,无分枝,白花,圆叶,灰色茸毛,荚弯镰形,成熟时呈褐色。种子圆形,种皮黄色,种脐黄色,有光泽,百粒重11.0 g左右。蛋白质含量44.77%,脂肪含量17.37%。接种鉴定中抗灰斑病。

产量表现:2013—2014年区域试验平均产量2 303.1 kg/hm²,较对照品种龙小粒豆1号增产11.4%;2015年生产验平均产量2 471.4 kg/hm²,较对照品种龙小粒豆1号增产9.1%。

栽培技术要点:在适应区5月上旬播种,选择中等以上肥力地块种植,采用垄作栽培方式,每公顷保苗30~35万株。秋施肥,施磷酸二铵150 kg/hm²左右,尿素30~40 kg/hm²,钾肥50~60 kg/hm²。三铲三趟或化学除草,生育后期拔大草1次。成熟后于9月下旬至10月初人工或机械收获。大豆生育期和鼓粒期注意防止大豆蚜虫和食心虫。

适宜区域:黑龙江省第二积温带。

(五)中龙小粒豆 2 号

品种来源:黑龙江省农业科学院耕作栽培研究所以绥小粒豆 2 号为母本,龙品 03-123 为父本,经系谱法选育而成。中龙小粒豆 2 号系谱图如图 6-8 所示。原代号为中龙小粒豆 2 号。2019 年通过黑龙江省农作物品种审定委员会审定,品种审定编号:黑审豆 2019-1-0186。

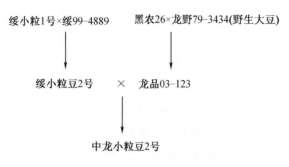

图 6-8 中龙小粒豆 2 号系谱图

特征特性:高蛋白质、特种品种。在适应区出苗至成熟生育日数 110 天左右,需≥10 ℃活动积温 2 250 ℃左右。该品种为亚有限结荚习性。株高 85 cm 左右,无分枝,紫花,尖叶,灰色茸毛,荚弯镰形,成熟时呈褐色。籽粒圆形,种皮黄色,种脐黄色,有光泽,百粒重 11 g 左右。蛋白质含量 46.96%,脂肪含量 16.02%。中抗灰斑病。秆强有韧性、抗倒伏,根系发达,抗旱性好,稳产性好,适应性广。

产量表现:2017—2018 年区域试验平均产量 3 026.3 kg/hm²,较对照品种龙小粒豆 1 号增产 9.7%;2016 年生产试验平均产量 1 671.1 kg/hm²,较对照品种龙小粒豆 1 号增产 8.9%。

栽培技术要点:该品种在适应区 5 月上旬播种,选择中等以上肥力地块种植,采用垄作栽培方式,保苗 22 万~27 万株/hm²。秋施肥,施基肥磷酸二铵 150 kg/hm² 左右,钾肥 50~60 kg/hm²。三铲三趟或化学除草,成熟后于 9 月下旬至 10 月初人工或机械收获。

适应区域:黑龙江省第一、二、三积温带。

(六)中龙黑大豆 1 号

品种来源:黑龙江省农业科学院耕作栽培研究所以黑 02-78 为母本,龙哈 05-478 为父本,经系谱法选育而成。中龙黑大豆 1 号系谱图如图 6-9 所示。原代号为中龙黑大豆 1 号。2019 年通过黑龙江省农作物品种审定委员会审定,品种审定编号:黑审豆 2019-1-0169。

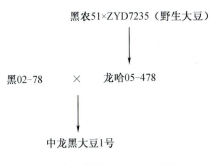

图 6-9 中龙黑大豆 1 号系谱图

特征特性:特种品种。在适应区出苗至成熟生育日数 118 天左右,需≥10 ℃活动积温 2 450 ℃左右。该品种为亚有限结荚习性。株高 70 cm 左右,有分枝,紫花,圆叶,棕色茸毛,荚弯镰形,成熟时呈黑色。籽粒圆形,种皮黑色,种脐黑色,有光泽,百粒重 20 g 左右。蛋白质含量 43.20%,脂肪含量 19.55%。中抗灰斑病。秆强有韧性、抗倒伏,根系发达,抗旱性好,稳产性好,适应性广。

产量表现:2016—2017 年区域试验平均产量 2 748.7 kg/hm², 较对照品种龙黑大豆 1 号增产 8.9%;2018 年生产试验平均产量 3 168.4 kg/hm²,较对照品种龙黑大豆 1 号增产 12.4%。

栽培技术要点:该品种在适应区 5 月上旬播种,选择中等以上肥力地块种植,采用垄作栽培方式,保苗 22 万~27 万株/hm²。秋施肥,施基肥磷酸二铵 150 kg/hm² 左右,钾肥 50~60 kg/hm²。三铲三趟或化学除草,成熟后于 9 月下旬至 10 月初人工或机械收获。生产上注意控制密度,不宜密植。

适应区域:黑龙江省第一、二积温带。

(七)中龙黑大豆 2 号

品种来源:黑龙江省农业科学院耕作栽培研究所以黑 02-78 为母本,龙品 03-311 为父本,经系谱法选育而成。中龙黑大豆 2 号系谱图如图 6-10 所示。原代号中龙黑大豆 2 号。2019 年通过黑龙江省农作物品种审定委员会审定,品种审定编号:黑审豆 2019-1-0187。

特征特性:特种品种。在适应区出苗至成熟生育日数 115 天左右,需≥10 ℃活动积温 2 450 ℃左右。该品种为亚有限结荚习性。株高 80 cm 左右,有分枝,紫花,圆叶,灰色茸毛,荚弯镰形,成熟时呈黑色。籽粒圆形,种皮黑色,种脐黑色,有光泽,百粒重 18 g 左右。蛋白质含量 43.02%,脂肪含量 19.62%。中抗灰斑病。秆强有韧性、抗倒伏,根系发达,抗旱性好,稳产性好,适应性广。

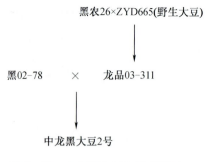

图 6-10 中龙黑大豆 2 号系谱图

产量表现：2017—2018 年区域试验平均产量 3 031.4 kg/hm^2，较对照品种龙黑大豆 1 号增产 10.9%。

栽培技术要点：该品种在适应区 5 月上旬播种，选择中等以上肥力地块种植，采用垄作栽培方式，保苗 25 万~30 万株/hm^2。秋施肥，施基肥磷酸二铵 150 kg/hm^2 左右，钾肥 50~60 kg/hm^2。三铲三趟或化学除草，成熟后于 9 月下旬至 10 月初人工或机械收获。生产上注意控制密度，不宜密植。

适应区域：黑龙江省第一、二积温带。

（八）龙黑大豆 1 号

品种来源：黑龙江省农业科学院作物育种研究所以农家黑豆为母本、龙品 806 为父本，经有性杂交，系谱法选育而成。龙黑大豆 1 号系谱如图 6-11 所示。2007 年通过黑龙江省农作物品种审定委员会审定，品种审定编号：黑审豆 2007025。

特征特性：特种品种。该品种为黑种皮绿子叶大豆，有限结荚习性。株高 75 cm 左右，有分枝，白花，圆叶，棕色茸毛，荚弓形，成熟时呈深褐色。种子椭圆形，种皮黑色，种脐黑色，无光泽，百粒重 17 g 左右。平均蛋白质含量 41.25%，脂肪含量 20.00%。接种鉴定中抗灰斑病。在适应区，出苗至成熟生育日数 113 天左右，需 ≥10 ℃活动积温 2 300 ℃左右。

产量表现：2005—2006 年区域试验平均产量 2 191.3 kg/hm^2，较对照品种北丰 9 号增产 1.9%；2006 年生产试验平均产量 2 063.4 kg/hm^2，较对照品种北丰 9 号增产 1.5%。

栽培技术要点：该品种在适应区 5 月上旬播种，选择中等肥力地块种植，采用精量点播机等距点播栽培方式，保苗株数 22~25 万株/hm^2。有条件地区一次施用底肥（有机肥）12~15 t/hm^2。施种肥磷酸二铵 187.5~225 kg/hm^2，尿素 45~60 kg/hm^2，钾肥 30 kg/hm^2。根据生育期长势，结合田间管理进行一次追肥。田间三铲三趟，秋后拔一次或二次大草，生育期间注意病虫害防治，9 月下旬人工或机械收获。

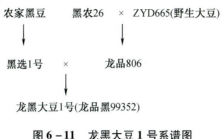

图6-11 龙黑大豆1号系谱图

适应区域:黑龙江省第三积温带。

参 考 文 献

包荣军,朱洪德,2012. 黑龙江北部地区大豆育种方法[J]. 现代农业科技(7):82-83.

毕影东,李炜,刘明,等,2017. 寒地野生大豆资源挖掘与利用研究[C]// 中国作物学会. 第十届全国大豆学术讨论会论文摘要集:38.

曹景举,2016. 黑龙江北部大豆育成品种产量及其相关性状的遗传变异和关联分析[D]. 南京:南京农业大学.

曹征,何春玲,童伴玲,等,2020. 基于基因组学的作物种质创新研究进展[J]. 种业导刊(5):10-18.

常汝镇,孙建英,陈一舞,1995. 中国大豆种质创新的内容与方法[J]. 作物品种资源(1):2-4.

常汝镇,孙建英,邱丽娟,1998. 中国大豆种质资源研究进展[J]. 作物杂志(3):3.

陈爱国,王岩,2020. 野生大豆资源保护及利用研究进展[J]. 农业开发与装备(12):58-59.

陈怡李,姚书忠,2017. CRISPR/Cas9基因编辑技术的应用研究进展[J]. 国际生殖健康/计划生育杂志,36(6):482-487.

程鹏,2016. 大豆高密度遗传图谱的构建及种子大小和形状性状的QTL定位[D]. 南京:南京农业大学.

董英山,2008. 中国野生大豆研究进展[J]. 吉林农业大学学报,30(4):394-400.

董玉琛,1999. 我国作物种质资源研究的现状与展望[J]. 中国农业科技导报(2):36-40.

傅沛云,陈佑安,1986. 辽宁省大豆属植物野生种的分类研究[J]. 植物研究(02):117-123.

盖钧镒,许东河,高忠,等,2000. 中国栽培大豆和野生大豆不同生态类型群体间遗传演化关系的研究[J]. 作物学报,26(5):513-520.

葛瑛,朱延明,吕德康,等,2009.野生大豆碱胁迫反应的研究[J].草业科学,26(02):47-52.

葛振宇,刘晓冰,刘宝辉,等,2011.大豆种子蛋白质和油份性状的QTL定位[J].大豆科学,30(06):901-905.

关荣霞,2004.大豆重要农艺性状的QTL定位及中国大豆与日本大豆的遗传多样性分析[D].北京:中国农业科学院.

韩微波,孙德全,2018.黑龙江高纬寒区作物种质资源现状问题及建议[J].中国种业(10):44-46.

何月鹏,2015.大豆蛋白质和油分含量QTL定位[D].哈尔滨:东北农业大学.

胡喜平,许勇,于萍,等.美国优异大豆种质Hobbit的利用[J].黑龙江农业科学(3):25-27.

季志强,盖颜欣,王奇,等,2010.国内外大豆生产概况及大豆育种的发展方向[J].农业科技通讯(7):3.

姜思彤,2020.黑龙江大豆种质资源育种性状的多样性分析[D].哈尔滨:东北农业大学.

金晓飞,曹凤臣,徐丽娟,等,2017.浅谈利用野生大豆创制育种资源和新品种[J].东北农业科学,42(1):12-15.

阚贵珍,张威,李亚凯,等,2017.野生大豆芽期耐盐性状的关联分析[J].大豆科学,36(5):737-745.

来永才,2006.黑龙江野生大豆蛋白质、异黄酮优异基因源种间杂交遗传规律的利用的研究[D].沈阳:沈阳农业大学.

黎裕,李英慧,杨庆文,等,2015.基于基因组学的作物种质资源研究:现状与展望[J].中国农业科学,48(17):3333-3353.

李灿东,2020.大豆种质资源耐密性评价及鉴定指标筛选[J].大豆科学,39(5):688-695.

李冠星,2016.大豆自然群体的遗传分化及遗传多样性分析[D].太原:山西农业大学.

李凯,盖钧镒,孙长美,等,2020.抗病优质高产大豆新品种南农413[J].大豆科学,39(01):162-164.

李强,2014.大豆种质遗传多样性及表型性状关联位点发掘与优异位点序列分析[D].呼和浩特:内蒙古农业大学.

李炜,肖佳雷,毕影东,等,2015.黑龙江省野生大豆资源农艺性状和品质性状的遗传多样性分析[J].大豆科学,34(01):9-14.

李向华,王克晶,2020.野生大豆遗传多样性研究进展[J].植物遗传资源学报,21(6):1344-1356.

李莹,卫保国,田国祥,1984.野生大豆与栽培大豆种间杂交创新研究[J].山西农业科学（Z1）：23-24.

栗旭亮，2012. 栽培×野生大豆重组自交系群体 NJRINP 遗传图谱构建及驯化相关性状 QTL 定位研究［D］. 南京：南京农业大学.

梁慧珍，王树峰，余永亮，等，2009. 大豆异黄酮与脂肪、蛋白质含量基因定位分析［J］. 中国农业科学，42(8)：9.

刘广阳，2005. 优异种质资源克 4430-20 在黑龙江省大豆育种中的应用［J］. 植物遗传资源学报，6(03)：326-329.

刘淼，来永才，毕影东，等，2021. 黑龙江省寒地野生大豆在大豆育种中的应用现状及成果［J］. 黑龙江农业科学(02)：119-122.

刘明，来永才，李炜，等，2015. 寒地不同百粒重类型野生大豆植株形态特征研究［J］. 大豆科学，34(3)：367-373.

刘明，李炜，毕影东，等，2017. 寒地不同粒重野生大豆植株表型特性研究［C］// 中国作物学会. 第十届全国大豆学术讨论会论文摘要集：132.

刘琴，2013. 谈东北大豆育种方法的发展概况［J］. 科学技术创新(1)：220.

刘硕，2010. 大豆种子蛋白质含量和油分含量重演性 QTL 的发掘［D］. 南昌：南昌大学.

刘旭，1999. 种质创新的由来与发展［J］. 作物品种资源(2)：1-4.

刘旭，2019. 作物种质资源学的形成与发展［C］// 中国作物学会. 2019 年中国作物学会学术年会论文摘要集：14.

刘小敏，2014. 基于 SSR 标记的中国大豆育成品种的遗传多样性和遗传结构研究［D］. 南昌：南昌大学.

罗银，刘峰，2020. CRISPR/Cas9 技术在作物中的研究及应用进展［J］. 作物研究，34(6)：588-596.

马启彬，卢翔，杨策，等，2020. 转基因大豆及其安全性评价研究进展［J］. 安徽农业科学，48(16)：20-24，51.

苗保河，朱长进，邓仰勇，等，2002. 20 世纪中国大豆科技进展及 21 世纪初研究方向［J］. 作物杂志(2)：1-4.

明英会，2019. 浅谈利用野生大豆创制育种资源和新品种的相关策略［J］. 种子科技，37(16)：151，153.

宁海龙，庄煦，杨畅，等，2017. 大豆四向重组自交系群体生育进程稳定 QTL 定位［J］. 大豆科学，36(05)：692-698.

彭宝，张伟龙，赵晓明，等，2010. 杂交大豆育种方法和制种技术的实践与研究［J］. 大豆科技(4)：4-6.

蒲艳艳，宫永超，李娜娜，等，2018. 中国大豆种质资源遗传多样性研究进展［J］. 大豆科学，37(2)：315-321.

秦丹丹，2016. 分子育种时代的作物种质资源创新与利用［J］. 大麦与谷类科学，33(3)：

1−4,19.

邱丽娟,2019. 大豆基因挖掘与分子育种工具开发利用[C]// 中国作物学会. 2019年中国作物学会学术年会论文摘要集：37.

盛英华,张延瑞,戴亚楠,等,2020. 不同群体中大豆脂肪酸组分QTL定位研究[J]. 中国油料作物学报,42(05)：796−806.

唐俊源,2013. 沿海地区抗旱耐盐碱优异性状农作物种质资源调查[D]. 济南：山东师范大学.

王桂梅,冯高,邢宝龙,等,2012. 大豆有性杂交技术初探[J]. 安徽农学通报,18(21)：173−174.

王静,李占军,2019. 野生大豆种质资源及开发利用研究进展[J]. 农业与技术,38(22)：59.

王克晶,李福山,2000. 我国野生大豆(*G. soja*)种质资源及其种质创新利用[J]. 中国农业科技导报,2(6)：69−72.

王岚. 2010. 野生与栽培大豆某些性状的比较及其在大豆育种中的利用[J]. 大豆科学,29(04)：575−579.

王连铮,王金陵,1990. 大豆遗传育种学[M]. 北京：科学出版社.

王玲,来永才,李炜,等,2016. 黑龙江省寒地野生大豆资源的现状、问题及对策[J]. 黑龙江农业科学(3)：138−142.

王雯玥,杨涛,谭光万,等,2018. 作物种质资源研究与利用[J]. 中国种业(1)：14−20.

王研,贾博为,孙明哲,等,2021. 野生大豆耐逆分子调控机制研究进展[J]. 植物学报,56(1)：104−115.

王岩岩,张永兴,郭葳,等,2019. 野生大豆转录因子GsWRKY57基因的克隆与抗旱性功能分析[J]. 中国油料作物学报,41(04)：524−530.

王永军,喻德跃,章元明,等,2004. 重组自交系群体的检测调整方法及其在大豆NJRIKY群体的应用[J]. 作物学报,30(05)：413−418.

王珍,2004. 大豆SSR遗传图谱构建及重要农艺性状QTL分析[D]. 南宁：广西大学.

汪霞,2010. 大豆遗传图谱构建和百粒重等七个农艺性状的QTL定位[D]. 南京：南京农业大学.

魏志园,杨杰,王宇,等,2020. 野生大豆耐盐碱种质鉴定及其机制研究进展[J]. 河北科技师范学院学报,34(3)：26−32.

文自翔,赵团结,丁艳来,等,2009. 中国栽培及野生大豆的遗传多样性、地理分化和演化关系研究[J]. 科学通报,54(21)：3301−3310.

吴冈梵,张仁双,吴维森,等,1984. 辽宁省野生大豆资源的初步研究[J]. 中国油料(02)：23−26.

吴秀红,郭泰,王志新,等,2010. 美国大豆资源利用与高油大豆合丰57的创新[J]. 植物遗传资源学报,11(04):514-516.

武晶,黎裕,2019. 基于作物种质资源的优异等位基因挖掘:进展与展望[J]. 植物遗传资源学报,20(6):1380-1389.

武新艳,张振晓,张小虎,2020. 大豆种质资源的创新利用研究[J]. 天津农林科技(6):18-20,23.

徐豹,徐航,庄炳昌,等,1995. 中国野生大豆(*G. soja*)籽粒性状的遗传多样性及其地理分布[J]. 作物学报,21(06):733-739.

徐宇,2011. 大豆(*Glycine max* L. Merr.)籽粒大小和形状的 QTL 定位和驯化研究[D]. 南京:南京农业大学.

许玲,吴魁,魏伶俐,等,2017. 基于分子生物学技术的作物种质资源创新研究现状及发展策略[J]. 江苏农业科学,45(23):11-14.

要燕杰,2020. 野生大豆和栽培大豆茎杆和籽粒性状的 QTL 定位和 RNA-seq 分析[D]. 武汉:华中农业大学.

闫龙,2012. 大豆种间杂交(*Glycine max* × *G. soja*)后代籽粒性状 QTL 定位[D]. 北京:中国农业科学院.

喻德跃,黄方,王慧,等,2018. 大豆产量及品质性状改良的分子遗传基础研究[C]// 中国作物学会. 中国作物学会学术年会论文摘要集:51.

杨光宇,洋锋,2003. 野生大豆在大豆育种中的应用[C]// 中国农学会. 全面建设小康社会:中国科协二〇〇三年学术年会农林水论文精选:191-193.

杨光宇,王洋,马晓萍,等,2005. 野生大豆种质资源评价与利用研究进展[J]. 吉林农业科学(2):61-63.

杨金玲,郭庆梅,郑亦津,2002. 大豆属 Soja 亚属种皮微形态特征的研究[J]. 西北植物学报,22(06):185-188.

郑伟,杜长门,郭泰,等,2013,利用美国矮源创新半矮秆耐密植、超高产大豆"合农60号"[J]. 农学学报,3(6):27-30.

郑永战,盖钧镒,赵团结,2008. 中国大豆栽培和野生资源脂肪性状的变异特点研究[J]. 中国农业科学(5):1283-1290.

朱延明,于纪洋,于洋,等,2019. 野生大豆 AP2/RAV 亚家族转录因子 GsRAV3 负调控拟南芥对 ABA 的敏感性[J]. 东北农业大学学报,50(05):8-18.

翟虎渠,2013. 中国作物种质资源保护与种质创新利用[J]. 中国花卉园艺(19):22-24.

张东辉,杨青春,耿臻,等,2017. 我国大豆育种的现状分析[J]. 农村经济与科技,28(14):36.

张军,2008. 我国大豆育成品种的遗传多样性、农艺性状 QTL 关联定位及优异变异在育种系谱内的追踪[D]. 南京:南京农业大学.

张秀田,郑延海,杨秀凤,2005.利用有性杂交和激光辐射相结合的方法培育大豆新品种[J].核农学报,19(2):85-87.

张煜,李娜娜,丁汉凤,等,2012.野生大豆种质资源及创新应用研究进展[J].山东农业科学,44(4):31-35.

张振宇,郭泰,王志新,等,2019.东北大豆骨干亲本种质资源遗传分析[J].黑龙江农业科学(1):1-4.

张磊,戴瓯和,黄志平,等,2001.夏大豆超高产种质 MN413 创新研究[J].大豆科学(4):262-265.

张琦,尹彦斌,蒋洪蔚,等.2019.大豆子粒蛋白质含量 QTL 的精细定位[J].分子植物育种,17(24):8152-8157.

赵丹丹,2018.东北地区野生大豆(*Glycine soja*)的遗传多样性分析[D].济南:山东师范大学.

赵天祺,2018.浅析我国大豆育种的现状和方法[J].南方农业,12(24):25-26.

钟金传,吴文良,夏友富,2005.转基因大豆发展及中国大豆产业对策[J].中国农业大学学报,10(4):43-50.

周蓉,2007.大豆种质的倒伏性调查及其相关农艺性状分析[J].大豆科学,26(1):45-48.

周朝文,刘晓兵,2018.关于加快黑龙江省农作物良种科技创新的探讨[J].中国种业(1):24-26.

邹筱,2014.大豆脂肪和脂肪酸主要组分含量 QTL 定位[D].北京:中国农业科学院.

朱明月,韩粉霞,孙君明,等,2017.利用回交导入系群体定位大豆蛋白质含量与脂肪含量 QTL[J].植物遗传资源学报,18(6):1207-1212.

BARRANGOU R, FREMAUX C, DEVEAU H, et al., 2007. CRISPR provides acquired resistance against viruses in prokaryotes[J]. Science, 315:1709-1712.

CHEN R, HU Z, ZHANG H, 2009. Identification of Micro RNA sin wild soybean (*Glycine soja*)[J]. Journal of Plant(012):1071-1079.

CHEN X F, NING K, XU H L, et al., 2017. Research progress of wild soybean germplasms and utilization [J]. Agricultural Science & Technology, 18(5):812-817.

CONG L, RAN F A, COX D, et al., 2013. Multiplex genome engineering using CRISPR/Cas systems[J]. Science, 339(6121):819-823.

DUANMU H Z, WANG Y, BAI X, et al., 2015. Wild soybean roots depend on specific transcription factors and oxidation reduction related genes in response to alkaline stress[J]. Funct Integr Genomics (15):651-660.

JI W, JIN K, LI S, et al., 2016. Quantitative proteomics reveals an important role of GsCBRLK in salt stress response of soybean[J]. Plant & Soil,402:159-178.

HORVATH P, BARRANGOU R, 2010. CRISPR/Cas, the immune system of bacteria and Archaea[J]. Science, 327: 167-170.

ISHINO Y, SHINAGAWA H, MAKINO K, et al., 1987. Nucleotide sequence of the iap gene, responsible for alkaline phosphatase isozyme conversion in *Escherichia coli*, and identification of the gene product[J]. Journal Bacteriol, 169(12): 5429-5433.

JINEK M, CHYLINSKI K, FONFARA I, et al., 2012. A programmable dual-RNA-guided DNA endonuclease in adaptive bacterial immunity[J]. Science, 337(6096): 816-821.

KEIM P, DIERS B W, OLSON T C, et al., 1990. RFLP mapping in soybean: association between marker loci and variation in quantitative traits[J]. Genetics, 126(3): 735-742.

LAI Y C, 2004. Wild soybean natural resources and its application in broadening of soybean germplasm[J]. Journal of Shenyang Agricultural University, 35(3): 184-188.

LEE S H, BAILEY M A, MIAN M A R, 1996. Identification of quantitative trait loci for plant height, lodging, and maturing in a soybean population segregation for growth habit[J]. Theor Appl Genet, 92: 516-523.

LI Y H, ZHAO S C, MA J X, et al., 2013. Molecular footprints of domestication and improvement in soybean revealed by whole genome re-sequencing[J]. Bmc Genomics, 14(1):579.

LIANG H Z, LI W D, WANG H, et al., 2005. Genetic effects on seed traits in soybean[J]. Acta Genetica Sinica, 32(11): 1199-1204.

LUIS F A, NATAL A V. Heritability and correlations among traits in four-way soybean crosses[J]. Euphytica, 00: 1-11.

LUO X, BAI X, SUN X, et al., 2013. Expression of wild soybean WRKY20 in *Arabidopsis* enhances drought tolerance and regulates ABA signalling[J]. Journal of Experimental Botany (8): 2155-2169.

LU X, XI Q, CHENG T, et al., 2017. A PP2C-1 Allele underlying a quantitative trait locus enhances soybean 100-seed weight[J]. Molecular Plant, 10(5): 670-684.

MALI P, YANG L, ESVELT K M, et al., 2013. RNA-guided human genome engineering via Cas9[J]. Science, 339(6121): 823-826.

ORF J H, 1999. Genetic of soybean agronomic traits: I comparison of three related recombinant inbred population[J]. Crop Sci, 39(6): 1642-1651.

SUN X, LUO M, et al., 2013. A *Glycine soja* ABA-responsive receptor-like cytoplasmic kinase, GsRLCK, positively controls plant tolerance to salt and drought stresses[J]. PLANTA - BERLIN, 237(6): 1527-1545.

WEN Z X, DING Y L, ZHAO T J, et al., 2009. Genetic diversity and peculiarity of annual wild soybean (*G. soja* Sieb. et Zucc.) from various eco-regions in China[J]. Theoretical &

Applied Genetics, 119(2): 371-381.

YANG Q K, WANG J L, 1995. The analysis of genetic parameter for different types of soybean by diallel crosses[J]. Sci Agric Sin, 28: 76-80.

YU Y, LIU A, DUAN X, et al., 2016. GsERF6, an ethylene-responsive factor from *Glycine soja*, mediates the regulation of plant bicarbonate tolerance in *Arabidopsis*[J]. Planta, 244(3): 681-698.

ZENG Q Y, YANG C Y, MA Q B, et al., 2012. Identification of wild soybean miRNAs and their target genes responsive to aluminum stress[J]. Bmc Plant Biology, 12(1): 182.

ZHANG W K, WANG Y J, LUO G Z, et al., 2004. QTL mapping of ten agronomic traits on the soybean (*Glycine max* L. Merr.) genetic map and their association with EST markers[J]. Theor Appl Genet, 108: 1131-1139.

ZHANG J, WANG J, WEI J, et al., 2016. Identification and analysis of $NaHCO_3$ stress responsive genes in wild soybean (*Glycine soja*) roots by RNA-seq[J]. Front Plant, 7 (R106): 1842.